普通高等教育"十一五"国家级规划教材

组 合 数 学

(第二版)

姜建国 岳建国

西安电子科技大学出版社

内 容 简 介

本书为普通高等教育"十一五"国家级规划教材,是在原版教材的基础上增删部分内容修订而成的.

全书共 6 章,以组合计数为重点,介绍了组合数学的基本原理和思想方法,包括组合数学基础、母函数及其应用、递推关系、容斥原理、抽屉原理和瑞姆赛(Ramsey)理论、波利亚(Pólya)定理等.

书中内容叙述详尽,由浅入深,层次分明,并配有大量的实例和难易程度不同的习题.

本书可作为计算机、通信和应用数学等专业的研究生和本科生教材,也可作为相关专业的教学、科研和工程技术人员的教材或参考书.

为了配合读者学习,帮助其更进一步了解并掌握用组合数学理论和方法解决实际问题的思路和技巧,本书有配套的《组合数学——学习指导及习题精解》.

图书在版编目(CIP)数据

组合数学/姜建国,岳建国. —2 版. —西安:西安电子科技大学出版社,2007.3
(2023.5 重印)
ISBN 978 - 7 - 5606 - 1285 - 0

Ⅰ. 组… Ⅱ. ① 姜… ② 岳… Ⅲ.组合数学－高等学校－教材 Ⅳ. O157

中国版本图书馆 CIP 数据核字(2007)第 013268 号

责任编辑 夏大平 刘玉芳
出版发行 西安电子科技大学出版社(西安市太白南路 2 号)
电 话 (029)88202421 88201467 邮 编 710071
网 址 www.xduph.com 电子邮箱 xdupfxb001@163.com
经 销 新华书店
印刷单位 陕西日报印务有限公司
版 次 2007 年 3 月第 2 版 2023 年 5 月第 8 次印刷
开 本 787 毫米×1092 毫米 1/16 印张 11.75
字 数 272 千字
印 数 15 601～16 600 册
定 价 28.00 元

ISBN 978 - 7 - 5606 - 1285 - 0/O

XDUP 1556022 - 8

* * * 如有印装问题可调换 * * *

前　　言

本书的再版，主要基于以下几个因素：

1．本书被选作普通高等教育"十一五"国家级规划教材，有必要重新整理并完善．

2．作为数学的一个分支，组合数学的内容始终在不停地发展着，加之作者近几年在教学实践中不断地体会、认识和总结，以及作者对一些问题的进一步扩展．

3．根据学生对第一版教材在教学实施过程中的理解和反映，对书中的个别内容有必要进行细化或总结归纳．

组合数学主要研究一组离散对象满足给定条件的安排方案的存在性、构造和计数等问题．它是一个迷人而非常有趣的数学分支．随着计算机科学、信息论、运筹学、数字通信、规划设计等学科的迅猛发展，提出了一系列需要组合数学解决的理论和实际问题，加之组合数学自身的逻辑要求提出的问题，使得其已经成为当今发展最为迅速的数学分支之一．

组合数学是在计算机科学蓬勃发展的刺激下崛起的．同时，它的发展壮大，为计算机科学奠定了理论基础，推动了计算机科学日新月异的进步．可以说，组合原理是计算机科学发展的一个不可分割的组成部分．

算法是设计的灵魂，算法越精练、高效，编制的程序才越可靠，效率才更高．而算法设计的基础是算法分析，组合方法就是进行组合算法深入分析最重要的基础．因此，没有组合原理作为理论基础，组合算法的深入研究和分析是比较困难甚至是不可能的．故而组合数学在当今世界中受到了高度、普遍的重视．

应当指出，解决组合问题，仅凭已知的原理和方法是远远不够的，还必须研究情况，分析思考，开拓思路，运用技巧，把人类的聪明才智与已有的组合学知识相结合，求得思路和方案．在解决实际问题时会常常看到，即使引用已知原理和方法，也需要灵活变通才能奏效．

除了本书第一版前言所述的特点之外，本书第二版还具有以下特点：

1．突出了例题的代表性，大部分例题都代表了一类问题．

2．加强了对问题的归纳和总结，以及问题的一般化推广．

3．在书中强化了对技巧性强的问题的叙述．

4．习题部分增加了更适合于学生练习的基础题目，删掉了部分难度较大、不易想象理解的题目．

在课程实施过程中，任课教师可根据教学要求、课时多少、授课对象（研究生、本科生）灵活选取授课内容．为了在有限的篇幅中包含尽可能多的信息量，并提高本书的实用性，书中个别较繁且较深的证明被省略．为了便于教学实施，书中在较难或难的内容节号前分别加了"＊"或"＊＊"；同时还配备了《组合数学——学习指导及习题精解》一书，以帮助读者更进一步了解并掌握用组合数学理论和方法解决实际问题的思路和技巧．

西安电子科技大学出版社对本书的出版给予了热情的关怀和支持，在此表示衷心的感谢！尤其是出版社夏大平老师对书稿严格把关，在内容的叙述方式上给出了很多有益的建议，使作者深受教益，在此一并致以感谢和敬意！

由于作者水平有限，书中缺点和错误在所难免，故恳请同行专家及读者批评指正，使本书得以不断改进和完善.

作　者

2006 年 11 月

于西安电子科技大学

第 一 版 前 言

组合数学是既古老而又年轻的数学分支,它的渊源可以追溯到公元前 2200 年的大禹治水时代,中外历史上许多著名的数学游戏是它古典部分的主要内容.公元 1666 年,德国著名数学家莱布尼兹为它起名为"组合学"(Combinatorics),并预言了这一数学分支的诞生.1940 年以来,特别是近年来,随着电子计算机科学、计算数学、通信以及许多学科的发展,组合数学这门历史悠久的学科得到了迅速发展.

计算机的运行需要编程来控制,然而编程的基础往往是求解问题的组合学算法.组合数学主要研究离散对象的安排或配置方案的存在性、计数、枚举构造和优化问题等.

组合方法的实质就在于寻找一一对应,而对应的方法可以借助不同的工具,从而形成与其它学科的交叉.对组合问题来说,工具的选取是很重要的.当用计算机解决某个问题且有多种算法可供选择时,就要考虑算法的复杂度问题.衡量时间复杂度的一个重要指标就是算法的运算次数,即求出在最坏情况下的运算次数或按概率分布的平均运算次数.而衡量空间复杂度的主要指标就是所占用的存储空间大小.为此,就要用到组合数学的方法和技巧.因此,国内外不少高校都把组合数学作为计算机学科各专业的一门基础理论课程.

组合数学不仅在计算机、人工智能、过程控制和空间技术等新兴学科技术中有着重要的应用,而且在一些看似与数学关系不大的社会科学中也得到越来越广的应用.因此,组合数学的思想和方法越来越受到人们普遍的重视.

组合数学的特点是内容上丰富多彩,方法上巧妙多变,它对培养学生的思维才智和解决实际问题的能力起到了良好的作用.

本书内容包括组合数学基础、母函数及其应用、递推关系、容斥原理、抽屉原理和瑞姆赛(Ramsey)理论、波利亚(Pólya)定理等.

本书具有如下几个显著特点:

1. 紧密结合研究生教学实际和教学大纲.在内容编排上力求深入浅出,从具体到一般,先应用后理论,大量举例,并配置了大量习题.

2. 考虑到近几年全国在职人员申请硕士学位考试的要求和特点.在撰写本书时,力求叙述条理清楚,深化基础知识,突出数学能力的培养和提高.

3. 注重教学思想方法的渗透和解题水平的提高.拾众家之所长,精选大量题目,使例题和习题新颖有趣、典型且具有代表性.讲解例题时,重视对解题思路的分析,有利于提高读者独立分析问题和解决问题的能力.

4. 内容安排合理、新颖.本书在撰写时,参阅了国内外大量的相关资料,并凝聚了作者近 10 年来从事研究生、本科生"组合数学"课程教学的体会,力求内容新,取舍、繁简得当.

本书是在西安电子科技大学校内讲义《组合数学》的基础上编写而成的.原讲义经过多

年的试用，这次正式出版，吸取了老师和同学们大量的意见，进行了修改、补充与完善.

本书在编写过程中，西安工程科技学院(原西北纺织工学院)院长、洪堡学者、教授姜寿山博士提出了许多建设性意见，特表示感谢.

此书承蒙西安建筑科技大学马光思教授审稿，在此表示感谢.

由于作者水平有限，书中缺点和错误在所难免，故恳请读者批评指正.

本书出版得到西安电子科技大学研究生教材建设基金的支持.

姜建国　岳建国

2003 年 3 月于西安电子科技大学

目　　录

第一章　组合数学基础

1.1　绪　　论

组合数学起源于数学游戏. 例如幻方问题：给定自然数 $1, 2, \cdots, n^2$，将其排列成 n 阶方阵，要求每行、每列和每条对角线上 n 个数字之和都相等. 这样的 n 阶方阵称为 n 阶幻方. 每一行（或列、或对角线）之和称为幻和. 图 1.1.1 是一个 3 阶幻方，其幻和等于 15. 首先，人们要问：

8	1	6
3	5	7
4	9	2

图 1.1.1　3 阶幻方

（1）存在性问题：即 n 阶幻方是否存在？

（2）计数问题：如果存在，对某个确定的 n，这样的幻方有多少种？

（3）构造问题：即枚举问题，亦即如何构造 n 阶幻方？

【例 1.1.1】　36 名军官问题：有 1，2，3，4，5，6 共六个团队，从每个团队中分别选出具有 A、B、C、D、E、F 6 种军衔的军官各一名，共 36 名军官. 问能否把这些军官排成 6×6 的方阵，使每行及每列的 6 名军官均来自不同的团队且具有不同军衔.

本问题的答案是否定的.

【例 1.1.2】　用 3 种颜色红(r)、黄(y)、蓝(b)涂染平面正方形的四个顶点，若某种染色方案在正方形旋转某个角度后，与另一个方案重合，则认为这两个方案是相同的. 例如，对图 1.1.2 的涂染方案(a)，当正方形逆时针旋转 $90°$ 时就变为方案(b)，因此，在正方形可旋转的前提下，这两种方案实质上是一种方案. 那么，我们要问：不同的染色方案共有多少种？

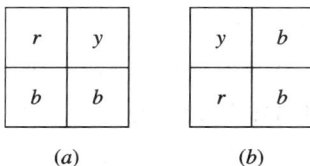

r	y
b	b

y	b
r	b

　　　(a)　　　　　　　(b)

图 1.1.2　正方形的顶点染色

染色方案的存在性是不可争议的，而且可知共有 $3^4 = 81$ 种方案，问题是要计算不同的染色方案，显然属于计数问题. 后面将会看到，在旋转条件下，不同的染色方案总数为

$$L = \frac{1}{4}(3^4 + 3^2 + 2 \times 3) = 24$$

【例 1.1.3】 不同身高的 26 个人随意排成一行，那么，总能从中挑出 6 个人，让其出列后，他们的身高必然是由低到高或由高到低排列的.

计算机科学中涉及的算法大致可分为两类. 第一类是计算方法，它主要解决数值计算问题，如方程求根、解方程组、求积分等，其数学基础是高等数学与线性代数. 第二类是组合算法，它解决搜索、排序、组合优化等问题，其数学基础就是组合数学.

按所研究问题的类型，组合数学所研究的内容可划分为：组合计数理论、组合设计、组合矩阵论和组合优化. 本书将以组合计数理论为主，部分涉及其它内容.

组合学问题求解的方法大致可以分为两类. 一类是从组合学基本概念、基本原理出发解题的所谓常规法，例如，利用容斥原理、二项式定理、波利亚（Pólya）定理解计数问题；解递推关系的特征根方法、母函数方法；解存在性问题的抽屉原理等. 另一类方法则不同，它们通常与问题所涉及的组合学概念无关，而对多种问题均可使用. 常用的有：

（1）**数学归纳法**. 本方法大家都已熟悉，这里不再讲述.

（2）**迭代法**. 例如已知数列 $\{h_n\}$ 满足关系 $\begin{cases} h_n = 2h_{n-1} + 1 \\ h_1 = 1 \end{cases}$，求 h_n 的解析表达式.

直接迭代即得

$$h_n = 2(2h_{n-2} + 1) + 1$$
$$= 2^2 h_{n-2} + 2 + 1$$
$$= 2^2 (2h_{n-3} + 1) + 2 + 1$$
$$= 2^3 h_{n-3} + 2^2 + 2 + 1$$
$$\vdots$$
$$= 2^{n-1} h_1 + 2^{n-2} + 2^{n-3} + \cdots + 2^2 + 2 + 1$$
$$= 2^n - 1$$

（3）**一一对应技术**. 这是组合数学理论常用的一个计数技巧. 其原理就是建立两个事物之间的一一对应关系，把一个较复杂的组合计数问题 A 转化成另一个容易计数的问题 B，从而利用对 B 的计数运算达到对 A 的各种不同方案的计数. 它的应用是多方面的，在组合学中最常见的是利用它将问题的模式转化为一种已经解决的问题模式.

（4）**殊途同归方法**. 即从不同角度讨论计数问题，以建立组合等式，尤其是在组合恒等式的证明中，故也称组合意义法.

（5）**数论方法**. 特别是利用整数的奇偶性、整除性等数论性质进行分析推理的方法.

本书用的较多的是方法（3）与（4）. 下面先给出一一对应技术的两个实例，以体会该方法的巧妙之处.

【例 1.1.4】 有 100 名选手参加羽毛球比赛，如果采用单循环淘汰制，问最终产生冠军共需要进行多少场比赛.

解 因为采用的是单循环淘汰制，所以每两名选手比赛产生一个失败者，且每个失败者只能失败一次. 因此，失败的人数与比赛场数之间一一对应，计算比赛场数问题转化为计算失败人数问题. 后者的解显然是 99 人，故应该比赛 99 场.

【例 1.1.5】 设某地的街道将城市分割成矩形方格，某人在其住处 $A(0,0)$ 的向东 7 个街道、向北 5 个街道的大厦 $B(7,5)$ 处工作（见图 1.1.3），按照最短路径（即只能向东或向北走），他每次上班必须经过某 12 个街道，问共有多少种不同的上班路线.

解 将图中所有街区抽象为大小一样的矩形，其东西方向的长为 x，南北方向的长为 y. 从 $A(0,0)$ 点出发，向东走一段为 x，向北走一段为 y. 那么不管怎么走，从 A 点出发，总是要经过 7 个 x，5 个 y，方能到达 B 点. 所以，一条从 A 到 B 的路线对应一个由 7 个 x，5 个 y 共 12 个元素构成的排列. 反之，给定一个这样的排列，按照 x、y 的含义，必对应一条从 A 到 B 的行走路线. 例如，排列

$$x\,y\,y\,y\,y\,x\,x\,y\,x\,x\,x$$

对应的路线为：由 A 点出发，先向东走一段街道，再向北走 4 个街道，又转向东走 2 个街道，再向北走 1 个街道，最后再向东走 4 个街道，即到达目的地 B.

所以，从 $A(0,0)$ 到 $B(7,5)$ 的最短路径与 7 个 x，5 个 y 的排列一一对应. 而这种排列共有

$$N = C_{7+5}^5 = C_{12}^5 = \frac{12!}{5! \cdot 7!} = 792$$

种，也就是所求的上班路线数.

一般来说，从 $(0,0)$ 点到达 (m,n) 点的不同的最短路径数为

$$N = C_{m+n}^m$$

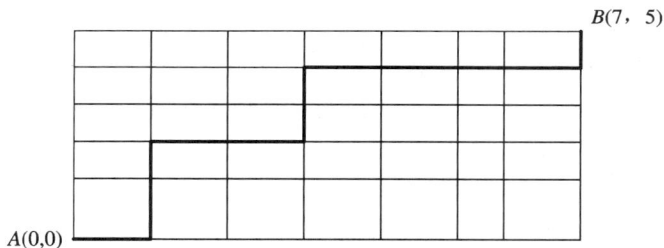

图 1.1.3 最短路径

1.2 两个基本法则

1.2.1 加法法则

加法法则 如果完成一件事情有两个方案，而第一个方案有 m 种方法，第二个方案有 n 种方法可以实现，只要选择任何方案中的某一种方法，就可以完成这件事情，并且这些方法两两互不相同，则完成这件事情共有 $m+n$ 种方法.

若用集合语言，加法法则可以描述为：设有限集合 A 有 m 个元素，B 有 n 个元素，且 A 与 B 不相交，则 A 与 B 的并共有 $m+n$ 个元素.

也可以从概率论角度描述为：设事件 A 有 m 种产生方式，事件 B 有 n 种产生方式，则事件"A 或 B"有 $m+n$ 种产生方式. 当然，A 与 B 各自所含的基本事件是互相不同的.

【例 1.2.1】 某班有男生 18 人，女生 12 人，从中选出一名代表参加会议，问共有多少

种选法.

解 用集合 A 表示男生，B 表示女生，则该班中的学生要么属于 A，要么属于 B. 根据加法法则，全班共有 $18+12=30$ 个学生，故有 30 种选法.

【**例 1.2.2**】 用一个小写英文字母或一个阿拉伯数字给一批机器编号，问总共可能编出多少种号码.

解 英文字母共有 26 个，数字 0～9 共 10 个，由加法法则，总共可以编出 $26+10=36$ 个号码.

1.2.2　乘法法则

乘法法则 如果完成一件事情需要两个步骤，而第一步有 m 种方法、第二步有 n 种方法去实现，则完成该件事情共有 $m \cdot n$ 种方法.

乘法法则也可以用集合语言描述为：设有限集合 A 有 m 个元素，B 有 n 个元素，$a \in A$，$b \in B$，记 (a, b) 为一有序对. 所有有序对构成的集合称为 A 和 B 的积集（或笛卡儿乘积），记作 $A \times B$. 那么，$A \times B$ 共有 $m \cdot n$ 个元素.

同理，读者不难从概率论角度理解乘法法则.

【**例 1.2.3**】 仍设某班有男生 18 人，女生 12 人，现要求从中分别选出男女生各一名代表全班参加比赛，共有多少种选法？

解 仍像例 1.2.1 那样，用集合 A 表示男生，B 表示女生，那么，根据乘法法则，共有 $18 \times 12 = 216$ 种选法.

【**例 1.2.4**】 给程序模块命名，需要用 3 个字符，其中首字符要求用字母 A～G 或 U～Z，后两个要求用数字 1～9，问最多可以给多少种程序命名.

解 首先，由加法法则，首字符共有 $7+6=13$ 种选法. 其次，再由乘法法则，最多可以产生 $13 \times 9 \times 9 = 1053$ 个不同的名称.

【**例 1.2.5**】 从 A 地到 B 地有 n_1 条不同的道路，从 A 地到 C 地有 n_2 条不同的道路，从 B 地到 D 地有 m_1 条不同的道路，从 C 地到 D 地有 m_2 条不同的道路，那么，从 A 地经 B 或 C 到达目的地 D 共有多少种不同的走法？

解 首先，由乘法法则，从 A 地经 B 到达 D 地共有 $n_1 \times m_1$ 种走法，由 A 经 C 到达 D 共有 $n_2 \times m_2$ 种走法，再由加法法则知，从 A 地经 B 或 C 到达 D 地共有 $n_1 m_1 + n_2 m_2$ 种不同的走法.

1.3　排 列 与 组 合

1.3.1　相异元素不允许重复的排列数和组合数

众所周知，从 n 个相异元素中不重复地取 r 个元素的排列数和组合数分别为：

$$P_n^r = P(n, r) = n(n-1)\cdots(n-r+1) = \frac{n!}{(n-r)!} \tag{1.3.1}$$

$$C_n^r = C(n, r) = \binom{n}{r} = \frac{P_n^r}{r!} = \frac{n!}{(n-r)!\,r!} \tag{1.3.2}$$

相异元素不允许重复的排列问题也可以描述为：将 r 个有区别的球放入 n 个不同的盒子，每盒不超过一个，则总的放法数为 $P(n,r)$. 同样，若球不加区别，则有 $C(n,r)$ 种放法. 这就是排列与组合的数学模型——分配问题，也称为分配模型.

1.3.2　相异元素允许重复的排列

从 n 个不同元素中允许重复地选 r 个元素的排列，简称 **r 元重复排列**. 其排列的个数记为 $\mathrm{RP}(\infty,r)$. 其对应的分配模型是将 r 个有区别的球放入 n 个不同的盒子，每个盒子中的球数不加限制而且同盒的球不分次序.

显然，这样的排列数 $\mathrm{RP}(\infty,r)=n^r$.

从集合的角度理解，问题也可以描述为：设集合 $S=\{\infty \cdot e_1, \infty \cdot e_2, \cdots, \infty \cdot e_n\}$，即 S 中共含有 n 类元素，每个元素有无穷多个，从 S 中取 r 个元素的排列数即为 $\mathrm{RP}(\infty,r)$.

1.3.3　不尽相异元素的排列

设 $S=\{n_1 \cdot e_1, n_2 \cdot e_2, \cdots, n_t \cdot e_t\}$，即元素 e_i 有 n_i 个 $(i=1,2,\cdots,t)$，且 $n_1+n_2+\cdots+n_t=n$，从 S 中任取 r 个元素，求其排列数 $\mathrm{RP}(n,r)$.

本问题的数学模型是将 r 个有区别的球放入 t 个不同的盒子，而每个盒子的容量是有限的，其中第 i 个盒子最多只能放入 n_i 个球，求分配方案数.

相对于前两种情况而言，此处讲的是有限重复的排列问题，即相异元素不重复的排列强调的是不重复，即盒子的容量为1；允许重复的排列实际上针对的是无限重复，即盒子的容量无限. 二者都是极端的情况. 而有限重复问题恰好介于两者之间，即盒子的容量有限.

此问题的计算比较复杂，将在 2.3 节详细讨论. 这里只给出几个特例：

(1) 当 $r=1$ 时，$\mathrm{RP}(n,1)=P_t^1=t$.

(2) 当 $r=n$ 时，此 n 个元素的全排列数为

$$\mathrm{RP}(n,n) = \frac{n!}{n_1!n_2!\cdots n_t!} \tag{1.3.3}$$

即先视为 n 个不同元素的全排列，共有 $n!$ 种. 但每个排列实际重复统计了 $n_1!\ n_2!\ \cdots n_t!$ 次. 原因是当元素不同时，同类元素互相交换位置，对应不同的排列. 而当同类元素相同时，针对每个确定的排列，同类元素互相交换位置，该排列不变.

(3) 当 $t=2$ 时，

$$\mathrm{RP}(n,n) = \frac{n!}{n_1!n_2!} = \binom{n}{n_1}$$

1.3.4　相异元素不允许重复的圆排列

【例 1.3.1】　把 n 个有标号的珠子排成一个圆圈，共有多少种不同的排法？

解　这是典型的圆排列问题. 对于围成圆圈的 n 个元素，同时按同一方向旋转，即每个元素都向左（或向右）转动一个位置，虽然元素的绝对位置发生了变化，但相对位置未变，即元素间的相邻关系未变，这样的圆排列认为是同一种，否则便是不同的圆排列. 下面从两种角度推导圆排列数的计算公式.

方法一　先令 n 个相异元素任意排成一行(称为**线排列**),共有 $n!$ 种排法,再将其首尾相接围成一圆,当圆转动一个角度时,对应另一个线排列,当每个元素又转回到原先的位置时,相当于 n 个不同的线排列,故圆排列数为

$$\mathrm{CP}(n,\ n) = \frac{P(n,\ n)}{n} = (n-1)! \tag{1.3.4}$$

方法二　先取出某一元素 k,放于圆上某确定位置,再令余下的 $n-1$ 个元素作成一个线排列,首尾置于 k 的两侧构成一个圆排列同样可得到 $\mathrm{CP}(n,\ n) = (n-1)!$.

【例 1.3.2】　从 n 个相异元素中不重复地取 r 个围成圆排列,求不同的排列总数 $\mathrm{CP}(n,\ r)$.

解　要完成这个圆排列,需先从 n 个元素中取 r 个,再将其组成圆排列,故

$$\mathrm{CP}(n,\ r) = \frac{P(n,\ r)}{r} = \frac{n!}{r(n-r)!} \tag{1.3.5}$$

【例 1.3.3】　将 5 个标有不同序号的珠子穿成一环,共有多少种不同的穿法?

解　这是典型的**项链排列**问题.首先,由例 1.3.1 知,5 个相异元素的圆排列共有 $(5-1)!=24$ 种.其次,对于圆排列而言,将所穿的环翻过来,是另一种圆排列,但对于项链排列,这仍然是同一个排列(如图 1.3.1 所示),故不同的排法共有 $24/2=12$ 种.

一般情形,从 n 个相异珠子中取 r 个穿成一个项链,共有

$$\frac{P(n,\ r)}{2r} = \frac{n!}{2r(n-r)!} \tag{1.3.6}$$

种不同的穿法.

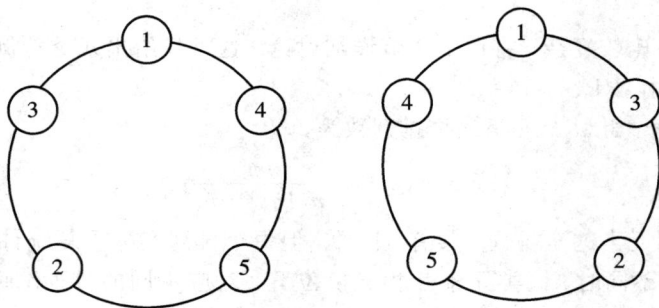

图 1.3.1　项链排列

至于允许重复的圆排列问题,情况将变得非常复杂,请参见反演公式相关内容.

1.3.5　相异元素允许重复的组合

设 $S=\{\infty \cdot e_1,\ \infty \cdot e_2,\ \cdots,\ \infty \cdot e_n\}$,从 S 中允许重复地取 r 个元素构成组合,称为 r 可重组合,其组合数记为 $\mathrm{RC}(\infty, r)$.

将 S 的 n 个不同元素分别用数字 $1, 2, \cdots, n$ 来表示,那么,所取出的 r 个元素从小到大设为 $a_1, a_2, \cdots a_r$,则 a_i 满足:

$$1 \leqslant a_1 \leqslant a_2 \leqslant \cdots \leqslant a_r \leqslant n$$

令 $b_i = a_i + (i-1)$，$i=1, 2, \cdots, r$，则
$$1 \leqslant b_1 < b_2 < \cdots < b_r \leqslant n+(r-1)$$
对应一个从 $n+r-1$ 个相异元素中不允许重复地取 r 个元素的组合．反之，后者的一种组合也与前者的一种组合相对应．所以，两种组合一一对应．从而

$$\text{RC}(\infty, r) = C(n+r-1, r) = \frac{(n+r-1)!}{r!\,(n-1)!} \tag{1.3.7}$$

重复组合的模型是将 r 个无区别的球放入 n 个不同的盒子，每个盒子的球数不受限制．

【例 1.3.4】 不同的 5 个字母通过通信线路被传送，每两个相邻字母之间至少插入 3 个空格，但要求空格的总数必须等于 15，问共有多少种不同的传送方式．

解 5 个字母的全排列数为 $P(5, 5)=5!$．对每一排列，按照位置先后的不同而有 4 个相异的间隔．先将 12 个空格均匀地放入 4 个间隔内，再将余下的 3 个（相同的）空格插入 4 个（不同的）间隔，其方案数即为从 4 个相异元素中可重复地取 3 个元素的组合数 $\text{RC}(\infty, 3) = C(4+3-1, 3) = 20$．故总的传送方式有 $5! \cdot 20 = 2400$ 种．

1.3.6 不尽相异元素的组合

设集合 $S = \{n_1 \cdot e_1, n_2 \cdot e_2, \cdots, n_t \cdot e_t\}$，$n_1+n_2+\cdots+n_t=n$，从 S 中任取 r 个，求其组合数 $\text{RC}(n, r)$．

本问题比较复杂，这里只给出简单的结论和一个例子，一般的计算将在母函数的应用中详细讨论．

设多项式

$$\prod_{i=1}^{t} \sum_{j=0}^{n_i} x^j = \prod_{i=1}^{t} (1+x+x^2+\cdots+x^{n_i}) = \sum_{r=0}^{n} a_r x^r$$

则 $\text{RC}(n, r)$ 就是多项式中 x^r 的系数，即

$$\text{RC}(n, r) = a_r$$

【例 1.3.5】 整数 360 有几个正约数？

解 分解 360 为素因子的幂的乘积

$$360 = 2^3 \times 3^2 \times 5$$

显然，360 的正约数有

$$1 = 2^0 \times 3^0 \times 5^0, 2, 3, 5, 2^2, 2 \times 3 = 3 \times 2, \cdots, 2^3 \times 3^2 \times 5 = 360$$

即从集合 $S = \{3 \cdot 2, 2 \cdot 3, 1 \cdot 5\}$ 的 6 个元素中任取 0 个、1 个、……、6 个的组合数之和．亦即多项式

$$(1+x+x^2+x^3)(1+x+x^2)(1+x) = 1+3x+5x^2+6x^3+5x^4+3x^5+x^6$$

中各项系数之和．所以

$$\sum_{i=0}^{6} \text{RC}(6, i) = 1+3+5+6+5+3+1 = 24$$

而更简单的办法是多项式

$$P_6(x) = (1+x+x^2+x^3)(1+x+x^2)(1+x)$$

的系数之和实质上就是 $P_6(1)$．所以

$$\sum_{i=0}^{6} RC(6, i) = 4 \times 3 \times 2 = 24$$

进一步观察，还可知正整数 $n = p_1^{\alpha_1} p_2^{\alpha_2} \cdots p_k^{\alpha_k}$ 的约数个数为

$$(\alpha_1 + 1)(\alpha_2 + 1) \cdots (\alpha_k + 1)$$

1.4　组合等式及其组合意义

　　组合等式的证明方法大致可归纳为以下三种：归纳法、母函数法和组合意义法. 本节只介绍几种简单且最基本的组合恒等式，并着重用组合意义法证明之. 所谓组合意义法，是指借助于阐明等号两端的不同表达式实质上是同一个组合问题的方案数，只是按照不同的途径进行统计而得（即殊途同归法），或者虽是两个不同组合问题的方案数，但二者的组合方案之间存在着一一对应关系，因此等式两端必须相等，从而达到证明等式成立的目的. 母函数法虽然是产生和证明组合恒等式的普遍方法，但组合意义法却对于恒等式的实质揭露的更为深刻，因此更值得重视和学习. 下边如不特别声明，从 n 个元素中取 r 个的组合都是指不重复的组合.

　　等式 1　对称关系式

$$C(n, r) = C(n, n-r) \tag{1.4.1}$$

　　组合意义　从 n 个元素 $\{a_1, a_2, \cdots, a_n\}$ 中取走 r 个，必然余下 $n-r$ 个，故从 n 个元素中取 r 个的组合与从 n 个元素中取 $n-r$ 个的组合一一对应.

　　等式 2　加法公式

$$C(n, r) = C(n-1, r) + C(n-1, r-1) \tag{1.4.2}$$

　　组合意义　从 n 个元素 $\{a_1, a_2, \cdots, a_n\}$ 中取 r 个的组合，就其中某个元素，不妨设为 a_1 来看，全体组合可分为两类：

　　（1）每次取出的 r 个元素中都含有 a_1. 这一类组合可视为从剩下的 $n-1$ 个元素中任取 $r-1$ 个，然后再加上 a_1 而构成的组合，其组合数为 $C(n-1, r-1)$.

　　（2）不含元素 a_1. 这类组合可视为从其余 $n-1$ 个元素中任取 r 个的组合，其数目为 $C(n-1, r)$.

　　两类情况互不重复，由加法法则，式(1.4.2)成立.

　　例如，从 $\{1, 2, 3, 4, 5\}$ 中取 3 个的组合情况为：

　　　　第一类（包含元素"1"）：123, 124, 125, 134, 135, 145

　　　　第二类（不包含元素"1"）：234, 235, 245, 345

　　加法公式(1.4.2)的等价形式是

$$C(m+n, m) = C(m+n-1, m) + C(m+n-1, m-1) \tag{1.4.3}$$

其组合意义可以解释为从 $(0, 0)$ 点到 (m, n) 点的路径数等于从 $(0, 0)$ 点分别到 $(m, n-1)$ 点和 $(m-1, n)$ 点的路径数之和. 因为从 $(0, 0)$ 到 (m, n)，要么经过 $(m, n-1)$ 到达 (m, n)，要么经过 $(m-1, n)$ 到达 (m, n)，而后二者到达 (m, n) 只需要一步，故得式(1.4.3).

　　等式 3　乘法公式

$$C(n, k) C(k, r) = C(n, r) C(n-r, k-r) \tag{1.4.4}$$

组合意义 这是一个在组合算式的推导中经常使用的恒等式. 考虑等式

$$C(n, n-k) C(k, k-r) C(r, r) = C(n, r) C(n-r, n-k) C(k-r, k-r)$$

(1.4.5)

其左端是组合问题"将 n 个元素分为 3 堆，要求第一堆有 $n-k$ 个元素，第二堆有 $k-r$ 个，那么，第三堆就只有 r 个元素"的组合方案数. 其右端是另一个类似的组合问题"将 n 个元素分为 3 堆，要求第三堆有 r 个元素，第二堆有 $n-k$ 个，第一堆有 $k-r$ 个元素"的组合方案数. 而这两个组合问题等价，故其方案数亦相等，即等式(1.4.5)成立.

再将对称关系式(1.4.1)代入式(1.4.5)并整理即得式(1.4.4).

等式 4

$$\begin{aligned}
C(n+r+1, r) &= \sum_{i=0}^{r} C(n+i, i) \\
&= C(n+r, r) + C(n+r-1, r-1) \\
&\quad + C(n+r-2, r-2) + \cdots + C(n, 0)
\end{aligned}$$

(1.4.6)

或

$$\begin{aligned}
C(n+r+1, r) &= \sum_{i=0}^{r} C(n+i, n) \\
&= C(n+r, n) + C(n+r-1, n) \\
&\quad + C(n+r-2, n) + \cdots + C(n, n)
\end{aligned}$$

(1.4.7)

组合意义 从 $n+r+1$ 个元素 $\{a_1, a_2, \cdots, a_{n+r+1}\}$ 中取 r 个的组合情况，不外乎以下 $r+1$ 种：

(1) 将所有组合针对 a_1 分为两类：即所取 r 个元素中含元素 a_1 或不含元素 a_1，考虑不含元素 a_1 的情形，这相当于从 $n+r$ 个元素 $\{a_2, a_3, \cdots, a_{n+r+1}\}$ 中取 r 个的组合，其组合数为 $C(n+r, r)$；

(2) 仿照(1)，再将含有元素 a_1 的所有组合针对 a_2 分为两类：即所取 r 个元素中含 a_2 或不含 a_2，同样考虑不含 a_2 的情形，这又相当于从除去 a_1、a_2 后的 $n+r-1$ 个元素 $\{a_3, a_4, \cdots, a_{n+r+1}\}$ 中取 $r-1$ 个，再加上 a_1 而构成组合，其组合数为 $C(n+r-1, r-1)$；

(3) 同法，$r-1$ 组合中含元素 a_1、a_2，但不含 a_3 的组合数为 $C(n+r-2, r-2)$；

⋮

(r) 组合中含元素 a_1、a_2、$\cdots\cdots$、a_{r-1}，但不含 a_r 的组合数为 $C(n+1, 1)$；

$(r+1)$ 组合中含元素 a_1、a_2、$\cdots\cdots$、a_r 的组合数为 $C(n+1, 0) = C(n, 0)$.

各类情形的组合方案互不重复，将其求和即得式(1.4.6).

将组合等式(1.4.1)代入式(1.4.6)即得式(1.4.7).

实际上，组合等式 3 是等式 2 的推广，等式 2 只是将 r 组合分为两类，而等式 3 则是分为 $r+1$ 类来考虑问题的.

等式 5 范德蒙(Vandermonde)恒等式

$$\begin{aligned}
\binom{m+n}{r} &= \sum_{i=0}^{r} \binom{n}{i} \binom{m}{r-i} \\
&= \binom{n}{0}\binom{m}{r} + \binom{n}{1}\binom{m}{r-1} + \cdots + \binom{n}{r}\binom{m}{0}, \quad r \leqslant \min(m, n)
\end{aligned}$$

(1.4.8)

组合意义 现有 n 个相异的红球，m 个相异的蓝球，从 $n+m$ 个球中取 r 个的组合，其结果必是下列情形之一：有 i 个红球，$r-i$ 个蓝球 $(i=0, 1, \cdots, r)$. 对固定的 i，应有 $C(n, i)C(m, r-i)$ 种选法. 然后按照加法法则对 i 求和就得式(1.4.8).

特例 当 $m=r$ 时，有

$$\binom{n+r}{r} = \sum_{i=0}^{r} \binom{n}{i}\binom{r}{i} = \binom{n}{0}\binom{r}{0} + \binom{n}{1}\binom{r}{1} + \cdots + \binom{n}{r}\binom{r}{r}, \quad r \leqslant n \quad (1.4.9)$$

这只要在式(1.4.8)中令 $m=r$，并利用对称关系式 $C(r, r-i) = C(r, i)$ 即得式(1.4.9).

等式 6 和式公式

$$\sum_{i=0}^{n} C(n,i) = 2^n \quad (1.4.10)$$

组合意义 对 n 个元素而言，每一个元素都有"取"与"不取"两种可能，并由此构成所有状态. 根据乘法法则，其总数为 2^n. 它等于从 n 个元素中分别取 0 个，1 个，……，n 个元素的总组合数.

等式 7

$$\binom{n}{0} - \binom{n}{1} + \binom{n}{2} - \cdots + (-1)^n \binom{n}{n} = 0 \quad (1.4.11)$$

组合意义 n 个元素中取 r 个组合，r 为奇数的组合数目等于 r 为偶数的组合数（包括 $r=0$）.

只要在 r 为奇数的组合与 r 为偶数的组合之间建立起一一对应的关系就等于证明了这个等式. 为此，从 n 个元素中任意取定某一个元素 a，所有 r 组合可以分为含有 a 和不含 a 两类. 设 r 为奇数$(r \geqslant 1)$，若某个组合中含有元素 a，则去掉 a 后就得一个 $r-1$ 为偶数的组合，例如 3 组合 abc，去掉 a 便得 2 组合 bc；若该组合不含元素 a，则给其加上 a 便构成一个 $r+1$ 也为偶数的组合，例如 3 组合 bcd，加入 a 便得 4 组合 $abcd$. 反之，设 r 为偶数 $(r \geqslant 0)$，同样可将相应的组合通过去掉 a 或加上 a 而对应唯一的一个奇数组合. 从而说明两者是一一对应的，证毕.

例如，有 4 个元素 a, b, c, d，设 $\varnothing$ 为取 0 个元素的空组合，则所有组合情形如表 1.4.1 所示，其中同一列的两个组合符合上述对应关系，前 4 列为在第一行的奇数组合中去掉 a 而得到第二行的偶数组合，后 4 列则为加入 a 的情形.

表 1.4.1 组 合 情 形 表

r 为奇数的组合	a	abc	abd	acd	b	c	d	bcd
r 为偶数的组合	$\varnothing$	bc	bd	cd	ab	ac	ad	$abcd$

等式 8

$$(C_n^1)^2 + 2(C_n^2)^2 + \cdots + n(C_n^n)^2 = nC_{2n-1}^{n-1} \quad (1.4.12)$$

组合意义 从 n 名先生、n 名女士中选出 n 人，这 n 人中有一人担任主席，并且必须为女士，考虑有多少种选法.

一方面，先选一名女士任主席有 $C_n^1 = n$ 种方法，再从其余的 $2n-1$ 人中选 $n-1$ 人有 C_{2n-1}^{n-1} 种方法. 所以共有 nC_{2n-1}^{n-1} 种选法.

另一方面,对于 $k=1, 2, \cdots, n$,先从 n 名女士中选出 k 人,并从 k 人中选一人任主席,有 kC_n^k 种方法,然后再从 n 名先生中选 $n-k$ 人,有 $C_n^{n-k}=C_n^k$ 种方法(即在 n 名先生中选 k 人不去充当"代表"),于是共有 $\sum\limits_{k=1}^{n} k(C_n^k)^2$ 种方法.

综合以上两个方面,便得式(1.4.12).

等式 9 设 r, M 都是自然数,$M \geqslant r$,则有

$$\frac{r}{M}+\frac{M-r}{M} \cdot \frac{r}{M-1}+\frac{M-r}{M} \cdot \frac{M-r-1}{M-1} \cdot \frac{r}{M-2}+$$
$$\cdots+\frac{M-r}{M} \cdot \frac{M-r-1}{M-1} \cdots \frac{1}{r+1} \cdot \frac{r}{r}=1 \tag{1.4.13}$$

组合意义 设想一个袋中有 M 个大小相同的球,其中有 r 个是白的,其余的是黑的. 每次摸出一个球,不放回去,直至摸到白球为止.

这是一个必然事件(迟早会摸到白球),所以概率为 1.

另一方面,第一次摸到白球的概率为 $\frac{r}{M}$. 第一次未摸到白球,第二次摸到白球的概率为 $\frac{M-r}{M} \cdot \frac{r}{M-1}$,$\cdots\cdots$,第 k 次才摸到白球的概率为 $\frac{M-r}{M} \cdot \frac{M-r-1}{M-1} \cdots \frac{M-r-(k-2)}{M-(k-2)} \cdot \frac{r}{M-(k-1)}$ $(k=2, 3, \cdots, M-r+1)$. 因此,摸到白球的概率为式(1.4.13)左端,从而式(1.4.13)成立.

在概率论中有不少恒等式,可以用类似的手法证明.

等式 10 当 $n \geqslant m$ 时,

$$\sum_{k=0}^{n-m} C_n^{m+k} C_{m+k}^m = 2^{n-m} \cdot C_n^m \tag{1.4.14}$$

组合意义 考虑从 n 人中选出 m 名正式代表及若干名列席代表的选法(列席代表人数不限,可以为 0).

一方面,先选定正式代表,有 C_n^m 种方法,然后从 $n-m$ 人中选列席代表,有 2^{n-m} 种方法. 因此共有

$$2^{n-m} \cdot C_n^m \tag{1.4.15}$$

种选法.

另一方面,可以先选出 $m+k$ 人 $(k=0, 1, \cdots, n-m)$,然后再从中选出 m 名正式代表,其余的 k 人为列席代表,对每个 k,这样的选法有 $C_n^{m+k} C_{m+k}^m$ 种,从而,总选法的种数为

$$\sum_{k=0}^{n-m} C_n^{m+k} C_{m+k}^m \tag{1.4.16}$$

综合式(1.4.15)、(1.4.16)即得式(1.4.14).

1.5 多项式系数

当 n 是正整数时,Newton 二项式定理

$$(a+b)^n = \sum_{r=0}^{n} \binom{n}{r} a^r b^{n-r} \tag{1.5.1}$$

的右端称为二项式 $(a+b)^n$ 的展开式，而组合数 $\binom{n}{r}=C(n,r)$ 叫做二项式系数.

式(1.5.1)的组合意义是：将 n 个相异的球放入两个不同的盒子，其中要求 a 盒放入 $n_1=r$ 个，b 盒放入 $n_2=n-r$ 个，且同盒的球不分次序，则方案数为

$$\frac{n!}{n_1! \cdot n_2!} = \frac{n!}{r! \cdot (n-r)!}$$

即 $a^r b^{n-r}$ 项的系数为组合数 $\binom{n}{r}$.

为了将结论推广到一般情形：首先考虑分配问题：将 n 个相异的球放入 t 个不同的盒子，要求第 1 个盒子放入 n_1 个，第 2 个盒子放入 n_2 个，……，第 t 个盒子放入 n_t 个，且盒中的球无次序，求不同的分配方案数.

由于第 i 个盒中的 n_i 个球是无序的，可视为 n_i 个相同的元素. 因此，问题归结为求重集 $S=\{n_1 \cdot e_1, n_2 \cdot e_2, \cdots, n_t \cdot e_t\}$ $(n_1+n_2+\cdots+n_t=n)$ 的全排列数 $RP(n,n)$. 由式 (1.3.3)知

$$RP(n,n) = \frac{n!}{n_1! n_2! \cdots n_t!}$$

仿照二项式系数 $\binom{n}{r}$，将其记为 $\binom{n}{n_1 n_2 \cdots n_t}$.

其次，观察一般多项式系数与 $\binom{n}{n_1 n_2 \cdots n_t}$ 的关系：

$$(x+y+z)^3 = x^3+y^3+z^3+3x^2y+3xy^2+3x^2z+3y^2z+3xz^2+3yz^2+6xyz$$
$$= \frac{3!}{3! \cdot 0! \cdot 0!}x^3 + \frac{3!}{0! \cdot 3! \cdot 0!}y^3 + \frac{3!}{0! \cdot 0! \cdot 3!}z^3 + \frac{3!}{2! \cdot 1! \cdot 0!}x^2y$$
$$+ \frac{3!}{1! \cdot 2! \cdot 0!}xy^2 + \frac{3!}{2! \cdot 0! \cdot 1!}x^2z + \frac{3!}{0! \cdot 2! \cdot 1!}y^2z + \frac{3!}{1! \cdot 0! \cdot 2!}xz^2$$
$$+ \frac{3!}{0! \cdot 1! \cdot 2!}yz^2 + \frac{3!}{1! \cdot 1! \cdot 1!}xyz$$
$$= \binom{3}{3\ 0\ 0}x^3 + \binom{3}{0\ 3\ 0}y^3 + \binom{3}{0\ 0\ 3}z^3 + \binom{3}{2\ 1\ 0}x^2y$$
$$+ \binom{3}{1\ 2\ 0}xy^2 + \binom{3}{2\ 0\ 1}x^2z + \binom{3}{0\ 2\ 1}y^2z + \binom{3}{1\ 0\ 2}xz^2$$
$$+ \binom{3}{0\ 1\ 2}yz^2 + \binom{3}{1\ 1\ 1}xyz$$

可将二项式 $(a+b)^n$ 推广到一般的多项式 $(x_1+x_2+\cdots+x_t)^n$.

定理 1.5.1 设 n 与 t 均为正整数，则有

$$(x_1+x_2+\cdots+x_t)^n = \sum_{\substack{\sum_{i=1}^{t} n_i = n \\ (n_i \geqslant 0)}} \binom{n}{n_1 n_2 \cdots n_t} x_1^{n_1} x_2^{n_2} \cdots x_t^{n_t} \tag{1.5.2}$$

其中求和是在使 $\sum_{i=1}^{t} n_i = n$ 的所有非负整数数列 $(n_1, n_2, \cdots, n_t)$ 上进行.

证

$$(x_1 + x_2 + \cdots + x_t)^n = \underbrace{(x_1 + x_2 + \cdots + x_t)(x_1 + x_2 + \cdots + x_t) \cdots (x_1 + x_2 + \cdots + x_t)}_{\text{共 } n \text{ 个因子连乘}}$$

其展开式的项都是由每个因子中各取某个 x，然后相乘而得，即所有的项都具有形式

$$x_1^{n_1} x_2^{n_2} \cdots x_t^{n_t}$$

而且 $\sum\limits_{i=1}^{n} n_i = n$. 一般项的系数等于在这 n 个因子中先选出 n_1 个因子且这 n_1 个因子中都取 x_1，然后再在其余的 $n-n_1$ 个因子中选出 n_2 个因子且这 n_2 个因子中都取 x_2，$\cdots$，最后在剩下的 $n-n_1-n_2-\cdots-n_{t-1} = n_t$ 个因子中都取 x_t，那么，$x_1^{n_1} x_2^{n_2} \cdots x_t^{n_t}$ 的系数为

$$C(n, n_1) \cdot C(n-n_1, n_2) \cdots C(n_t, n_t)$$

$$= \frac{n!}{n_1! \cdot (n-n_1)!} \cdot \frac{(n-n_1)!}{n_2! \cdot (n-n_1-n_2)!} \cdots \frac{n_t!}{n_t! \cdot 0!}$$

$$= \frac{n!}{n_1! \, n_2! \cdots n_t!} = \binom{n}{n_1 \, n_2 \cdots n_t}$$

称 $\binom{n}{n_1 \, n_2 \cdots n_t}$ 为**多项式系数**. 证毕.

定理 1.5.2　$(x_1 + x_2 + \cdots + x_t)^n$ 展开式的项数等于 $C(n+t-1, n)$，而这些项的系数之和为 t^n.

证　展开式的项 $x_1^{n_1} x_2^{n_2} \cdots x_t^{n_t}$ 与从 t 个元素 $x_1, x_2, \cdots, x_t$ 中取 n 个的 n 可重组合是一一对应的，由式(1.3.7)，后者正是 $RC(\infty, n) = C(n+t-1, n)$.

令 $x_1 = x_2 = \cdots = x_t = 1$，代入式(1.5.1)即得

$$\sum_{\substack{\sum\limits_{i=1}^{t} n_i = n \\ (n_i \geqslant 0)}} \binom{n}{n_1 \, n_2 \cdots n_t} = (1 + 1 + \cdots + 1)^n = t^n$$

【例 1.5.1】　求 $(a+b+c+d)^3$ 的展开式.

解　　　　　　　　$n=3$，$t=4$，$RC(\infty, 3) = C(3+4-1, 3) = 20(\text{项})$

所以

$$(a+b+c+d)^3 = \binom{3}{3\,0\,0\,0}a^3 + \binom{3}{0\,3\,0\,0}b^3 + \binom{3}{0\,0\,3\,0}c^3 + \binom{3}{0\,0\,0\,3}d^3$$

$$+ \binom{3}{2\,1\,0\,0}a^2b + \binom{3}{2\,0\,1\,0}a^2c + \binom{3}{2\,0\,0\,1}a^2d + \binom{3}{1\,2\,0\,0}ab^2$$

$$+ \binom{3}{1\,0\,2\,0}ac^2 + \binom{3}{1\,0\,0\,2}ad^2 + \binom{3}{0\,2\,1\,0}b^2c + \binom{3}{0\,2\,0\,1}b^2d$$

$$+ \binom{3}{0\,1\,2\,0}bc^2 + \binom{3}{0\,1\,0\,2}bd^2 + \binom{3}{0\,0\,2\,1}c^2d + \binom{3}{0\,0\,1\,2}cd^2$$

$$+ \binom{3}{1\,1\,1\,0}abc + \binom{3}{1\,1\,0\,1}abd + \binom{3}{1\,0\,1\,1}acd + \binom{3}{0\,1\,1\,1}bcd$$

$$= a^3 + b^3 + c^3 + d^3 + 3a^2b + 3a^2c + 3a^2d + 3ab^2 + 3ac^2 + 3ad^2 + 3b^2c$$

$$+ 3b^2d + 3bc^2 + 3bd^2 + 3c^2d + 3cd^2 + 6abc + 6abd + 6acd + 6bcd$$

【例 1.5.2】　$(a_1 + a_2 + a_3 + a_4 + a_5)^7$ 的展开式中，项 $a_1^2 a_3 a_4^3 a_5$ 的系数是

$$\binom{7}{20\ 131} = \frac{7!}{2! \cdot 0! \cdot 1! \cdot 3! \cdot 1!} = 420$$

【例 1.5.3】 在 $(2x_1 - 3x_2 + 5x_3)^6$ 的展开式中，项 $x_1^3 x_2 x_3^2$ 的系数是什么？

解　令 $a_1 = 2x_1$，$a_2 = -3x_2$，$a_3 = 5x_3$，则 $(a_1 + a_2 + a_3)^6$ 的展开式中 $a_1^3 a_2 a_3^2$ 的系数为 $\binom{6}{3\ 1\ 2}$，即 $(2x_1 - 3x_2 + 5x_3)^6$ 中 $(2x_1)^3(-3x_2)(5x_3)^2$ 的系数. 因此 $x_1^3 x_2 x_3^2$ 的系数是

$$\binom{6}{3\ 1\ 2} 2^3 (-3) 5^2 = \frac{6!}{3! \cdot 1! \cdot 2!} \cdot 8 \cdot (-3) \cdot 25 = -36\ 000$$

【例 1.5.4】 求证

$$\sum_{k=0}^{n} (-1)^k C(n,k) x^k (1+x)^{n-k} = 1,\ n \geqslant 1 \tag{1.5.3}$$

证　在二项式定理中取 $a = -x$，$b = 1+x$，则

$$1 = 1^n = [(-x) + (1+x)]^n = \sum_{k=0}^{n} C(n,k)(-x)^k (1+x)^{n-k}$$

整理即得式(1.5.3).

【例 1.5.5】 今天是星期日，再过 10^{100} 天是星期几？

解

$$10^{100} = 100^{50} = (14 \times 7 + 2)^{50}$$
$$= 2^{50} + \sum_{r=1}^{50} \binom{50}{r} (14 \times 7)^r 2^{50-r}$$

10^{100} 表示成上式之后，后 50 项都是 7 的倍数，第一项又可表示为

$$2^{50} = 2^{2+3\times16} = 4 \cdot 8^{16} = 4(7+1)^{16} = 4\left[1 + \sum_{r=1}^{16} \binom{16}{r} 7^r\right]$$

显然，再过 10^{100} 天是星期四.

【例 1.5.6】 求证

$$\sum_{k=0}^{n} (-1)^k C(n,k) \left[\frac{1+kx}{(1+nx)^k}\right] = 0,\ n \text{ 为自然数} \tag{1.5.4}$$

证

$$0 = \left(1 - \frac{1}{1+nx}\right)^n - \left(1 - \frac{1}{1+nx}\right)^n$$

$$= \left(1 - \frac{1}{1+nx}\right)^n - \frac{nx}{1+nx}\left(1 - \frac{1}{1+nx}\right)^{n-1}$$

$$= \sum_{k=0}^{n} C(n,k)\left(-\frac{1}{1+nx}\right)^k - \frac{nx}{1+nx}\sum_{k=0}^{n-1} C(n-1,k)\left(-\frac{1}{1+nx}\right)^k$$

$$= \sum_{k=0}^{n} C(n,k)(-1)^k \left(\frac{1}{1+nx}\right)^k - \frac{x}{1+nx}\sum_{k=0}^{n-1} (-1)^k (k+1) C(n,k+1)\left(\frac{1}{1+nx}\right)^k$$

$$= \sum_{k=0}^{n} (-1)^k C(n,k)\left(\frac{1}{1+nx}\right)^k + \sum_{k=0}^{n} \frac{(kx)\cdot(-1)^k C(n,k)}{(1+nx)^k}$$

$$= \sum_{k=0}^{n} (-1)^k C(n,k)\left[\frac{1+kx}{(1+nx)^k}\right]$$

1.6　排列的生成算法

1.6.1　序数法

最常用的数字的表示法是十进制表示法，考虑小于 10^r 的正整数 n，可以表示为下述的位权形式：

$$n = \sum_{k=0}^{r-1} a_k 10^k, \quad 0 \leqslant a_k \leqslant 9 < 10$$

这种表示法可以推广到任意的 p 进制数，即任何小于 p^r 的正整数都可唯一表示为

$$n = \sum_{k=0}^{r-1} a_k p^k, \quad 0 \leqslant a_k < p$$

下面是整数的另一种表示方法，其依据是利用递推关系

$$n! = (n-1)(n-1)! + (n-1)!$$

可以得到

$$
\begin{aligned}
n! &= (n-1)(n-1)! + (n-2)(n-2)! + (n-2)! \\
&= (n-1)(n-1)! + (n-2)(n-2)! + (n-3)(n-3)! + (n-3)! \\
&\ \ \vdots \\
&= (n-1)(n-1)! + (n-2)(n-2)! + \cdots + 2 \cdot 2! + 1 \cdot 1! + 1!
\end{aligned}
$$

所以

$$n! = \sum_{k=1}^{n-1} k \cdot k! + 1$$

即　　　$n! - 1 = (n-1)(n-1)! + (n-2)(n-2)! + \cdots + 2 \cdot 2! + 1 \cdot 1!$

这和 $10^n - 1 = 9 \cdot 10^{n-1} + 9 \cdot 10^{n-2} + \cdots + 9 \cdot 10^1 + 9 \cdot 10^0$ 类似. 可以证明，从 0 到 $n! - 1$ 的任何整数 m 都可唯一地表示为

$$m = a_{n-1}(n-1)! + a_{n-2}(n-2)! + \cdots + a_2 2! + a_1 1! = \sum_{k=1}^{n-1} a_k \cdot k! \quad (1.6.1)$$

其中

$$0 \leqslant a_i \leqslant i, \ i = 1, 2, \cdots, n-1 \quad (1.6.2)$$

所以，从 0 到 $n! - 1$ 的 $n!$ 个数与满足式(1.6.2)要求的序列

$$(a_{n-1}, a_{n-2}, a_{n-3}, \cdots, a_2, a_1) \quad (1.6.3)$$

是一一对应的.

另一方面，由 m 就可以算出 $a_1, a_2, \cdots, a_{n-1}$，从式(1.6.1)可见，$m$ 除以 2 的整数部分为

$$a_{n-1} \frac{(n-1)!}{2} + a_{n-2} \frac{(n-2)!}{2} + \cdots + a_3 \frac{3!}{2} + a_2 \quad (1.6.4)$$

这说明 m 除以 2 的余数即为 a_1.

同理，用 3 除式(1.6.4)，余数即为 a_2. 依此类推，令

$$n_1 = m, \quad n_{i+1} = \left[\frac{n_i}{i+1} \right], \quad i = 1, 2, \cdots, n-1$$

其中$[x]$表示不大于 x 的最大整数，那么

$$a_i = n_i - (i+1)n_{i+1}, \quad i = 1, 2, \cdots, n-1$$

因此，满足式(1.6.2)的序列(1.6.3)共有 $n!$ 个，正好与从 0 到 $n!-1$ 的 $n!$ 个数一一对应. 从而启发我们可以在序列(1.6.3)和某一组 n 个元素的全排列之间建立一一对应关系，再从序列(1.6.3)得到一种生成排列的算法. 不失一般性，设 n 个元素为 $1, 2, \cdots, n$. 对应规则如下：

设序列 $(a_{n-1}, a_{n-2}, a_{n-3}, \cdots, a_2, a_1)$ 对应某个排列 $(p) = p_1 p_2 \cdots p_n$，其中 a_i 可以看作排列 (p) 中数 $i+1$ 所在位置后面比 $i+1$ 小的数的个数，即排列 (p) 中从数 $i+1$ 开始向右统计不大于 i 的数的个数.

例如，$n=4$，对排列 $(p) = (3124)$ 而言，4 后面比它小的数的个数 (a_3) 为 0，3 后面比它小的数的个数 (a_2) 为 2，2 后面比它小的数的个数 (a_1) 为 0，故得

$$(p) = (3124) \Leftrightarrow (a_3 a_2 a_1) = (020)$$

反之，已知某个具体的 $(a_3 a_2 a_1)$，即可得到对应的排列 $p_1 p_2 p_3 p_4$. 比如 $(a_3 a_2 a_1) = (111)$，由最左边的 $a_3 = 1$ 可知，比 4 小的数只有一个，故 4 排在 p_3 的位置（即 $p_3 = 4$），再由中间的 $a_2 = 1$ 知比 3 小的数也只有一个，因此 3 不能在最后，也不能在最前边，故 $p_2 = 3$，最后，由 $a_1 = 1$ 知 2 应排在 1 之前，故 $p_1 = 2$，最后必有 $p_4 = 1$. 所以

$$(a_3 a_2 a_1) = (111) \Leftrightarrow (p) = (2341)$$

当 $n=4$ 时，各序列对应的排列见表 1.6.1.

表 1.6.1　$n=4$ 时用序数法产生的 4 元排列

m	$a_3 a_2 a_1$	$p_1 p_2 p_3 p_4$	m	$a_3 a_2 a_1$	$p_1 p_2 p_3 p_4$
0	000	1234	12	200	1423
1	001	2134	13	201	2413
2	010	1324	14	210	1432
3	011	2314	15	211	2431
4	020	3124	16	220	3412
5	021	3214	17	221	3421
6	100	1243	18	300	4123
7	101	2143	19	301	4213
8	110	1342	20	310	4132
9	111	2341	21	311	4231
10	120	3142	22	320	4312
11	121	3241	23	321	4321

1.6.2　字典序法

顾名思义，这种方法的思想就是将所有 n 元排列按"字典顺序"排成队，以 $12\cdots n$ 为第一个排列，排序的规则，也就是由一个排列 $(p)=(p_1p_2\cdots p_n)$ 直接生成下一个排列的算法可归结为：

（1）求满足关系式 $p_{k-1}<p_k$ 的 k 的最大值，设为 i，即

$$i = \max\{k \mid p_{k-1} < p_k\}$$

（2）求满足关系式 $p_{i-1}<p_k$ 的 k 的最大值，设为 j，即

$$j = \max\{k \mid p_{i-1} < p_k\}$$

（3）p_{i-1} 与 p_j 互换位置得

$$(q) = (q_1q_2 \cdots q_n)$$

（4）$(q)=(q_1q_2\cdots q_{i-1}q_iq_{i+1}\cdots q_n)$ 中 $q_iq_{i+1}\cdots q_n$ 部分的顺序逆转，得

$$q_1q_2 \cdots q_{i-1}q_n\cdots q_{i+1}q_i$$

这便是所求的下一个排列.

例如，设 $p_1p_2p_3p_4=3421$，那么，$i=2$，$j=2$，p_1 与 p_2 交换得 $q_1q_2q_3q_4=4321$，再将 321 逆转即得下一个排列 4123.

当 $n=4$ 时，由字典序法所得的全部排列的先后顺序如下：

$$1234 \rightarrow 1243 \rightarrow 1324 \rightarrow 1342 \rightarrow 1423 \rightarrow 1432 \rightarrow 2134 \rightarrow 2143 \rightarrow$$
$$2314 \rightarrow 2341 \rightarrow 2413 \rightarrow 2431 \rightarrow 3124 \rightarrow 3142 \rightarrow 3214 \rightarrow 3241 \rightarrow$$
$$3412 \rightarrow 3421 \rightarrow 4123 \rightarrow 4132 \rightarrow 4213 \rightarrow 4231 \rightarrow 4312 \rightarrow 4321$$

1.6.3　邻位互换生成算法

本算法的思想也是希望以 $(12\cdots n)$ 作为 n 个元素 1，2，$\cdots$，n 的第一个排列，然后按照某种方法，由一个排列 $(p)=(p_1p_2\cdots p_n)$ 直接生成下一个排列，直到全部排列生成完毕为止.

以 $n=4$ 为例，开始在排列 1234 的各数上方加一个左箭头"←"，当一个数上方箭头所指的一侧，相邻的数比该数小时，便称该数处于活动状态. 例如 $\overset{\leftarrow\leftarrow\leftarrow\leftarrow}{1234}$ 中的 2，3，4 都处于活动状态.

从排列 $(p)=(p_1p_2\cdots p_n)$ 生成下一个排列的算法如下：

（1）若排列 $(p)=(p_1p_2\cdots p_n)$ 中无一数处于活动状态，则停止，否则转（2）；

（2）求所有处于活动状态的数中的最大者，设为 k，k 和它的箭头所指的一侧的相邻数互换位置，转（3）；

（3）令比 k 大的所有数的箭头改变方向，转（1）.

$n=4$ 时各个数移动位置而生成所有 4 排列的情形见图 1.6.1.

各数的活动规律：以 1234 中的 4 为例，从一端移到另一端，共进行了 3 次换位，然后暂停一次，这时 3 开始活动. 这是 4 活动的一个过程.

3 在 123 中的活动规律也很相似，而且这种活动规律可以推广到 n 个数的排列.

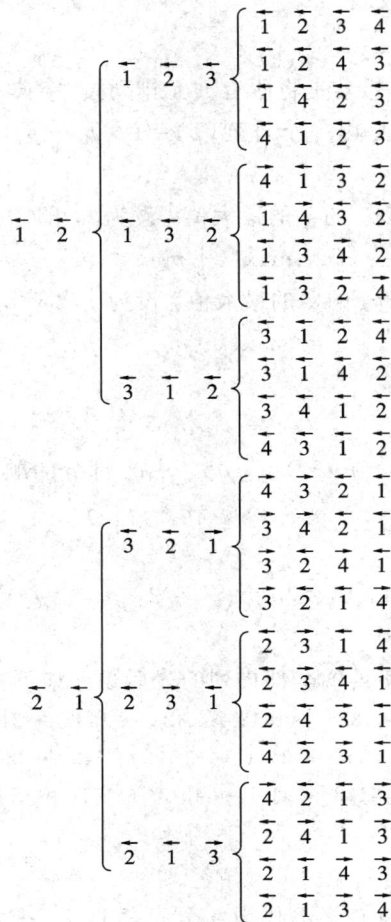

$$\begin{array}{ccc}
1\ 2 & \begin{cases} 1\ 2\ 3 \begin{cases} 1\ 2\ 3\ 4 \\ 1\ 2\ 4\ 3 \\ 1\ 4\ 2\ 3 \\ 4\ 1\ 2\ 3 \end{cases} \\[1em] 1\ 3\ 2 \begin{cases} 4\ 1\ 3\ 2 \\ 1\ 4\ 3\ 2 \\ 1\ 3\ 4\ 2 \\ 1\ 3\ 2\ 4 \end{cases} \\[1em] 3\ 1\ 2 \begin{cases} 3\ 1\ 2\ 4 \\ 3\ 1\ 4\ 2 \\ 3\ 4\ 1\ 2 \\ 4\ 3\ 1\ 2 \end{cases} \end{cases} \\[3em]
2\ 1 & \begin{cases} 3\ 2\ 1 \begin{cases} 4\ 3\ 2\ 1 \\ 3\ 4\ 2\ 1 \\ 3\ 2\ 4\ 1 \\ 3\ 2\ 1\ 4 \end{cases} \\[1em] 2\ 3\ 1 \begin{cases} 2\ 3\ 1\ 4 \\ 2\ 3\ 4\ 1 \\ 2\ 4\ 3\ 1 \\ 4\ 2\ 3\ 1 \end{cases} \\[1em] 2\ 1\ 3 \begin{cases} 4\ 2\ 1\ 3 \\ 2\ 4\ 1\ 3 \\ 2\ 1\ 4\ 3 \\ 2\ 1\ 3\ 4 \end{cases} \end{cases}
\end{array}$$

图 1.6.1　排列的邻位互换过程

1.7　组合的生成算法

现以从 6 个元素 1, 2, 3, 4, 5, 6 中取 3 个的组合为例, 从中找出规律来, 算法便自然形成了.

$$123 \to 124 \to 125 \to 126 \to 134 \to 135 \to 136 \to 145 \to 146 \to 156 \to$$
$$234 \to 235 \to 236 \to 245 \to 246 \to 256 \to 345 \to 346 \to 356 \to 456$$

从上面的生成过程可以看出如下规律:

(1) 最后一位数最大可达 n, 本例 $n=6$, 倒数第二位数最大可达 $n-1$, …, 依此类推, 倒数第 k 位最大可达 $n-k+1(k\leqslant r)$, 若 r 个元素的组合用 $c_1 c_2 \cdots c_r$ 来表示, 并不妨假定

$$c_1 < c_2 < \cdots < c_r$$

那么, 应有

$$c_r \leqslant n,\ c_{r-1} \leqslant n-1,\ \cdots,\ c_1 \leqslant n-r+1$$

即 $c_i \leqslant n-r+i$, $i=1, 2, \cdots, r$.

(2) 当存在 $c_j < n-r+j$ 时, 令 $i=\max\{j \mid c_j < n-r+j\}$, 并令

$$d_k = c_k, 1 \leqslant k < i$$
$$d_i = c_i + 1,$$
$$d_k = d_{k-1} + 1, i < k \leqslant r$$

就可得到新的组合 $d_1 d_2 \cdots d_r$. 若每个 $c_j = n-r+j$, 则已经达到最后一个组合, 生成完毕.

例如由 123 开始, 显然 1, 2, 3 都满足 $c_j < n-r+j$, 选其中最大下标 $i=3$ 对应的 c_3, 令 $d_1 = c_1 = 1$, $d_2 = c_2 = 2$, $d_3 = c_3 + 1 = 4$, 便得下一组合 124. 又如组合 $c_1 c_2 c_3 = 346$, 那么 3 和 4 满足 $c_j < n-r+j$, 自然选 $i=2$, 并令 $d_1 = c_1 = 3$, $d_2 = c_2 + 1 = 4+1 = 5$, $d_3 = d_2 + 1 = 5+1 = 6$, 即后续组合为 356.

归纳从一个组合 $c_1 c_2 \cdots c_r$ 得到下一个组合的步骤如下(初值为组合 $(12 \cdots r)$):

(1) 若 $i = \max\{j | c_j < n-r+j\}$ 存在, 转(2), 否则, 停止;

(2) $c_i \leftarrow c_i + 1$;

(3) $c_j \leftarrow c_{j-1} + 1$, $j = i+1, i+2, \cdots, r$. 输出 $(c_1 c_2 \cdots c_r)$, 转(1).

1.8 应 用 举 例

【例 1.8.1】 由 1, 2, 3, 4, 5 这五个数字能组成多少个大于 43 500 的五位数?

解 显然, 这是求有限制条件的 $RP(\infty, 5)$ 的问题. 下列情况之一发生便可导致"大于 43 500":

(1) 万位上数字是 5, 其余四位上的数字从 1, 2, 3, 4, 5 中允许重复选取, 共有 5^4 个符合要求的数;

(2) 万位上数字为 4, 千位上数字从 4, 5 中选一个, 其余三位上数字可从五个数字中重复选取, 共有 2×5^3 个;

(3) 万位、千位、百位上数字分别为 4、3、5, 其余二位上的数字可在 1~5 间重复选取, 共有 5^2 个.

由加法法则, 这样的数总计为
$$5^4 + 2 \times 5^3 + 5^2 = 900 \text{ (个)}$$

【例 1.8.2】 从 -2, -1, 0, 1, 2, 3 共 6 个数中不重复地选 3 个数作为二次函数 $y = ax^2 + bx + c$ 的系数 a, b, c, 使得抛物线 $y = ax^2 + bx + c$ 的开口方向向下, 共可作出多少个二次函数?

解 抛物线的开口方向向下, 必有 $a < 0$.

第一步: a 从 -2、-1 中选一个, 有 P_2^1 种方法;

第二步: 在余下的五个数中选出两个进行排列, 作为 b 和 c, 有 P_5^2 种方法.

根据乘法法则, 共可作出二次函数
$$P_2^1 P_5^2 = 40 \text{ (个)}$$

【例 1.8.3】 满足 $x_1 + x_2 + x_3 + x_4 = 100$ 的正整数解有多少组?

解 设想长度为 100 的线段被分为 4 段, 每段的长度均为正整数, 叫做 x_1, x_2, x_3, x_4. 把 4 条线段再接成一条线段, 需要 3 个加号 "+". 如 $x_1 = 10$, $x_2 = 35$, $x_3 = 40$, $x_4 = 15$, 从而有 $10+35+40+15 = 100$. 问题转化为长度为 1 的 100 条线段中间有 99 个空 "○" 将这些线段分开, 在这 99 个空的位置上放置 3 个 "+" 号, 未放 "+" 号的线段合成一条线段, 求放

法总数. 从而得不定方程的正整数解共有

$$C_{99}^3 = \frac{99 \times 98 \times 97}{3 \times 2 \times 1} = 156\ 849(组)$$

【例 1.8.4】　把 r 个相异物体放入 n 个不同的盒子里,每个盒子允许放任意个物体,而且要考虑放入同一盒中的物体的次序,共有多少种分配方案?

解　本问题既不是相异元素的不重复排列,也不是简单的重复排列.

考虑第一个物体的放法有 n 种,把它放入某盒子后,可看作是该盒子的隔板,将盒子分成了两部分. 这样,第二个物体的放法有 $n+1$ 种,同理,第三个物体的放法有 $n+2$ 种,$\cdots\cdots$,第 r 个物体的放法有 $n+r-1$ 种. 由乘法原理,符合条件的方案数为

$$n(n+1)(n+2)\cdots(n+r-1) = \frac{(n+r-1)!}{(n-1)!} = P(n+r-1,\ r)$$

若在上例中把条件"考虑放入同一盒中的物体的次序"改为"不考虑放入同一盒中相异物体的次序",则分配方案数应为 $\underbrace{n \cdot n \cdots \cdots n}_{r\text{个}} = n^r$,即 n 个相异元素的 r 可重排列数. 原因是每个物体都恰有 n 种放法.

实际问题如:A、B、C、D、E 共 5 位同学由两个门排队进入教室,每个门每次只能同时进一人,问有多少种进法?

显然,这是典型的考虑盒子里物体次序的问题,因为即使 5 个同学从同一个门进入教室,也存在进门次序的问题. 故进教室的方式数应为

$$2 \times 3 \times 4 \times 5 \times 6 = 720$$

例如有 2 个同学进前门,3 个走后门,则在这一种情形下进入教室的方式数就为

$$C_5^2 \times 2! \times 3! = 120$$

如果只关心从每个门进入教室的学生人数和具体的人,但不考虑从同一个门进入教室的学生的次序,则 5 个学生通过 2 个门进入教室的所有不同方式也就是 $2^5 = 32$ 种.

【例 1.8.5】　把 n 元集 S 划分成 $n-3$ 个无序非空子集 $(n \geqslant 4)$,共有多少种分法?

解　此问题是典型的分配模型中球不同而盒子相同的问题,其一般求解方法见 3.4.2 小节. 此处是盒子数为 $n-3$ 的特殊情形,可用排列组合的方法求解.

设共有 L 种分法,可将这些划分方法分成如下三类情形分别予以统计:

(1) 使得有一个子集是 4 元集,其余子集是 1 元集的划分方案数等于 n 元集的不重复的 4 组合数 $\binom{n}{4}$;

(2) 使得有一个子集是 3 元集,有一个子集是 2 元集,其余子集是 1 元集的划分方法:因为 n 元集 S 的 5 组合数为 $\binom{n}{5}$,把 5 元集划分成一个 3 元子集和一个 2 元子集的方法有 $\binom{5}{3} = 10$ 种,故由乘法法则,属于此类的划分方法有 $10 \cdot \binom{n}{5}$ 种;

(3) 使得有 3 个子集是 2 元集,其余子集是 1 元集的划分方法:因为 n 元集的 6 组合数为 $\binom{n}{6}$,把 6 元子集划分成 3 个 2 元子集的方法有

$$\begin{pmatrix} & 6 & \\ 2 & 2 & 2 \end{pmatrix} \frac{1}{3!} = \frac{6!}{2!2!2!3!} = 15$$

种，所以属于此类的划分方法有 $15 \cdot \begin{pmatrix} n \\ 6 \end{pmatrix}$ 种.

三类情况，互不重复，故由加法法则得

$$L = \begin{pmatrix} n \\ 4 \end{pmatrix} + 10 \begin{pmatrix} n \\ 5 \end{pmatrix} + 15 \begin{pmatrix} n \\ 6 \end{pmatrix}$$

【例 1.8.6】 设 $f_r(n,k)$ 是能够从集合 $\{1, 2, \cdots, n\}$ 中选出两两之差均大于 r 的 k 元子集的方案数，试求 $f_r(n, k)$.

解　在集合 $A = \{1, 2, \cdots, n\}$ 中任取 k 个两两之差超过 r 的数构成组合 $a_1, a_2, \cdots, a_k$，不妨设 $a_1 < a_2 < \cdots < a_k$，则 $a_j - a_i \geqslant r + 1 (1 \leqslant i < j \leqslant k)$，令

$$b_i = a_i - (i-1)r, \quad i = 1, 2, \cdots, k$$

那么，$b_j - b_i \geqslant 1 (1 \leqslant i < j \leqslant k)$，且有

$$1 \leqslant b_1 < b_2 < \cdots < b_k \leqslant n - (k-1)r$$

即按条件从 A 中选取 k 个元素的一种方案对应于从集合 $B = \{1, 2, \cdots, n - (k-1)r\}$ 中不重复地选取 k 个元素的方案，反之亦然. 因此，两个集合各自满足不同条件的 k 组合方案是一一对应的，后者的组合方案数为 $\begin{pmatrix} n - r(k-1) \\ k \end{pmatrix}$，从而知

$$f_r(n, k) = \begin{pmatrix} n - rk + r \\ k \end{pmatrix}$$

【例 1.8.7】　有 7 位科学家 A、B、C、D、E、F、G 从事一项机密工作，他们的工作室装有电子锁，每位科学家都有打开电子锁的"钥匙". 为了安全起见，必须同时有 4 人在场时才能打开大门. 那么，该电子锁至少应具备多少个特征？每位科学家的"钥匙"至少应有多少种特征？

解　任意 3 个人在一起，至少缺少一种特征，故不能打开电子锁. 由 7 个人中任选 3 人的组合数为 $C(7, 3)$，故电子锁至少应有

$$C(7, 3) = \frac{7 \times 6 \times 5}{3 \times 2} = 35$$

种特征. 这样才能保证有任意 3 人在场时至少缺少一个特征而打不开大门. 这就是说，每一种组合所形成的 3 人小组缺少的特征是不一样的，才能达到目的. 如若不然，假设电子锁只有 34 种特征，那么，7 人中取 3 位的 35 种组合方案中，至少有两组缺少同一种特征，而这两种组合方案至少对应 4 位不同的科学家（当然至多 6 人），这就说明，这 4 位科学家由于缺少同一特征而当 4 人同时在场时打不开大门.

对科学家 A 的"钥匙"而言，其余 6 个人中任意 3 个人在场，至少缺少一个 A 所具有的特征而无法打开大门. 所以该科学家的"钥匙"至少要有

$$C(6, 3) = \frac{6 \times 5 \times 4}{3 \times 2} = 20$$

种特征. 同样的道理，这也就是说，对于其余 6 个人取 3 人的 20 种组合方案，任何两种方案对应的两组科学家，两组各缺少的特征也是不一样的. 否则，假如 A 的钥匙不够 20 种特征，比方说只有 19 种特征，那么，由于其余 6 人中的任意 3 位既不能打开大门，而且加上这个科学家又能打开大门，因而，6 人的每一种 3 组合都缺少 A 的某个特征. 现在，A 只有

19 种特征，组合方案有 20 种，故必有两种组合缺 A 的同一特征，而这两种组合同样至少含有 4 位科学家，那么，这 4 位同时在场时又打不开大门了.

这是信息共享的一种方法. 给每位科学家分配"钥匙"的思路之一就是先写出 7 位科学家的所有 3 组合，并按序编号如下：

1. ABC,　2. ABD,　3. ABE,　4. ABF,　5. ABG,　6. ACD,　7. ACE,

8. ACF,　9. ACG,　10. ADE,　11. ADF,　12. ADG,　13. AEF,　14. AEG,

15. AFG,　16. BCD,　17. BCE,　18. BCF,　19. BCG,　20. BDE,　21. BDF,

22. BDG,　23. BEF,　24. BEG,　25. BFG,　26. CDE,　27. CDF,　28. CDG,

29. CEF,　30. CEG,　31. CFG,　32. DEF,　33. DEG,　34. DFG,　35. EFG

给第 i 组的每个科学家不分配第 i 个特征，则可得每个科学家应掌握的"钥匙"特征编号如下：

$$A = \{16 \sim 35\}$$
$$B = \{6 \sim 15, 26 \sim 35\}$$
$$C = \{2 \sim 5, 10 \sim 15, 20 \sim 25, 32 \sim 35\}$$
$$D = \{1, 3 \sim 5, 7 \sim 9, 13 \sim 15, 17 \sim 19, 23 \sim 25, 29 \sim 31, 35\}$$
$$E = \{1, 2, 4 \sim 6, 8, 9, 11, 12, 15, 16, 18, 19, 21, 22, 25, 27, 28, 31, 34\}$$
$$F = \{1 \sim 3, 5 \sim 7, 9, 10, 12, 14, 16, 17, 19, 20, 22, 24, 26, 28, 30, 33\}$$
$$G = \{1 \sim 4, 6 \sim 8, 10, 11, 13, 16 \sim 18, 20, 21, 23, 26, 27, 29, 32\}$$

【例 1.8.8】 从 $(0, 0)$ 点到达 (m, n) 点 $(m < n)$（见图 1.8.1(a)），要求中间所经过的每一个格子点 (a, b) 恒满足 $b > a$，问有多少条最短路径.

解　从 $(0, 0)$ 到 (m, n) 点的路径中若排除经过点 (a, b)，$b \leqslant a$ 的可能性，则第一步必须从 $(0, 0)$ 到 $(0, 1)$. 因此问题等价于求满足条件的从 $(0, 1)$ 点到 (m, n) 点的路径数.

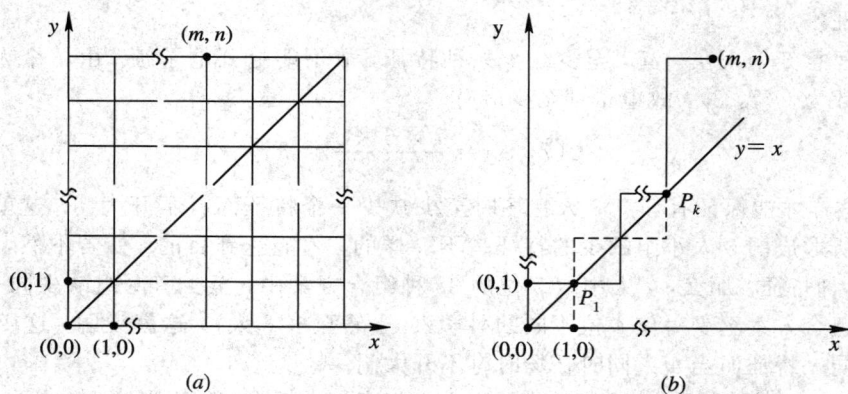

图 1.8.1　带有限制条件的最短路径问题

由于 $m < n$，显然从 $(1, 0)$ 点到 (m, n) 点的每一条路径，必然穿过 $y = x$ 上的格子点. 下面建立起从 $(1, 0)$ 到 (m, n) 点的每一条路径，与从 $(0, 1)$ 到 (m, n) 点但经过 $y = x$ 线上的格子点的路径间的一一对应关系.

从图 1.8.1(b) 可见，若从 $(1, 0)$ 到 (m, n) 点的某一路径与 $y = x$ 的交点从左而右依次为 P_1，P_2，$\cdots$，P_k，设 P_k 是最后一个在 $y = x$ 上的格子点. 作 $(0, 1)$ 点到 P_k 的一条道路

(实线)使之与上述的从$(1,0)$点到P_k点的路径(虚线)关于直线$y=x$对称,于是对从$(1,0)$点到(m,n)点的一条路径,有一条从$(0,1)$点到(m,n)点,但过$y=x$上的点的路径与之对应. 反之,对从$(0,1)$点到(m,n)点的一条路径(经过$y=x$上的格子点),必存在从$(1,0)$点到(m,n)点的一条路径与之对应.

故所求的路径数为$(0,1)$点到(m,n)点的所有路径数减去$(1,0)$点到(m,n)点的所有路径数,即

$$N = \binom{m+n-1}{m} - \binom{m-1+n}{m-1}$$

$$= (m+n-1)!\left[\frac{1}{m!(n-1)!} - \frac{1}{(m-1)!n!}\right]$$

$$= \frac{(m+n-1)!}{m!n!}(n-m) = \frac{n-m}{n+m}\binom{n+m}{m}$$

【例 1.8.9】 n,k,r 都是非负整数,并且 $n \geq k+r$. 那么必有

$$C_n^{k+r} \geq C_{n-k}^r \tag{1.8.1}$$

另外,等号何时成立?

解 在 $a_1, a_2, \cdots, a_n$ 中取 $k+r$ 个元素,有 C_n^{k+r} 种取法. 其中特殊的一种取法是:先取前 k 个元素 $a_1, a_2, \cdots, a_k$;再从其余的 $n-k$ 个元素 $a_{k+1}, a_{k+2}, \cdots, a_n$ 中取 r 个,这样的取法有 C_{n-k}^r 种. 显然后者不大于前者,这就是式(1.8.1).

等号成立时,$n=k+r$,否则总有不全含 $a_1, a_2, \cdots, a_k$ 的 $k+r$ 元子集. 反过来,当 $n=k+r$ 时,确实有

$$C_n^{k+r} = 1 = C_{n-k}^r$$

【例 1.8.10】 设 α、β 两个用 n 位二进制表示的码为

$$\alpha = a_1a_2\cdots a_n, \qquad \beta = b_1b_2\cdots b_n$$

如若 $a_i \neq b_i$ 的个数为 k,则记 $d(\alpha, \beta) = d(\beta, \alpha) = k$,称为码字 α 和 β 的**汉明**(Hamming)**距离**. 这是通信中一种纠错码——汉明码的理论基础. 该纠错码的基本思想是在所有 n 位二进制串中选出 M 个串 $\alpha_1, \alpha_2, \cdots, \alpha_M$,满足

$$d(\alpha_i, \alpha_j) \geq 2r+1, \qquad i,j = 1, 2, \cdots, M; i \neq j \tag{1.8.2}$$

则诸 α_i 构成一组汉明码,每个 α_i 称为一个码字. 在通信过程中,若接收方收到的二进制串 α' 与码字 α 的距离 $d(\alpha, \alpha') \leq r$,则认为 α' 是 α 的错误传输而予以纠正,即将 α' 当作码字 α 来进行处理. 汉明码不仅可以验证数据是否有效,还能在数据出错的情况下指明错误位置,并予以纠正. 当所编码字满足式(1.8.2)时,这样的编码体制可以检查并纠正信号传输中的 r 位错误. 现在的问题是,对于确定的 n 和 r,最多能构造多少个汉明码字?

解 问题等价于求 M 的最大值. 已知 n 位二进制串共有 2^n 个,其中与码字 α_i 的距离等于 k 的串的个数显然为 $\binom{n}{k}$,即从 α_i 中选择 k 位加以改变而得. 故与 α_i 的距离小于等于 r 的串的个数为

$$\binom{n}{0} + \binom{n}{1} + \cdots + \binom{n}{r} = \sum_{k=0}^{r} \binom{n}{k}$$

记 $U_i = \{\alpha \mid d(\alpha, \alpha_i) \leqslant r\}$（$i = 1, 2, \cdots, M$），即 U_i 表示与 α_i 的距离小于等于 r 的所有二进制串组成的集合，则 $|U_i| = \sum\limits_{j=0}^{r} \binom{n}{j}$，其中 $|U_i|$ 表示集合 U_i 中的元素个数。那么，对于确定的 α_i，包含在 U_i 中的任何一个串都不可能再用来当作另外一个码字使用。也就是说，在汉明码中，一个码字实际上占用了 $\sum\limits_{j=0}^{r} \binom{n}{j}$ 个二进制串。

根据编码时对距离的规定，可知 2^n 个串中每个串最多只能属于 U_1，U_2，$\cdots$，U_M 中的一个。所以

$$\sum_{i=1}^{M} |U_i| = M \cdot \left[\binom{n}{0} + \binom{n}{1} + \cdots + \binom{n}{r} \right] \leqslant 2^n$$

即

$$M \leqslant \frac{2^n}{\binom{n}{0} + \binom{n}{1} + \cdots + \binom{n}{r}}$$

例如，当 $n = 10$，$r = 2$ 时，最多只能构造 $M = 18$ 个码字。

此处要说明的是，汉明距离也满足三角不等式，即设 α、β、γ 是任意的三个码字，则有

$$d(\alpha, \beta) + d(\beta, \gamma) \geqslant d(\alpha, \gamma)$$

而汉明码纠错中恰好也是利用了这一性质，即若有一组码，其中两两的汉明距离不小于 $2r+1$，那么，如果码字 α' 与 α 的距离 $d(\alpha, \alpha') \leqslant r$，则由三角不等式 $d(\alpha, \alpha') + d(\alpha', \beta) \geqslant d(\alpha, \beta)$ 可知，α' 与其它任一码字 β 的距离必大于 r，这是因为

$$d(\alpha', \beta) \geqslant d(\alpha, \beta) - d(\alpha, \alpha') \geqslant (2r+1) - r = r+1 > r$$

1.9　斯特灵（Stirling）近似公式

在组合数学中经常遇到 $n!$ 的计算，随着 n 的增大，结果增长迅速。斯特灵公式给出一个求 $n!$ 的近似公式，它对从事计算和理论分析都是有意义的。斯特灵公式是这样的：

$$n! \sim \sqrt{2\pi n} \left(\frac{n}{e} \right)^n$$

这里符号 $\sim$ 表示它的两端的比值，随着 n 的无限增大而趋于 1，也就是

$$\lim_{n \to \infty} \frac{n!}{\sqrt{2n\pi}(n/e)^n} = 1$$

即相对误差随着 n 的趋向无穷而趋于零。然而绝对误差并非如此，实际上

$$\lim_{n \to \infty} \left[n! - \sqrt{2n\pi} \left(\frac{n}{e} \right)^n \right] = \infty$$

1.9.1　Wallis 公式

在证明上述 $n!$ 的近似公式时，要用到 Wallis 公式，即

$$\left.\begin{array}{l} \lim_{n\to\infty}\left[\dfrac{(2k)!!}{(2k-1)!!}\right]^2\dfrac{1}{2k+1}=\dfrac{\pi}{2} \\[3mm] \lim_{n\to\infty}\left[\dfrac{(2k)!!(2k)!!}{(2k)!}\right]^2\dfrac{1}{2k+1}=\dfrac{\pi}{2} \\[3mm] \lim_{n\to\infty}\left[\dfrac{2^{2k}(k!)^2}{(2k)!}\right]^2\dfrac{1}{2k+1}=\dfrac{\pi}{2} \end{array}\right\} \tag{1.9.1}$$

证　构造数列

$$I_k=\int_0^{\pi/2}\sin^k x\,\mathrm{d}x,\quad k=1,2,\cdots$$

显然，$I_0=\pi/2$，$I_1=1$，当 $k\geqslant 2$ 时，

$$I_k=-\cos x\,\sin^{k-1}x\,\big|_0^{\pi/2}+\int_0^{\pi/2}(k-1)\cos^2 x\,\sin^{k-2}x\,\mathrm{d}x$$

$$=0+(k-1)\int_0^{\pi/2}(1-\sin^2 x)\sin^{k-2}x\,\mathrm{d}x$$

$$=(k-1)(I_{k-2}-I_k)$$

故

$$I_k=\frac{k-1}{k}I_{k-2}=\frac{k-1}{k}\cdot\frac{k-3}{k-2}I_{k-4}=\cdots \tag{1.9.2}$$

定义双阶乘函数

$$n!!=\begin{cases}1\cdot 3\cdot 5\cdots n,&n\text{ 是奇数}\\ 2\cdot 4\cdot 6\cdots n,&n\text{ 是偶数}\end{cases}$$

因此有

$$I_{2k}=\begin{cases}\dfrac{(k-1)!!}{k!!}I_1,&k\text{ 是奇数}\\[3mm]\dfrac{(k-1)!!}{k!!}I_0,&k\text{ 是偶数}\end{cases} \tag{1.9.3}$$

当 $x\in\left(0,\dfrac{\pi}{2}\right)$ 时，$0<\sin x<1$，故 $\sin^{k+1}<x<\sin^k x.$，从而有

$$I_{2k+1}<I_{2k}<I_{2k-1},\ k=1,2,\cdots$$

将式(1.9.3)代入得

$$\frac{(2k)!!}{(2k+1)!!}<\frac{(2k-1)!!}{(2k)!!}\cdot\frac{\pi}{2}<\frac{(2k-2)!!}{(2k-1)!!}$$

不等式各项同除以 $\dfrac{(2k)!!}{(2k+1)!!}$，得

$$1<\frac{\dfrac{\pi}{2}}{\left[\dfrac{(2k)!!}{(2k-1)!!}\right]^2\dfrac{1}{2k+1}}<\frac{2k+1}{2k}\xrightarrow[k\to\infty]{}1$$

令 $k\to\infty$，即得式(1.9.1)的第一个等式.

由于

$$\frac{(2k)!!}{(2k-1)!!}=\frac{(2k)!!\cdot(2k)!!}{(2k)!}=\frac{2^{2k}(k!)^2}{(2k)!}$$

因此，式(1.9.1)的后两式也成立。

1.9.2 Stirling 公式

计算定积分

$$A_n = \int_1^n \ln x \, \mathrm{d}x = x \ln x \mid_1^n - \int_1^n \mathrm{d}x = n \ln n - n + 1 \qquad (1.9.4)$$

将定积分区间$[1, n]$分为n个小区间：$[1, 2]$，$[2, 3]$，$\cdots$，$[n-1, n]$，用梯形公式计算A_n的近似积分. 可得

$$S_n = \frac{1}{2} \ln 1 + \ln 2 + \cdots + \ln(n-1) + \frac{1}{2} \ln n$$

$$= \ln(n!) - \frac{1}{2} \ln n \qquad (1.9.5)$$

另一方面，令

$$T_n = \frac{1}{8} + \ln 2 + \ln 3 \cdots + \ln(n-1) + \frac{1}{2} \ln n \qquad (1.9.6)$$

它是由三部分面积之和构成的. 一是曲线$y = \ln x$在$x = k$点的切线和x轴，以及$x = k - \frac{1}{2}$，$x = k + \frac{1}{2}$包围的梯形，当k分别为$2, 3, \cdots, n-1$时的面积之和；一是由$y = \ln x$在$x = 1$点的切线，直线$x = \frac{3}{2}$，以及x轴围成的三角形；另一是由$y = \ln n$，$x = n - \frac{1}{2}$，$x = n$及x轴包围的矩形面积. 因而有

$$S_n < A_n < T_n \qquad (1.9.7)$$

$$0 < A_n - S_n < T_n - S_n = \frac{1}{8}$$

令$b_n = A_n - S_n$. 序列b_1，b_2，$\cdots$是单调增，而且有上界，故有极限，令

$$\lim_{n \to \infty} b_n = b$$

而

$$b_n = n \ln n - n + 1 - \ln(n!) + \frac{1}{2} \ln n$$

$$= \ln n^n - n + 1 - \ln(n!) + \ln \sqrt{n}$$

所以

$$\ln(n!) = 1 - b_n + \ln n^n + \ln \sqrt{n} - \ln \mathrm{e}^n$$

故

$$n! = \mathrm{e}^{1-b_n} \sqrt{n} \left(\frac{n}{\mathrm{e}} \right)^n \qquad (1.9.8)$$

在 Wallis 公式(1.9.1)的第三个等式中将k换为n，并用$\mathrm{e}^{1-b_n} \sqrt{n} \left(\frac{n}{\mathrm{e}} \right)^n$代替$n!$，用$\mathrm{e}^{1-b_{2n}} \sqrt{2n} \left(\frac{2n}{\mathrm{e}} \right)^{2n}$代替$(2n)!$，得

$$\left[\frac{2^{2n} \left(\mathrm{e}^{1-b_n} \sqrt{n} \left(\frac{n}{\mathrm{e}} \right)^n \right)^2}{\mathrm{e}^{1-b_{2n}} \sqrt{2n} \left(\frac{2n}{\mathrm{e}} \right)^{2n}} \right]^2 \frac{1}{2n+1} \xrightarrow[n \to \infty]{} \frac{\pi}{2}$$

即

$$\frac{(\mathrm{e}^{1-b})^2}{4} = \frac{\pi}{2}$$

所以

$$\mathrm{e}^{1-b} = \sqrt{2\pi}$$

代入式(1.9.8)便得

$$\lim_{n\to\infty}\frac{n!}{\sqrt{2n\pi}(n/\mathrm{e})^n} = 1$$

习　题　一

1. 在 1 到 9999 之间，有多少个每位上数字全不相同而且由奇数构成的整数？

2. 比 5400 小并具有下列性质的正整数有多少个？

(1) 每位的数字全不同；

(2) 每位数字不同且不出现数字 2 与 7.

3. 一教室有两排，每排 8 个坐位，今有 14 名学生，问按下列不同的方式入座，各有多少种坐法.

(1) 规定某 5 人总坐在前排，某 4 人总坐在后排，但每人具体坐位不指定；

(2) 要求前排至少坐 5 人，后排至少坐 4 人.

4. 一位学者要在一周内安排 50 个小时的工作时间，而且每天至少工作 5 小时，问共有多少种安排方案.

5. 若某两人拒绝相邻而坐，问 12 个人围圆桌就坐有多少种方式.

6. 有 15 名选手，其中 5 名只能打后卫，8 名只能打前锋，2 名能打前锋或后卫，今欲选出 11 人组成一支球队，而且需要 7 人打前锋，4 人打后卫，试问有多少种选法.

7. 求 $(x-y-2z+w)^8$ 展开式中 $x^2y^2z^2w^2$ 项的系数.

8. 求 $(x+y+z)^4$ 的展开式.

9. 求 $(x_1+x_2+x_3+x_4+x_5)^{10}$ 展开式中 $x_2^3x_3x_4^6$ 的系数.

10. 试证任一正整数 n 可唯一地表成如下形式：

$$n = \sum_{i\geqslant 1} a_i i!, \ 0\leqslant a_i \leqslant i, \ i = 1, 2, \cdots$$

11. 证明 $nC(n-1, r)=(r+1)C(n, r+1)$，并给出组合意义.

12. 证明 $\displaystyle\sum_{k=1}^{n} kC(n, k) = n2^{n-1}$.

13. 有 n 个不同的整数，从中取出两组来，要求第一组数里的最小数大于第二组的最大数，问有多少种方案.

14. 六个引擎分列两排，要求引擎的点火次序两排交错开来，试求从某一特定引擎开始点火有多少种方案.

15. 试求从 1 到 1 000 000 的整数中，0 出现了多少次？

16. n 个男 n 个女排成一男女相间的队伍，试问有多少种不同的方案. 若围成一圆桌坐下，又有多少种不同的方案？

17. n 个完全一样的球，放到 r 个有标志的盒子，$n \geqslant r$，要求无一空盒，试证其方案数为 $\binom{n-1}{r-1}$.

18. 设 $n = p_1^{a_1} p_2^{a_2} \cdots p_k^{a_k}$，$p_1$、$p_2$、$\cdots\cdots$、$p_k$ 是 k 个不同的素数，试求能整除尽数 n 的正整数数目.

19. 试求 n 个完全一样的骰子能掷出多少种不同的方案？

20. 凸十边形的任意三个对角线不共点，试求这凸十边形的对角线交于多少个点？又把所有的对角线分割成多少段？

21. 试证一整数 n 是另一个整数的平方的充要条件是除尽 n 的正整数的数目为奇数.

22. 统计力学需要计算 r 个质点放到 n 个盒子里去，并分别服从下列假定之一，问有多少种不同的图像. 假设盒子始终是不同的.

(1) Maxwell - Boltzmann 假定：r 个质点是不同的，任何盒子可以放任意个；

(2) Bose - Einstein 假定：r 个质点完全相同，每一个盒子可以放任意个；

(3) Fermi - Dirac 假定：r 个质点都完全相同，每盒不得超过一个.

23. 从 26 个英文字母中取出 6 个字母组成一字，若其中有 2 或 3 个母音，问分别可构成多少个字(不允许重复).

24. 给出

$$\binom{n}{m}\binom{r}{0} + \binom{n-1}{m-1}\binom{r+1}{1} + \binom{n-2}{m-2}\binom{r+2}{2} + \cdots$$
$$+ \binom{n-m}{0}\binom{r+m}{m} = \binom{n+r+1}{m}$$

的组合意义.

25. 给出

$$\binom{r}{r} + \binom{r+1}{r} + \binom{r+2}{r} + \cdots + \binom{n}{r} = \binom{n+1}{r+1}$$

的组合意义.

26. 证明

$$\binom{m}{0}\binom{m}{n} + \binom{m}{1}\binom{m-1}{n-1} + \cdots + \binom{m}{n}\binom{m-n}{0} = 2^n\binom{m}{n}$$

27. 对于给定的正整数 n，证明在所有 $C(n,r)(r=1, 2, \cdots, n)$ 中，当

$$k = \begin{cases} \dfrac{n-1}{2}, \dfrac{n+1}{2}, & n \text{ 为奇数} \\[2mm] \dfrac{n}{2}, & n \text{ 为偶数} \end{cases}$$

时，$C(n,r)$ 取得最大值.

28. (1) 用组合方法证明 $\dfrac{(2n)!}{2^n}$ 和 $\dfrac{(3n)!}{2^n \cdot 3^n}$ 都是整数.

(2) 证明 $\dfrac{(n^2)!}{(n!)^{n+1}}$ 是整数.

29. (1)在 $2n$ 个球中，有 n 个相同. 求从这 $2n$ 个球中选取 n 个的方案数.

（2）在 $3n+1$ 个球中，有 n 个相同. 求从这 $3n+1$ 个球中选取 n 个的方案数.

30. 证明在由字母表 $\{0,1,2\}$ 生成的长度为 n 的字符串中，

（1）0 出现偶数次的字符串有 $\dfrac{3^n+1}{2}$ 个；

（2）$\dbinom{n}{0}2^n+\dbinom{n}{2}2^{n-2}+\cdots+\dbinom{n}{q}2^{n-q}=\dfrac{3^n+1}{2}$，其中 $q=2\left[\dfrac{n}{2}\right]$.

31. 5 台教学仪器供 m 个学生使用，要求使用第 1 台和第 2 台的人数相等，有多少种分配方案？

32. 由 n 个 0 及 n 个 1 组成的字符串，其任意前 k 个字符中，1 的个数不少于 0 的个数的字符串有多少个？

第二章   母函数及其应用

在第一章中,已经解决了部分排列组合方案的计数问题. 但对于不尽相异元素的部分排列和组合,用第一章的方法是比较麻烦的(参见表 2.0.1). 若改用母函数方法,问题将显得容易多了. 其次,在求解递推关系的解、整数分拆以及证明组合恒等式时,母函数方法是一种非常重要的手段.

表 2.0.1   部分排列组合问题的计数结果

条　　件		组合方案数	排列方案数	对应的集合
相异元素,不重复		$C_n^r = \dfrac{n!}{r! \cdot (n-r)!}$	$P_n^r = \dfrac{n!}{(n-r)!}$	$S = \{e_1, e_2, \cdots, e_n\}$
相异元素,可重复		C_{n+r-1}^r	n^r	$S = \{\infty \cdot e_1, \infty \cdot e_2, \cdots, \infty \cdot e_n\}$
不尽相异元素(有限重复)	特例	$r=n$ 时为 1	$r=n$ 时为 $\dfrac{n!}{n_1! \; n_2! \cdots n_m!}$	$S = \{n_1 \cdot e_1, n_2 \cdot e_2, \cdots, n_m \cdot e_m\}$ $n_1 + n_2 + \cdots + n_m = n$ $n_k \geqslant 1$ $(k=1, 2, \cdots, m)$
		$r=1$ 时为 m		
	所有 $n_k \geqslant r$	C_{m+r-1}^r	m^r	
	至少有一个 n_k 满足 $1 \leqslant n_k < r$			

母函数方法的基本思想是把离散的数列同多项式或幂级数一一对应起来,从而把离散数列间的结合关系转化为多项式或幂级数之间的运算.

2.1 母 函 数

定义 2.1.1   对于数列 $\{a_n\}$,称无穷级数 $G(x) \overset{\text{def}}{=\!=\!=} \sum\limits_{n=0}^{\infty} a_n x^n$ 为该数列的普通型母函数,简称**普母函数**或**母函数**,同时称 $\{a_n\}$ 为 $G(x)$ 的生成数列.

【例 2.1.1】   有限数列 $C(n, r)$, $r=0, 1, 2, \cdots, n$ 的普母函数是 $(1+x)^n$.

【例 2.1.2】   无限数列 $\{1, 1, \cdots, 1, \cdots\}$ 的普母函数是

$$\frac{1}{1-x} = 1 + x + x^2 + \cdots + x^n + \cdots$$

说明

(1) a_n 的非零值可以为有限个或无限个;

(2) 数列 $\{a_n\}$ 与母函数一一对应,即给定数列便得知它的母函数;反之,求得母函数

则数列也随之而定;

(3) 这里将母函数只看作一个形式函数,目的是利用其有关运算性质完成计数问题,故不考虑"收敛问题",即始终认为它是收敛的,而且是可"逐项微分"和"逐项积分"的.

表 2.1.1 是一些常用的母函数,它们的证明只要利用解析函数展开成幂级数的方法即可得到.

表 2.1.1　常用数列的母函数

$\{a_k\}$, $k=0$, 1, $\cdots$	$G(x)$	$\{a_k\}$, $k=0$, 1, $\cdots$	$G(x)$
$a_k=1$	$\dfrac{1}{1-x}$	$a_k=a^k$	$\dfrac{1}{1-ax}$
$a_k=k$	$\dfrac{x}{(1-x)^2}$	$a_k=k+1$	$\dfrac{1}{(1-x)^2}$
$a_k=k(k+1)$	$\dfrac{2x}{(1-x)^3}$	$a_k=k^2$	$\dfrac{x(1+x)}{(1-x)^3}$
$a_k=k(k+1)(k+2)$	$\dfrac{6x}{(1-x)^4}$	$a_k=\dbinom{\alpha}{k}$, α 任意	$(1+x)^\alpha$
$a_0=0$, $a_k=\dfrac{a^k}{k}$	$-\ln(1-ax)$	$a_k=\dfrac{\alpha^k}{k!}$, α 任意	$\mathrm{e}^{\alpha x}$
$a_k=\dfrac{(-1)^k}{(2k)!}$	$\cos\sqrt{k}$	$a_k=\dfrac{(-1)^k}{(2k+1)!}$	$\dfrac{1}{\sqrt{x}}\sin\sqrt{x}$
$a_k=\dfrac{(-1)^k}{2k+1}$	$\dfrac{1}{\sqrt{x}}\arctan\sqrt{x}$	$a_k=\dbinom{n+k}{k}$	$(1-x)^{-(n+1)}$

定理 2.1.1　组合的母函数:设 $S=\{n_1\cdot e_1, n_2\cdot e_2, \cdots, n_m\cdot e_m\}$,且 $n_1+n_2+\cdots+n_m=n$,则 S 的 r 可重组合的母函数为

$$G(x) = \prod_{i=1}^{m}\left(\sum_{j=0}^{n_i} x^j\right) = \sum_{r=0}^{n} a_r x^r \qquad (2.1.1)$$

其中, r 可重组合数为 x^r 之系数 a_r, $r=0$, 1, 2, $\cdots$, n.

定理 2.1.1 的最大优点在于:

(1) 将无重组合与重复组合统一起来处理;

(2) 使处理可重组合的枚举问题变得非常简单.

推论 1　$S=\{e_1, e_2, \cdots, e_n\}$,则 r 无重组合的母函数为

$$G(x) = (1+x)^n \qquad (2.1.2)$$

组合数为 x^r 之系数 $C(n, r)$.

推论 2　$S=\{\infty\cdot e_1, \infty\cdot e_2, \cdots, \infty\cdot e_n\}$,则 r 无限可重组合的母函数为

$$G(x) = \left(\sum_{j=0}^{\infty} x^j\right)^n = \frac{1}{(1-x)^n} \qquad (2.1.3)$$

由 1.3.5 节知,组合数为 x^r 之系数 $C(n+r-1, r)$.

推论 3　$S=\{\infty\cdot e_1, \infty\cdot e_2, \cdots, \infty\cdot e_n\}$,每个元素至少取一个,则 r 可重组合

$(r \geqslant n)$ 的母函数为

$$G(x) = \left(\sum_{j=1}^{\infty} x^j \right)^n = \left(\frac{x}{1-x} \right)^n \qquad (2.1.4)$$

组合数为 x^r 之系数 $C(r-1, n-1)$.

推论 4 $S = \{\infty \cdot e_1, \infty \cdot e_2, \cdots, \infty \cdot e_n\}$，每个元素出现非负偶数次，则 r 可重组合的母函数为

$$G(x) = (1 + x^2 + x^4 + \cdots + x^{2r} + \cdots)^n = \frac{1}{(1-x^2)^n} \qquad (2.1.5)$$

组合数为 x^r 之系数

$$a_r = \begin{cases} 0, & \text{当 } r \text{ 为奇数} \\ C\left(n + \dfrac{r}{2} - 1, \dfrac{r}{2}\right), & \text{当 } r \text{ 为偶数} \end{cases}$$

推论 5 $S = \{\infty \cdot e_1, \infty \cdot e_2, \cdots, \infty \cdot e_n\}$，每个元素出现奇数次，则 r 可重组合的母函数为

$$G(x) = (x + x^3 + x^5 + \cdots + x^{2r+1} + \cdots)^n = \left(\frac{x}{1-x^2} \right)^n \qquad (2.1.6)$$

组合数为 x^r 之系数

$$a_r = \begin{cases} 0, & \text{当 } r-n \text{ 为奇数} \\ C\left(n + \dfrac{r-n}{2} - 1, \dfrac{r-n}{2}\right), & \text{当 } r-n \text{ 为偶数} \end{cases}$$

推论 6 设 $S = \{n_1 \cdot e_1, n_2 \cdot e_2, \cdots, n_m \cdot e_m\}$，且 $n_1 + n_2 + \cdots + n_m = n$，要求元素 e_i 至少出现 k_i 次，则 S 的 r 可重组合的母函数为

$$G(x) = \prod_{i=1}^{m} \left(\sum_{j=k_i}^{n_i} x^j \right) = \sum_{r=k}^{n} a_r x^r \qquad (2.1.7)$$

其中，r 可重组合数为 x^r 之系数 a_r，$r = k, k+1, \cdots, n$，$k = k_1 + k_2 + \cdots + k_m$.

【例 2.1.3】 设有 2 个红球，1 个黑球，1 个白球，问：

（1）共有多少种不同的选取方法. 试加以枚举.

（2）若每次从中任取 3 个，有多少种不同的取法.

解

（1）设想用 x, y, z 分别代表红、黑、白三种球，两个红球的取法与 x^0, x^1, x^2 对应起来，即红球的可能取法与 $1 + x + x^2$ 中 x 的各次幂一一对应，亦即 $x^0 = 1$ 表示不取，x 表示取 1 个红球，x^2 表示取两个. 对其它球，依此类推. 则母函数

$$\begin{aligned} G(x, y, z) &= (1 + x + x^2)(1 + y)(1 + z) \\ &= 1 + (x + y + z) + (x^2 + xy + xz + yz) + (x^2 y + x^2 z + xyz) + (x^2 yz) \end{aligned}$$

共有 5 种情况，即

① 数字 1 表示了一个球也不取的情况，共有 1 种方案；

② 取 1 个球的方案有 3 种，分别为红、黑、白三种球只取 1 个；

③ 取 2 个球的方案有 4 种，即 2 红、1 红 1 黑、1 红 1 白、1 黑 1 白；

④ 取 3 个球的方案有 3 种，即 2 红 1 黑、2 红 1 白、三色球各一；

⑤ 取 4 个球的方案有 1 种，即全取.

若令 $x = y = z = 1$，就得所有不同的选取方案总数为
$$G(1, 1, 1) = 1 + 3 + 4 + 3 + 1 = 12$$

（2）若只考虑每次取 3 个的方案数，而不需枚举，则令 $y = z = x$，便有
$$G(x) = (1 + x + x^2)(1 + x)(1 + x) = 1 + 3x + 4x^2 + 3x^3 + x^4$$

由 x^3 的系数即得所求方案数为 3.

【例 2.1.4】 有 18 张戏票分给甲、乙、丙、丁 4 个班（不考虑座位号），其中，甲、乙两班最少 1 张，甲班最多 5 张，乙班最多 6 张；丙班最少 2 张，最多 7 张；丁班最少 4 张，最多 10 张. 可有多少种不同的分配方案？

解 这实质上是由甲、乙、丙、丁四类共 28 个元素中可重复地取 18 个元素的组合问题. 其中 $S = \{5 \cdot e_1, 6 \cdot e_2, 7 \cdot e_3, 10 \cdot e_4\}$，$m = 4$，$n = n_1 + n_2 + n_3 + n_4 = 5 + 6 + 7 + 10 = 28$，$k = k_1 + k_2 + k_3 + k_4 = 1 + 1 + 2 + 4 = 8$，$r = 18$，由推论 6 知相应的母函数为

$$G(x) = \left(\sum_{i=1}^{5} x^i\right)\left(\sum_{i=1}^{6} x^i\right)\left(\sum_{i=2}^{7} x^i\right)\left(\sum_{i=4}^{10} x^i\right) = x^8 + \cdots + 140 x^{18} + \cdots + x^{28}$$

所以，共有 140 种分配方案.

若将戏票数改为 $r = 4$ 张，各班所分戏票的下限数 $k_i = 0 (i = 1, 2, 3, 4)$，这时

$$G_1(x) = \left(\sum_{i=0}^{5} x^i\right)\left(\sum_{i=0}^{6} x^i\right)\left(\sum_{i=2}^{7} x^i\right)\left(\sum_{i=0}^{10} x^i\right) = 1 + 4x + \cdots + 35 x^4 + \cdots + x^{28}$$

与

$$G_2(x) = \left(\sum_{i=0}^{\infty} x^i\right)^4 = \frac{1}{(1-x)^4} = 1 + 4x + \cdots + 35 x^4 + \cdots + 4495 x^{28} + \cdots$$

中 x^4 的系数是一样的，因为将 $\sum\limits_{i=0}^{5} x^i$ 扩展为 $\sum\limits_{i=0}^{\infty} x^i$ 并不影响 x^4 的系数，故用 $G_2(x)$ 计算要比用 $G_1(x)$ 方便得多.

同理，当 $r = 6$ 时，可以用

$$G_3(x) = \left(\sum_{i=0}^{5} x^i\right)\left(\sum_{j=0}^{\infty} x^j\right)^3 = \frac{\sum\limits_{i=0}^{5} x^i}{(1-x)^3}$$

来代替 $G_1(x)$ 求 x^6 的系数.

【例 2.1.5】 从 n 双互相不同的鞋中取出 r 只 $(r \leqslant n)$，要求其中没有任何两只是成对的，共有多少种不同的取法？

解

解法一 用母函数. 即视为 $S = \{2 \cdot e_1, 2 \cdot e_2, \cdots, 2 \cdot e_n\}$，但同类中的两个 e_i 不同，故其 r 重组合的母函数为

$$G(x) = (1 + 2x)^n = \sum_{r=0}^{n} \binom{n}{r} 2^r x^r$$

即不同的取法共有 $a_r = \binom{n}{r} 2^r$ 种.

由于每类元素最多只能出现一次，故 $G(x) = (1 + 2x)^n$ 中不能有 x^2 项，再由同双的两只鞋子有区别知，x 的系数应为 2.

解法二　用排列组合. 先从 n 双鞋中选取 r 双, 共有 $\binom{n}{r}$ 种选法, 再从此 r 双中每双抽取一只, 有 2^r 种取法, 由乘法原理, 即得结果同上.

解法三　仍用排列组合. 先取出 k 只左脚的鞋, 再在其余 $n-k$ 双鞋中取出 $r-k$ 只右脚的鞋 ($k=0, 1, 2, \cdots, r$), 即得取法数为

$$a_r = \binom{n}{0}\binom{n}{r} + \binom{n}{1}\binom{n-1}{r-1} + \binom{n}{2}\binom{n-2}{r-2} + \cdots + \binom{n}{r}\binom{n-r}{0}$$

这里附带给出了一个组合恒等式

$$\binom{n}{0}\binom{n}{r} + \binom{n}{1}\binom{n-1}{r-1} + \binom{n}{2}\binom{n-2}{r-2} + \cdots + \binom{n}{r}\binom{n-r}{0} = \binom{n}{r}2^r$$

此类问题的一般提法是: 设集合 S 中共有 m 类元素, 其中第 i 类有 n_i 个, 且同类元素互不相同, 即 $S = \{e_1^{(1)}, e_2^{(1)}, \cdots, e_{n_1}^{(1)}; e_1^{(2)}, e_2^{(2)}, \cdots, e_{n_2}^{(2)}; \cdots; e_1^{(m)}, e_2^{(m)}, \cdots, e_{n_m}^{(m)}\}$. 现从中取出 r 个, 若规定第 i 类元素不能少于 k_i 个, 不能多于 t_i 个, 则 S 的 r 组合的母函数为

$$G(x) = \prod_{i=1}^{m} \left[\sum_{j=k_i}^{t_i} \binom{n_i}{j} x^j \right]$$

这实际上是一种**二次分配**问题. 即将 r 个相同的球放入 n 个不同的盒子, 第 i 个盒子最多放 t_i 个球, 而该盒子又分为 n_i 个相异的格子, 每个格子最多只能放一个球, 故还需要进行二次分配. 如果第 i 个盒子中放进了 r_i 个球, 那么, 对该盒子而言, 二次分配时的方案数为 $\binom{n_i}{r_i}$.

例如, 设甲、乙、丙 3 个班分别有 30、28、22 名学生, 现把 5 本相同的书分给甲、乙、丙 3 个班, 再发到个人手上, 每人最多发一本. 考虑将分给某班的某本书发给该班的同学 A 与将其发给同学 B 被认为是不同的分法, 而且甲、乙两班最少 1 本, 甲班最多 5 本, 乙班最多 6 本, 丙班最少 2 本, 最多 9 本, 问共有多少种不同的分配方案.

这时, 有 $S = \{e_1^{(1)}, e_2^{(1)}, \cdots, e_{30}^{(1)}; e_1^{(2)}, e_2^{(2)}, \cdots, e_{28}^{(2)}; e_1^{(3)}, e_2^{(3)}, \cdots, e_{22}^{(3)}\}$, $m=3$, $n = n_1 + n_2 + n_3 = 30 + 28 + 22 = 80$, $k = k_1 + k_2 + k_3 = 1 + 1 + 2 = 4$, $t_1 + t_2 + t_3 = 5 + 6 + 9 = 20$, $r=5$. 故 S 的 r 组合的母函数为

$$G(x) = \left(\sum_{i=1}^{5} \binom{30}{i} x^i \right) \left(\sum_{i=1}^{6} \binom{28}{i} x^i \right) \left(\sum_{i=2}^{9} \binom{22}{i} x^i \right)$$

$$= \binom{30}{1}\binom{28}{1}\binom{22}{2} x^4 + \left[\binom{30}{1}\binom{28}{1}\binom{22}{3} + \binom{30}{1}\binom{28}{2}\binom{22}{2} + \binom{30}{2}\binom{28}{1}\binom{22}{2} \right] x^5 + \cdots$$

$$+ \binom{30}{5}\binom{28}{6}\binom{22}{9} x^{20}$$

$$= 194\,040 x^4 + 6\,726\,720 x^5 + \cdots + 26\,705\,340\,927\,064\,800 x^{20}$$

所以, 共有 6 726 720 种分配方案.

说明: 这里不能认为此问题等价于从 80 个相异元素中不重复地抽取 5 个元素, 那么, 答案就会是 $\binom{80}{5} = 24\,040\,016$ 了. 其中的原因请读者思考.

【例 2.1.6】　甲、乙、丙 3 人把 $n(n \geq 3)$ 本相同的书搬到办公室, 要求甲和乙搬的本数一样多, 问共有多少种分配的方法.

解 本问题即组合问题：从集合 $S=\{\infty\cdot e_1,\infty\cdot e_2,\infty\cdot e_3\}$ 中可重复地选取 n 个元素，但要求 e_1 与 e_2 的个数一样多，求不同的选取方案数.

设想当 $n=1$ 时，其分法只有 1 种，即甲和乙都分 0 本，丙分 1 本.

当 $n=2$ 时，其分法有 2 种：甲和乙都分 0 本（丙分 2 本）或甲和乙都分 1 本（丙分 0本）. 当 $n=3$ 时，也是 2 种分法.

当 $n=4$ 或 5 时，分法为 3 种：即甲和乙都分 0 本、1 本或 2 本.

一般情形，甲分 k 本，乙也必须分 k 本，丙就只能分 $n-2k$ 本. 考虑将分配过程分为 3 步实现. 第一步先选出 $2k$ 本书，第二步将选出的书分给甲、乙各一半，第三步将剩下的书全分给丙. 由于第二步属于二次分配，且只有一种分法，故可以将甲和乙视为一人，从而把问题转换为：将 n 本相同的书分给两个人，其中一人分得偶数本，求分配方法数. 显然，本问题的母函数为

$$G(x)=(1+x^2+x^4+\cdots+x^{2k}+\cdots)(1+x+x^2+\cdots+x^k+\cdots)$$

$$=\frac{1}{(1-x^2)(1-x)}$$

$$=\frac{1}{4}\cdot\frac{1}{1+x}+\frac{1}{4}\cdot\frac{1}{1-x}+\frac{1}{2}\cdot\frac{1}{(1-x)^2}$$

$$=\frac{1}{4}\sum_{n=0}^{\infty}(-1)^n x^n+\frac{1}{4}\sum_{n=0}^{\infty}x^n+\frac{1}{2}\sum_{n=0}^{\infty}\binom{n+1}{n}x^n$$

$$=\sum_{n=0}^{\infty}\left[\frac{n+1}{2}+\frac{1+(-1)^n}{4}\right]x^n$$

$$=\sum_{n=0}^{\infty}\left[\frac{n+1}{2}\right]x^n$$

所以，不同的分配方法共有 $\left[\dfrac{n+1}{2}\right]$ 种.

【例 2.1.7】 证明组合等式

(1) $\displaystyle\binom{n}{1}+2\binom{n}{2}+3\binom{n}{3}+\cdots+n\binom{n}{n}=n2^{n-1}$ （2.1.8）

(2) $\displaystyle\binom{n}{1}+2^2\binom{n}{2}+3^2\binom{n}{3}+\cdots+n^2\binom{n}{n}=n(n+1)2^{n-2}$ （2.1.9）

(3) $\displaystyle\binom{n}{0}\binom{m}{0}+\binom{n}{1}\binom{m}{1}+\binom{n}{2}\binom{m}{2}+\cdots+\binom{n}{m}\binom{m}{m}=\binom{n+m}{m}$，$n\geqslant m$ （2.1.10）

证 本例是母函数的另一种应用. 意图说明普母函数除了能用于解决组合的求值问题之外，还能用来证明很多组合等式.

（1）在二项式

$$(1+x)^n=\binom{n}{0}+\binom{n}{1}x+\binom{n}{2}x^2+\cdots+\binom{n}{n}x^n$$

的两端对 x 求导可得

$$n(1+x)^{n-1}=\binom{n}{1}+2\binom{n}{2}x+3\binom{n}{3}x^2+\cdots+n\binom{n}{n}x^{n-1}$$ （2.1.11）

令 $x=1$，即得式（2.1.8）.

（2）再给式（2.1.11）两端同乘以 x 后并求导得

$$n(1+x)^{n-1} + n(n-1)x(1+x)^{n-2} = \binom{n}{1} + 2^2\binom{n}{2}x + 3^2\binom{n}{3}x^2 + \cdots + n^2\binom{n}{n}x^{n-1}$$

也令 $x=1$，即得式（2.1.9）.

（3）因为

$$(1+x)^n\left(1+\frac{1}{x}\right)^m = x^{-m}(1+x)^{m+n}$$

即

$$\left[\binom{n}{0} + \binom{n}{1}x + \binom{n}{2}x^2 + \cdots + \binom{n}{n}x^n\right]\left[\binom{m}{0} + \binom{m}{1}\frac{1}{x} + \binom{m}{2}\frac{1}{x^2} + \cdots + \binom{m}{m}\frac{1}{x^m}\right]$$

$$= x^{-m}\left[\binom{m+n}{0} + \binom{m+n}{1}x + \binom{m+n}{2}x^2 + \cdots + \binom{m+n}{m}x^m + \cdots + \binom{m+n}{m+n}x^{m+n}\right]$$

比较两边的常数项，即得公式（2.1.10）.

2.2 母函数的性质

由于母函数与它的生成数列之间是一一对应的，因此，若两个母函数之间存在某种关系，则对应的生成数列之间也必然存在相应的关系. 反之亦然. 利用这类对应关系，常常能帮助我们构造出某些指定数列的母函数的有限封闭形式. 特别地，还能得到一些求和的新方法.

设数列 $\{a_k\}$、$\{b_k\}$、$\{c_k\}$ 的母函数分别为 $A(x)$、$B(x)$、$C(x)$，且都可逐项微分和积分.

性质 1 若 $b_k = \begin{cases} 0, & k < r \\ a_{k-r}, & k \geq r \end{cases}$（即 $a_k = b_{k+r}$），则 $B(x) = x^r A(x)$.

证

$$B(x) = b_0 + b_1 x + b_2 x^2 + \cdots + b_{r-1}x^{r-1} + b_r x^r + b_{r+1}x^{r+1} + \cdots$$

$$= \underbrace{0 + 0 + \cdots + 0}_{r\uparrow} + b_r x^r + b_{r+1}x^{r+1} + \cdots$$

$$= a_0 x^r + a_1 x^{r+1} + \cdots$$

$$= x^r A(x)$$

性质 2 若 $b_k = a_{k+r}$，则

$$B(x) = \frac{A(x) - \sum_{i=0}^{r-1} a_i x^i}{x^r}$$

证

$$B(x) = b_0 + b_1 x + b_2 x^2 + \cdots = a_r + a_{r+1}x + a_{r+2}x^2 + \cdots$$

$$= \frac{1}{x^r}(a_r x^r + a_{r+1}x^{r+1} + a_{r+2}x^{r+2} + \cdots)$$

$$= \frac{A(x) - a_0 - a_1 x - a_2 x^2 - \cdots - a_{r-1}x^{r-1}}{x^r}$$

性质 3 若 $b_k = \sum\limits_{i=0}^{k} a_i$ ，则

$$B(x) = \frac{A(x)}{1-x}$$

证 给等式 $b_k = \sum\limits_{i=0}^{k} a_i$ 的两端都乘以 x^k 并分别相加，得

$$k=0 \quad 1: \qquad b_0 = a_0$$
$$k=1 \quad x: \qquad b_1 = a_0 + a_1$$
$$k=2 \quad x^2: \qquad b_2 = a_0 + a_1 + a_2$$
$$\vdots$$
$$k=n \quad x^n: \qquad b_n = a_0 + a_1 + a_2 + \cdots + a_n$$
$$+) \qquad \vdots$$
$$B(x) = \frac{a_0}{1-x} + \frac{a_1 x}{1-x} + \frac{a_2 x^2}{1-x} + \cdots = \frac{A(x)}{1-x}$$

例如，设

$$A(x) = 1 + x + x^2 + \cdots + x^n + \cdots = \frac{1}{1-x} \quad (a_k = 1)$$

令

$$b_k = \sum_{i=0}^{k} a_i = k+1$$

那么易得

$$B(x) = 1 + 2x + 3x^2 + \cdots = \sum_{k=0}^{\infty} (k+1)x^k = \frac{A(x)}{1-x} = \frac{1}{(1-x)^2}$$

即

$$B(x) = \sum_{k=0}^{\infty} kx^k + \sum_{k=0}^{\infty} x^k = \Big(\sum_{k=0}^{\infty} x^k\Big)\Big(\sum_{k=0}^{\infty} x^k\Big) = \frac{1}{(1-x)^2}$$

同理，令 $c_k = \sum\limits_{i=0}^{k} b_i = 1 + 2 + \cdots + (k+1)$ ，可得

$$C(x) = 1 + 3x + 6x^2 + 10x^3 + 15x^4 + \cdots = \sum_{k=0}^{\infty} \frac{(k+1)(k+2)}{2} x^k = \frac{1}{(1-x)^3}$$

即

$$C(x) = B(x)A(x) = (1 + 2x + 3x^2 + \cdots)(1 + x + x^2 + \cdots) = \frac{1}{(1-x)^3}$$

当然，由此还容易证明：

$$D(x) = C(x)A(x) = (1 + 3x + 6x^2 + 10x^3 + \cdots)(1 + x + x^2 + \cdots)$$
$$= \sum_{k=0}^{\infty} \frac{(k+1)(k+2)(k+3)}{6} x^k$$
$$= \frac{1}{(1-x)^4}$$

性质 4 若 $\sum\limits_{i=0}^{\infty} a_i$ 收敛，且 $b_k = \sum\limits_{i=k}^{\infty} a_i$ ，则

$$B(x) = \frac{A(1) - xA(x)}{1 - x}$$

证 首先由条件知 b_k 存在,按定义

$$b_0 = a_0 + a_1 + a_2 + \cdots = A(1)$$
$$b_1 = a_1 + a_2 + a_3 + \cdots = A(1) - a_0$$
$$b_k = a_k + a_{k+1} + a_{k+2} + \cdots = A(1) - a_0 - a_1 - a_2 - \cdots - a_{k-1}$$
$$\vdots$$

给 b_k 对应的等式两端都乘以 x^k 并分别按左右求和,得

$$左端 = \sum_{k=0}^{\infty} b_k x^k = B(x)$$

$$右端 = A(1) + x[A(1) - a_0] + x^2[A(1) - a_0 - a_1] + x^3[A(1) - a_0 - a_1 - a_2] + \cdots$$
$$= A(1)[1 + x + x^2 + \cdots] - a_0 x[1 + x + x^2 + \cdots] - a_1 x^2[1 + x + x^2 + \cdots] - \cdots$$
$$= \frac{A(1)}{1 - x} - \frac{x(a_0 + a_1 x + a_2 x^2 + \cdots)}{1 - x}$$
$$= \frac{A(1)}{1 - x} - \frac{xA(x)}{1 - x} = \frac{A(1) - xA(x)}{1 - x}$$

性质 5 若 $b_k = ka_k$,则 $B(x) = xA'(x)$.

证

$$B(x) = \sum_{k=0}^{\infty} b_k x^k = \sum_{k=0}^{\infty} ka_k x^k = x \sum_{k=1}^{\infty} ka_k x^{k-1} = x \sum_{k=1}^{\infty} (a_k x^k)'$$
$$= x\left(\sum_{k=1}^{\infty} a_k x^k\right)' = x[A(x) - a_0]' = xA'(x)$$

性质 6 若 $b_k = \frac{a_k}{1 + k}$,则

$$B(x) = \frac{1}{x} \int_0^x A(x) \, dx$$

证

$$B(x) = \sum_{k=0}^{\infty} b_k x^k = \sum_{k=0}^{\infty} \frac{a_k}{1 + k} x^k = \sum_{k=0}^{\infty} a_k \frac{1}{x} \int_0^x x^k \, dx$$
$$= \frac{1}{x} \int_0^x \left(\sum_{k=0}^{\infty} a_k x^k\right) dx = \frac{1}{x} \int_0^x A(x) \, dx$$

性质 7 若 $c_k = \sum_{i=0}^{k} a_i b_{k-i}$,则 $C(x) = A(x)B(x)$.

证

$$c_0 = a_0 b_0$$
$$c_1 = a_0 b_1 + a_1 b_0$$
$$c_2 = a_0 b_2 + a_1 b_1 + a_2 b_0$$
$$\vdots$$
$$c_n = a_0 b_n + a_1 b_{n-1} + \cdots + a_n b_0$$
$$\vdots$$

给 c_k 对应的等式两端都乘以 x^k 后左右两边分别求和，得

$$
\begin{aligned}
C(x) =& a_0 b_0 + (a_0 b_1 + a_1 b_0)x + (a_0 b_2 + a_1 b_1 + a_2 b_0)x^2 + \cdots \\
& + (a_0 b_n + a_1 b_{n-1} + \cdots + a_n b_0)x^n + \cdots \\
=& a_0(b_0 + b_1 x + b_2 x^2 + \cdots) + a_1 x(b_0 + b_1 x + b_2 x^2 + \cdots) \\
& + a_2 x^2(b_0 + b_1 x + b_2 x^2 + \cdots) + \cdots \\
=& (a_0 + a_1 x + a_2 x^2 + \cdots)(b_0 + b_1 x + b_2 x^2 + \cdots)
\end{aligned}
$$

所以

$$
C(x) = A(x)B(x)
$$

2.3 指数型母函数

前边用普母函数较好地解决了各种组合的计数问题，现在转向讨论排列的母函数问题. 尤其是 n 个不尽相异元素中取 r 个的排列问题.

回顾组合数数列的母函数在解决计数问题和证明组合恒等式时之所以成为一个有力工具，究其原因，是因为它具有有限封闭形式. 例如有限数列、组合数数列 $\{C(n,r)\}$ 的普母函数是 $(1+x)^n$，可重组合数数列 $\{C(n+r-1,r)\}$ 的普母函数是 $\dfrac{1}{(1-x)^n}$. 但对于排列数数列 $\{P(n,r)\}$ 而言，如果还采用普母函数，则使用起来十分不便. 这是因为它不能表示为初等函数形式的缘故.

但是，注意到 n 集的 r 无重排列数和 r 无重组合数之间有如下关系：

$$
C(n,r) = \frac{P(n,r)}{r!}
$$

从而有

$$
(1+x)^n = \sum_{r=0}^n C(n,r)x^r = \sum_{r=0}^n P(n,r)\frac{x^r}{r!}
$$

这就是说，在 $(1+x)^n$ 的展开式中，项 $\dfrac{x^r}{r!}$ 的系数恰好是排列数. 由此受到启发，排列数数列的母函数应该采用形如 $\displaystyle\sum_{k=0}^{\infty} a_k \dfrac{x^k}{k!}$ 的幂级数为好. 由于这种类型的幂级数很像指数函数 e^{ax} 的展开式，故取名为指数型母函数.

定义 2.3.1 对于数列 $\{a_k\} = \{a_0, a_1, a_2, \cdots\}$，把形式幂级数

$$
G_e(x) \xlongequal{\text{def}} \sum_{n=0}^{\infty} a_n \frac{x^n}{n!} = a_0 + a_1 \frac{x}{1!} + a_2 \frac{x^2}{2!} + \cdots + a_n \frac{x^n}{n!} + \cdots
$$

称为数列 $\{a_k\}$ 的**指数型母函数**，简称为**指母函数**，而数列 $\{a_k\}$ 则称为指母函数 $G_e(x)$ 的**生成序列**.

说明

(1) a_k 的非零值可以为有限个或无限个.

(2) 数列 $\{a_k\}$ 与母函数一一对应，即给定数列便得知它的指母函数；反之，求得指母函数则数列也随之而定.

（3）这里将指母函数只看做一个形式函数，目的是利用其有关运算性质完成计数问题，故不考虑"收敛问题"，即始终认为它是收敛的，而且是可"逐项微分"和"逐项积分"的.

（4）相应于同一数列 $\{a_k\}$，一般 $G(x)\neq G_e(x)$.

例如，数列 $\{a_k=1\}$ 的普母函数为 $G(x)=\dfrac{1}{1-x}$，而其指母函数则为 $G_e(x)=e^x$. 例外的情形是当数列 $\{a_k\}=\{a_0,\,a_1,\,0,\,0,\,\cdots\}$ 时，有 $G(x)=G_e(x)$，即

$$G(x)=a_0+a_1x=a_0+a_1\frac{x}{1!}=G_e(x)$$

（5）对同一函数 $f(x)$，若视其为某个数列 $\{a_n\}$ 的指母函数 $G_e(x)$，则有

$$f(x)=G_e(x)=\sum_{k=0}^{\infty}a_k\frac{x^k}{k!}$$

若视为某个数列 $\{b_n\}$ 的普母函数 $G(x)$，则应为

$$f(x)=G(x)=\sum_{k=0}^{\infty}b_kx^k$$

那么，一般情况下，$\{a_k\}\neq\{b_k\}$. 例如

$$f(x)=\sin(x)=\frac{x}{1!}-\frac{x^3}{3!}+\frac{x^5}{5!}-\frac{x^7}{7!}+\frac{x^9}{9!}-\cdots+\frac{x^{4i+1}}{(4i+1)!}-\frac{x^{4i+3}}{(4i+3)!}+\cdots$$

视 $\sin(x)=G(x)$ 为普母函数，则

$$\{b_n\}=\left\{0,\,\frac{1}{1!},\,0,\,-\frac{1}{3!},\,0,\,\frac{1}{5!},\,0,\,-\frac{1}{7!},\,\cdots\right\}$$

视 $\sin(x)=G_e(x)$ 为指母函数，则

$$\{a_n\}=\{0,\,1,\,0,\,-1,\,0,\,1,\,0,\,-1,\,\cdots\}$$

只有当函数 $f(x)$ 为一次多项式 $a+bx$ 时，才有

$$\{a_k\}=\{b_k\},\quad k=0,\,1,\,\cdots$$

定理 2.3.1　设重集 $S=\{n_1\cdot e_1,\,n_2\cdot e_2,\,\cdots,\,n_m\cdot e_m\}$，且 $n_1+n_2+\cdots+n_m=n$，则 S 的 r 可重排列的指母函数为

$$G_e(x)=\prod_{i=1}^{m}\left(\sum_{j=0}^{n_i}\frac{x^j}{j!}\right)=\sum_{r=0}^{n}a_r\frac{x^r}{r!}\tag{2.3.1}$$

其中，r 可重排列数为 $x^r/r!$ 之系数 a_r，$r=0,\,1,\,2,\,\cdots,\,n$.

【例 2.3.1】　盒中有 3 个红球，2 个黄球，3 个蓝球，从中取 4 个球，排成一列，问共有多少种不同排列方案.

解　$m=3$，$n_1=3$，$n_2=2$，$n_3=3$，$r=4$，由定理知

$$G_e(x)=\left(1+\frac{x}{1!}+\frac{x^2}{2!}+\frac{x^3}{3!}\right)\left(1+\frac{x}{1!}+\frac{x^2}{2!}\right)\left(1+\frac{x}{1!}+\frac{x^2}{2!}+\frac{x^3}{3!}\right)$$

$$=1+3x+\frac{9}{2}x^2+\frac{13}{3}x^3+\frac{35}{12}x^4+\frac{17}{12}x^5+\frac{35}{72}x^6+\frac{8}{72}x^7+\frac{1}{72}x^8$$

$$=1+3\frac{x}{1!}+9\frac{x^2}{2!}+26\frac{x^3}{3!}+70\frac{x^4}{4!}+170\frac{x^5}{5!}+350\frac{x^6}{6!}+560\frac{x^7}{7!}+560\frac{x^8}{8!}$$

所以，从中取 4 个球的排列方案有 70 种.

类似于组合问题，令

$$G_e(r,y,b) = \left(1 + \frac{r}{1!} + \frac{r^2}{2!} + \frac{r^3}{3!}\right)\left(1 + \frac{y}{1!} + \frac{y^2}{2!}\right)\left(1 + \frac{b}{1!} + \frac{b^2}{2!} + \frac{b^3}{3!}\right)$$

则有

$$G_e(r,\ y,\ b) = 1 + \frac{1}{1!}(r+y+b) + \frac{1}{2!}(r^2 + y^2 + b^2 + 2ry + 2rb + 2yb)$$

$$+ \frac{1}{3!}(r^3 + b^3 + 3r^2y + 3r^2b + 3ry^2 + 3rb^2 + 3y^2b + 3yb^2 + 6ryb)$$

$$+ \cdots + \frac{1}{7!}(210r^3y^2b^2 + 140r^3yb^3 + 210r^2y^2b^3) + 560\frac{r^3y^2b^3}{8!}$$

即对全部排列方案进行分类枚举. 可以看出，取 1 个球的 3 种排列方案为红、黄、蓝各分别取 1 个. 取 2 个球的 9 种排列方案为：红红、黄黄、蓝蓝、红黄、黄红、红蓝、蓝红、黄蓝、蓝黄. 其它情形依此类推.

这里需要说明的是：

（1）在例 2.1.3 中，利用普母函数可以将组合的每一种情况都枚举出来，但是对排列问题，指母函数却做不到，只能对排列进行分类枚举. 正如例 2.3.1 这样，项 ryb 的系数 6 说明红、蓝、黄球各取一个时，有 6 种排列方案，但每一种方案具体是什么，则无法表示出来了.

（2）同一个问题，其普母函数和指母函数可以互相转换. 例如在例 2.3.1 的指母函数 $G_e(r,\ y,\ b)$ 中，令每一项的系数为 1，即得集合 $\{3e_1,\ 2e_2,\ 3e_3\}$ 的组合问题的普母函数为

$$G(r,\ y,\ b) = 1 + (r+y+b) + (r^2 + y^2 + b^2 + ry + rb + yb)$$

$$+ (r^3 + b^3 + r^2y + r^2b + ry^2 + rb^2 + y^2b + yb^2 + ryb)$$

$$+ \cdots + (r^3y^2b^2 + r^3yb^3 + r^2y^2b^3) + r^3y^2b^3$$

而要将该问题的普母函数转换为指母函数，则只要在其普母函数中给任何一个单项式 $r^iy^jb^k$ 前冠以系数 $\frac{1}{i!\ j!\ k!}$ 并整理之即可. 例如，针对普母函数 $G(r,\ y,\ b)$ 中的幂之和为 7 的全部单项式 $r^3y^2b^2 + r^3yb^3 + r^2y^2b^3$，将其转换为在指母函数 $G_e(r,\ y,\ b)$ 中对应的项，则为

$$\frac{1}{3!2!2!}r^3y^2b^2 + \frac{1}{3!1!3!}r^3yb^3 + \frac{1}{2!2!3!}r^2y^2b^3$$

$$= \frac{7!}{3!2!2!}\frac{r^3y^2b^2}{7!} + \frac{7!}{3!1!3!}\frac{r^3yb^3}{7!} + \frac{7!}{2!2!3!}\frac{r^2y^2b^3}{7!}$$

$$= \frac{1}{7!}(210r^3y^2b^2 + 140r^3yb^3 + 210r^2y^2b^3)$$

推论 1 若 $S = \{e_1,\ e_2,\ \cdots,\ e_n\}$，则 r 无重排列的指母函数为

$$G_e(x) = \left(1 + \frac{x}{1!}\right)^n = \sum_{r=0}^{n} P(n,r)\frac{x^r}{r!} \tag{2.3.2}$$

排列数为 $\frac{x^r}{r!}$ 之系数 $P(n,\ r)$.

推论 2 若 $S = \{\infty \cdot e_1,\ \infty \cdot e_2,\ \cdots,\ \infty \cdot e_n\}$，则 r 无限可重排列的指母函数为

$$G_e(x) = \Big(\sum_{j=0}^{\infty}\frac{x^j}{j!}\Big)^n = e^{nx} = \sum_{r=0}^{\infty} n^r\frac{x^r}{r!} \tag{2.3.3}$$

排列数为 n^r.

特例　若每个元素 e_i 至少出现一次（即 $r \geqslant n$），则 $G_e(x) = (e^x - 1)^n$，从中取 r 个的排列数为 $\displaystyle\sum_{i=0}^{n}(-1)^i C_n^i(n-i)^r$.

推论 3　$S = \{n_1 \cdot e_1, n_2 \cdot e_2, \cdots, n_m \cdot e_m\}$，元素 e_i 至少取 k_i 个 $(k_i \geqslant 0)$，则有

$$G_e(x) = \prod_{i=1}^{m}\Big(\sum_{j=k_i}^{n_i}\frac{x^j}{j!}\Big) \tag{2.3.4}$$

推论 4　$S = \{n_1 \cdot e_1, n_2 \cdot e_2, \cdots, n_m \cdot e_m\}$，令 $r = n$，即得全排列数

$$\frac{n!}{n_1! n_2! \cdots n_m!}$$

【例 2.3.2】　五个数字 $1, 1, 2, 2, 3$ 能组成多少个四位数？

解　用 a_r 表示组成 r 位数的个数，$\{a_r\}$ 的指母函数为

$$\begin{aligned}
G_e(x) &= \Big(1 + \frac{x}{1!} + \frac{x^2}{2!}\Big)\Big(1 + \frac{x}{1!} + \frac{x^2}{2!}\Big)\Big(1 + \frac{x}{1!}\Big)\\
&= 1 + 3x + 4x^2 + 3x^3 + \frac{5}{4}x^4 + \frac{1}{4}x^5\\
&= 1 + 3\frac{x}{1!} + 8\frac{x^2}{2!} + 18\frac{x^3}{3!} + 30\frac{x^4}{4!} + 30\frac{x^5}{5!}
\end{aligned}$$

由 $a_4 = 30$ 知能组成 30 个四位数. 同时还知道能组成 3 个一位数，8 个两位数，18 个三位数等.

【例 2.3.3】　求 $1, 3, 5, 7, 9$ 五个数字组成的 n 位数的个数（每个数字可重复出现），要求其中 $3, 7$ 出现的次数为偶数，$1, 5, 9$ 出现的次数不加限制.

解　设满足条件的 n 位数的个数为 a_n，则数列 $\{a_n\}$ 对应的指母函数为

$$\begin{aligned}
G_e(x) &= \Big(1 + \frac{x^2}{2!} + \frac{x^4}{4!} + \cdots\Big)^2\Big(1 + \frac{x}{1!} + \frac{x^2}{2!} + \frac{x^3}{3!} + \cdots\Big)^3\\
&= \Big(\frac{e^x + e^{-x}}{2}\Big)^2 e^{3x} = \frac{1}{4}(e^{5x} + 2e^{3x} + e^x)\\
&= \frac{1}{4}\Big(\sum_{n=0}^{\infty} 5^n\frac{x^n}{n!} + 2\sum_{n=0}^{\infty} 3^n\frac{x^n}{n!} + \sum_{n=0}^{\infty}\frac{x^n}{n!}\Big)\\
&= \sum_{n=0}^{\infty}\Big(\frac{5^n + 2\cdot 3^n + 1}{4}\Big)\frac{x^n}{n!}
\end{aligned}$$

所以 $\qquad a_n = \dfrac{1}{4}(5^n + 2\cdot 3^n + 1)$

【例 2.3.4】　把上例的条件改为要求 $1、3、7$ 出现的次数一样多，5 和 9 出现的次数不加限制. 求这样的 n 位数的个数.

解　设满足条件的数有 b_n 个，与例 2.1.6 的分配问题类似，即将 n 个不同的球放入标号为 $1、3、5、7、9$ 的 5 个盒子，其中盒子 $1、3、7$ 中的球一样多. 考虑把此 3 个盒子视为一个大盒子，大盒子中分为 3 个小盒子. 问题即转化为将 n 个不同的球放入 A、B、C 这 3 个不同的

盒子，其中盒子 A 里球的个数应为 $3k(k \geqslant 0)$，且 A 中的球第二次被分到 3 个不同的小盒子中，每个盒子恰好放入 k 个球，有 $\dfrac{(3k)!}{k! \cdot k! \cdot k!}$ 种分法. 所以，本问题的指母函数为

$$
\begin{aligned}
G_e(x) &= \left(1 + \frac{3!}{1! \cdot 1! \cdot 1!} \frac{x^3}{3!} + \frac{6!}{2! \cdot 2! \cdot 2!} \frac{x^6}{6!} + \cdots\right)\left(1 + \frac{x}{1!} + \frac{x^2}{2!} + \frac{x^3}{3!} + \cdots\right)^2 \\
&= \left(1 + \frac{x^3}{1! \cdot 1! \cdot 1!} + \frac{x^6}{2! \cdot 2! \cdot 2!} + \cdots\right) e^{2x} \\
&= \left(1 + \frac{x^3}{1! \cdot 1! \cdot 1!} + \frac{x^6}{2! \cdot 2! \cdot 2!} + \cdots\right)\left(1 + \frac{2}{1!}x + \frac{2^2}{2!}x^2 + \frac{2^3}{3!}x^3 + \cdots\right) \\
&= 1 + 2\frac{x}{1!} + 2^2\frac{x^2}{2!} + \left(2^3 + \frac{3!}{1! \cdot 1! \cdot 1!}\right)\frac{x^3}{3!} + \left(2^4 + 2\frac{4!}{1! \cdot 1! \cdot 1!}\right)\frac{x^4}{4!} \\
&\quad + \left(2^5 + \frac{2^2}{2!}\frac{5!}{1! \cdot 1! \cdot 1!}\right)\frac{x^5}{5!} + \left(2^6 + \frac{2^3}{3!}\frac{6!}{1! \cdot 1! \cdot 1!} + \frac{6!}{2! \cdot 2! \cdot 2!}\right)\frac{x^6}{6!}\cdots \\
&= 1 + 2\frac{x}{1!} + 4\frac{x^2}{2!} + 14\frac{x^3}{3!} + 64\frac{x^4}{4!} + 272\frac{x^5}{5!} + 1114\frac{x^6}{6!} + \cdots
\end{aligned}
$$

因此有

$$b_0 = 1,\ b_1 = 2,\ b_2 = 4,\ b_3 = 14,\ b_4 = 64,\ b_5 = 272,\ b_6 = 1114$$

一般情形，当 $n = 3k + i$ 时 $(i = 0, 1, 2;\ k = 0, 1, 2, \cdots)$，

$$b_n = 2^n + \frac{2^{n-3}}{(n-3)!}\frac{n!}{1! \cdot 1! \cdot 1!} + \frac{2^{n-6}}{(n-6)!}\frac{n!}{2! \cdot 2! \cdot 2!} + \cdots + \frac{2^i}{i!}\frac{n!}{k! \cdot k! \cdot k!}$$

此问题也可从排列的角度予以求解. 考虑在一字排开的 n 个位置上先选出 $3j$ 个，有 C_n^{3j} 种选法，再在这 $3j$ 个位置上放入 j 个 1、j 个 3 和 j 个 7，有 $\dfrac{(3j)!}{j! \cdot j! \cdot j!}$ 种放法. 最后在余下的 $n - 3j$ 个位置上填入 5 和 9，有 2^{n-3j} 种填法 $(j = 0, 1, \cdots, k)$. 再对所有 j 取不同值的结果求和，即得上述答案 b_n.

【例 2.3.5】　在例 2.1.5 中，若把所取出的 r 只鞋再排成一列，问共有多少种结果.

解　此问题即是从集合 $S = \{e_{11}, e_{12}, e_{21}, e_{22}, \cdots, e_{n1}, e_{n2}\}$ 的 n 类共 $2n$ 个元素中不重复地取出 r 个元素排成一列，且同一类元素 e_{i1}, e_{i2} 不能同时出现 $(1 \leqslant i \leqslant n)$. 因此，其 r 个元素无重排列的指母函数应为

$$G_e(x) = (1 + P_2^1 x)^n = \sum_{r=0}^{n} \binom{n}{r} 2^r x^r = \sum_{r=0}^{n} \binom{n}{r} 2^r r! \frac{x^r}{r!}$$

即不同的排列共有

$$\binom{n}{r} 2^r r! = P_n^r 2^r$$

与例 2.1.5 类似，本问题的排列数也可以从排列的角度理解为：先从 n 双鞋子中不重复地选出 r 双排成一列，共有 P_n^r 种排列情况，再从所选的每双鞋中抽取一只，有 2^r 种取法. 由乘法原理，即得所求结果.

从分配角度看问题，就是将 r 个不同的球放入 n 个不同的盒子，每个盒子最多放一个球，而且每个盒子中有两个相异的格子，故还需要进行二次分配. 如果某个盒子中放进一个球，那么，二次分配时有两种可选的方案.

本问题的一般提法是：集合 S 中有 m 类元素，第 i 类元素有 n_i 个 $(i = 1, 2, \cdots, m)$，

且同一类元素也互不相同，今从 S 中取出 r 个元素排成一列，问共有多少种排列结果？其中要求第 i 类元素最少 k_i，最多 t_i 个，则此排列问题的指母函数为

$$G_e(x) = \prod_{i=1}^{m} \left(\sum_{j=k_i}^{t_i} P_{n_i}^j \frac{x^j}{j!} \right)$$

将其整理为指母函数的标准形式

$$G_e(x) = \sum_{r=0}^{n} a_r \frac{x^r}{r!}$$

即得问题的答案 $a_r (r=0, 1, \cdots, n)$.

*2.4 正整数的分拆

在一些组合计数问题里，常会遇到将一个正整数分拆成若干个正整数之和. 它和分配问题以及一次方程整数解的个数有密切关系.

定义 2.4.1 将一个正整数 n 分解成 k 个正整数之和

$$\begin{cases} n = n_1 + n_2 + \cdots + n_k, & k \geqslant 1 \\ n_i \geqslant 1, & i = 1, 2, \cdots, k \end{cases} \tag{2.4.1}$$

称该分解是 n 的一个 **k 分拆**，并称 n_i 为分量.

此外，按照对诸 n_i 是否要考虑顺序，将分拆分为两类. 例如 5 的两个 4 分拆：

$$5 = 2+1+1+1 \quad \text{和} \quad 5 = 1+2+1+1$$

若考虑 n_i 间的顺序，这两个分拆被认为是不同的，这样的分拆称为**有序分拆**. 否则，不考虑顺序，这时可把右端按大小重新排列且看作是同一分拆，称为**无序分拆**.

2.4.1 有序分拆

求 n 的 k 有序分拆的个数，相当于求一次不定方程(2.4.1)全体正整数解的组数，可对每个分量 n_i 加以条件限制，例如 $1 \leqslant n_i \leqslant r_i (i=1, 2, \cdots, k)$，于是可得如下结果.

定理 2.4.1 对于 n 的 k 有序分拆

$$\begin{cases} n = n_1 + n_2 + \cdots + n_k, & k \geqslant 1 \\ 1 \leqslant n_i \leqslant r_i, & i = 1, 2, \cdots, k \end{cases} \tag{2.4.2}$$

其 k 有序分拆数数列 $\{q_k(n)\}$ 的母函数是

$$\prod_{i=1}^{k} \left(\sum_{j=1}^{r_i} x^j \right) = (x + x^2 + \cdots + x^{r_1})(x + x^2 + \cdots + x^{r_2}) \cdots (x + x^2 + \cdots + x^{r_k})$$

这个定理等价于求下面的分配方案数，即把 n 个相同的球放入 k 个不同的盒子里，第 i 个盒的容量为 r_i，且使每盒非空.

推论 若对 n 的 k 有序分拆的各分量 n_i 没有限制，则其 k 有序分拆数数列 $\{q_k(n)\}$ 的母函数是 $\left(\dfrac{x}{1-x} \right)^k$，且 $q_k(n) = C(n-1, k-1)$.

2.4.2 无序分拆

由前面的定义可以看出，在 n 的分拆中，如果不考虑各分量的顺序，为讨论方便起见，

可把分拆后的各项数值从大到小加以排列，即有

$$\begin{cases} n = n_1 + n_2 + \cdots + n_k, & k \geqslant 1 \\ n_1 \geqslant n_2 \geqslant \cdots \geqslant n_k \geqslant 1 \end{cases} \tag{2.4.3}$$

满足以上条件的每一组正整数解 $(n_1, n_2, \cdots, n_k)$ 就代表了一个 n 的 k 无序分拆，简称分拆，其分拆数记作 $p_k(n)$，n_1 称为最大分项.

在下一小节中可以看到，将 n 分拆为 k 项（每一项的大小不受限制）的分拆数等于将 n 分拆为最大分项为 k（分项个数不限）的分拆数. 因此，这里的关键是首先要研究清楚按后一种条件下的分拆数. 由于两种情形的分拆数相同，故该分拆数也记为 $p_k(n)$.

把 n 分拆为最大分项等于 k，其分拆数相当于求不定方程

$$\begin{cases} 1x_1 + 2x_2 + \cdots + kx_k = n \\ x_i \geqslant 0, i = 1, 2, \cdots, k-1, x_k \geqslant 1 \end{cases} \tag{2.4.4}$$

的整数解的组数. 即整数 n 由 $1, 2, \cdots, k$ 允许重复且 k 至少出现一次的所有（由条件式 (2.4.4) 限制的）组合数，其母函数为

$$(1 + x + x^2 + \cdots)(1 + x^2 + (x^2)^2 + \cdots)(1 + x^3 + (x^3)^2 + \cdots)\cdots$$
$$(x^k + (x^k)^2 + (x^k)^3 + \cdots)$$

$$= \frac{x^k}{(1-x)(1-x^2)\cdots(1-x^k)} = \sum_{n=k}^{\infty} p_k(n) x^n \tag{2.4.5}$$

其中展开式中 x^n 的系数即为 n 的最大分项等于 k 的分拆个数.

若最大分项小于或等于 k，其分拆数相当于解不定方程

$$\begin{cases} 1x_1 + 2x_2 + \cdots + kx_k = n \\ x_i \geqslant 0, i = 1, 2, \cdots, k \end{cases} \tag{2.4.6}$$

其分拆数列的母函数为

$$(1 + x + x^2 + \cdots)(1 + x^2 + (x^2)^2 + \cdots)(1 + x^3 + (x^3)^2 + \cdots)\cdots(1 + x^k + (x^k)^2 + \cdots)$$

$$= \frac{1}{(1-x)(1-x^2)\cdots(1-x^k)} = \sum_{n=0}^{\infty} r_k(n) x^n \tag{2.4.7}$$

其中展开式中 x^n 的系数即为 n 的最大分项不超过 k 的分拆个数.

2.4.3 弗雷斯(Ferrers)图

一个从上而下的 k 层格子，设 m_i 为第 i 层的格子数，当 $m_i \geqslant m_{i+1} (i=1, 2, \cdots, n-1)$，即上层的格子数不少于下层的格子数时，称之为 Ferrers 图. 如图 2.4.1 所示.

Ferrers 图具有以下性质：

(1) 每一层至少有一个格子；

(2) Ferrers 图与式 (2.4.3) 说明的无序分拆是一一对应的，其中的对应关系是：第 1 层的格子数对应分项 n_1，第 2 层的格子数对应分项 n_2，……，依此类推. 图 2.4.1(a) 就代表 20 的一种分拆，即 20=7+5+5+2+1.

(3) 将图形"转置"，即把行与列对调所得的图仍然是 Ferrers 图，称为原 Ferrers 图的共轭图（图 2.4.1 中的 (b) 是 (a) 的共轭图），或者说这两个图是一对共轭的 Ferrers 图. 若某个 Ferrers 图与其共轭图形状相同，则称其是自共轭的.

反过来，共轭图对应的分拆相应地叫做共轭分拆，如图 2.4.1(b)对应分拆 20＝5＋4＋3＋3＋3＋1＋1，是图(a)对应的分拆 20＝7＋5＋5＋2＋1 的共轭分拆.

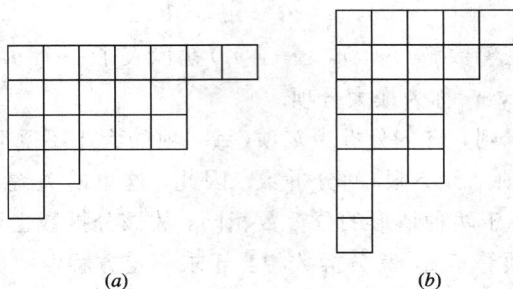

(a)　　　　　　　　　　(b)

图 2.4.1　共轭 Ferrers 图

利用 Ferrers 图，可以得到关于整数分拆的十分有趣的结果.

定理 2.4.2

(1) n 的所有 k 分拆的个数等于把 n 分拆成最大分项等于 k 的所有分拆数；

(2) 把 n 分拆成最多不超过 k 个数之和的分拆数等于把 n 分拆成最大分项不超过 k 的所有分拆数.

显然，从共轭图对的一一对应关系即可得到两种分拆要求的一一对应关系，从而知定理的结论成立. 例如，由图 2.4.1 知，20 的 5 分拆对应的 Ferrers 图必为 5 行的 Ferrers 图，而其共轭图的最长的行必为 5 列，即 20 的最大分项等于 5 的一种分拆.

到此，关于正整数的无序分拆数的计数问题，已经得到解决.

推论　正整数 n 分拆成互不相同的若干个奇数的和的分拆数，等于有 n 个格子的自共轭的 Ferrers 图的个数.

证　设

$$n = (2n_1 + 1) + (2n_2 + 1) + \cdots + (2n_k + 1), \quad n_1 > n_2 > \cdots > n_k$$

构造一 Ferrers 图，其第一行、第一列都是 $n_1 + 1$ 个格子，对应于 $2n_1 + 1$，第二行、第二列都是 $n_2 + 1$ 个格子，对应于 $2n_2 + 1$，依此类推. 由此所得的 Ferrers 图是自共轭的. 反过来也一样. 例如

$$17 = 9 + 5 + 3$$

对应的 Ferrers 图如图 2.4.2 所示.

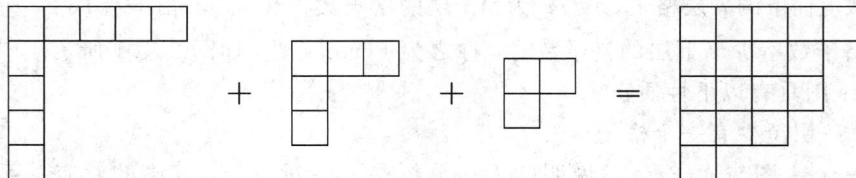

图 2.4.2　n 分拆为不同的奇数及其对应的自共轭的 Ferrers 图

2.4.4　分拆数的估计

对于 n 的 k 无序分拆，当 k 任意时($k = 1, 2, \cdots, n$)，n 的所有分拆的个数称作 n 的分拆数，记作 $p(n)$，即

$$p(n) = \sum_{k=1}^{n} p_k(n)$$

定理 2.4.3　正整数 n 的全部分拆总数数列 $\{p(n)\}$ 的母函数是

$$P(x) = \sum_{n=0}^{\infty} p(n)x^n = \frac{1}{(1-x)(1-x^2)\cdots(1-x^k)\cdots} \tag{2.4.8}$$

当 n 较大时，计算 $p(n)$ 是非常困难的，例如

$$p(20) = 627, \quad p(200) = 3\,972\,999\,029\,388$$

下面给出 $p(n)$ 的渐进公式和估值不等式.

定理 2.4.4　关于 $p(n)$ 的计算，有

(1) $p(n) < \mathrm{e}^{\sqrt{\frac{20}{3}n}}$

(2) $p(n) \sim \dfrac{1}{4n\sqrt{3}}\mathrm{e}^{\pi\sqrt{\frac{2}{3}n}}$, $n \to \infty$

(3) $2^{[\sqrt{n}]} < p(n) < n^{3[\sqrt{n}]}$, $n > 2$

其中 $[x]$ 表示将 x 四舍五入取整.

还有一种利用二元递归函数来计算 $p(n)$ 的算法，描述如下.

定理 2.4.5　设函数 $Q(n,m)$ 表示正整数 n 的最大分项 $n_1 \leqslant m$ 的所有分拆数，则有

$$Q(n,m) = \begin{cases} 1, & m=1 \text{ 或 } n=1 \\ Q(n,n), & m>n \\ 1+Q(n,n-1), & m=n \\ Q(n,m-1)+Q(n-m,m), & 1<m<n \end{cases} \tag{2.4.9}$$

定理 2.4.5 实质上是函数 $Q(n,m)$ 的递归定义，其原因如下：

(1) 显然有 $Q(1,n) = Q(m,1) = 1$；

(2) 因为最大分量 n_1 实际上不能大于 n，故 $m>n$ 时，$Q(n,m) = Q(n,n)$；

(3) 由于在 n 的所有分拆中，其 1 分拆只有一个，即 $n=n_1$，而其它的分拆都是 $n_1 \leqslant n-1$；

(4) 因为对于正整数 n，最大分项为 m 的分拆数由以下两部分组成：一个是以 m 作为第一分项，其余分项之和等于 $n-m$，且最大分项 n_2 不超过 m 的分拆数 $Q(n-m,m)$；另一个是最大分项 $n_1 \leqslant m-1$ 的分拆数 $Q(n,m-1)$.

根据以上定义，可看出 $p(n) = Q(n,n)$. 因此计算 $p(n)$ 的问题便归结为计算递归函数 $Q(n,m)$.

2.4.5　应用

【例 2.4.1】　设有 1 克、2 克、3 克、4 克的砝码各一枚，若要求各砝码只能放在天平的一边. 问能称出哪几种重量？有哪几种可能方案？

解　这是典型的正整数分拆问题. 比如说可以称 6 克重的物品，使用的砝码可以是 1 克、2 克、3 克的三个砝码放在一起，也可以是 2 克和 4 克的两个砝码放在一起来称. 即当最大分项不超过 4 时，6 的无序不重复分拆只有两种

$$6 = 3+2+1 = 4+2$$

首先，将整数 n 分拆为最大分项不超过 4，且各分项最多只能出现一次的分拆数数列的母函数为（即在式(2.4.6)中令 $0 \leqslant x_i \leqslant 1$ 而得到的式(2.4.7)的特殊情形）

$$(1+x)(1+x^2)(1+x^3)(1+x^4) = 1+x+x^2+2x^3+2x^4+2x^5+2x^6$$
$$+2x^7+x^8+x^9+x^{10}$$

从右端的母函数知可称出从 1 克到 10 克共 10 种重量，幂 x^n 的系数即为称出 n 克重量的方案数.

若要枚举出具体的称重方案，则分拆数的母函数应为

$$(1+x)(1+y^2)(1+z^3)(1+w^4)$$
$$= 1+x+y^2+(xy^2+z^3)+(xz^3+w^4)+(xw^4+y^2z^3)+(xy^2z^3+y^2w^4)$$
$$+(xy^2w^4+z^3w^4)+xz^3w^4+y^2z^3w^4+xy^2z^3w^4 \tag{2.4.10}$$

从式中可以看出，若 $x^{n_1}y^{n_2}z^{n_3}w^{n_4}$（$n_i = 0$ 或 i）中各因子的指数之和为 n，则该单项式 $x^{n_1}y^{n_2}z^{n_3}w^{n_4}$ 就对应一种称 n 克重量的方案. 如 z^3w^4 就是称 7 克重量的方案之一，而且用的是 3 克和 4 克的砝码. 称 7 克重量的另一方案则是 xy^2w^4 对应的用 1 克、2 克和 4 克的砝码.

【例 2.4.2】　求用 1 分、2 分、3 分的邮票贴出不同面值的方案数.

解　这是可重复的无序分拆，相应的母函数为

$$G(x) = (1+x+x^2+\cdots)(1+x^2+x^4+\cdots)(1+x^3+x^6+\cdots)$$
$$= \frac{1}{1-x}\frac{1}{1-x^2}\frac{1}{1-x^3} = \frac{1}{1-x-x^3+x^4+x^5-x^6}$$
$$= 1+x+2x^2+3x^3+4x^4+5x^5+7x^6+\cdots$$

以 x^4 为例，其系数等于 4，说明贴出 4 分面值的方案有 4 种，即

$$4 = 1+1+1+1, 4 = 2+1+1, 4 = 2+2, 4 = 3+1$$

这里是按照邮票总面值的不同来区别并统计方案数的. 若将邮票贴成一行，不同面值的邮票互换位置后算作另一种方案，则问题将成为有序分拆.

【例 2.4.3】　在例 2.4.2 中，按照有序分拆，贴成总面值等于 4 分的方案数是多少？

解　这时，在无序分拆中的分拆方案 $4 = 2+1+1$、$4 = 3+1$ 将分别对应 3 个和 2 个有序分拆方案：

$$4 = 2+1+1 = 1+2+1 = 1+1+2, 4 = 3+1 = 1+3$$

所以，总的方案数应为 7.

这里也可以利用定理 2.4.1 的推论来计算方案数：

(1) 4 的 1 有序分拆数为 $q_1(4) = C(4-1, 1-1) = 1$，即 $4 = 4$ 分拆为自身；

(2) 4 的 2 有序分拆数为 $q_2(4) = C(4-1, 2-1) = 3$，即 $4 = 3+1 = 1+3 = 2+2$；

(3) 4 的 3 有序分拆数为 $q_3(4) = C(4-1, 3-1) = 3$，即 $4 = 2+1+1 = 1+2+1 = 1+1+2$；

(4) 4 的 4 有序分拆数为 $q_4(4) = C(4-1, 4-1) = 1$，即 $4 = 1+1+1+1$.

各项 $q_i(4)$ 求和，即得 4 的全部有序分拆数为 8，但本题中无 4 分面值的邮票，故不算 $q_4(4)$，恰为 7 种方案.

【例 2.4.4】　若有 1 克的砝码 3 枚，2 克的 4 枚，4 克的 2 枚，问能称出多少种重量. 各有几种方案？

解 这是无序分拆中处于不重复分拆(见例 2.4.1)和无限重复分拆(见例 2.4.2)之间的有限重复分拆问题,作为式(2.4.7)的特例,其母函数为

$$G(x) = (1 + x + x^2 + x^3)(1 + x^2 + x^4 + x^6 + x^8)(1 + x^4 + x^8)$$
$$= 1 + x + 2x^2 + 2x^3 + 3x^4 + 3x^5 + 4x^6 + 4x^7 + 5x^8 + 5x^9 + 5x^{10} + 5x^{11}$$
$$+ 4x^{12} + 4x^{13} + 3x^{14} + 3x^{15} + 2x^{16} + 2x^{17} + x^{18} + x^{19}$$

共能称出 19 种重量,各种重量的方案数即为各 x^n 的系数. 例如,称 8 克重量,即 8 的分项为 1、2、4 的无序分拆有

$$8 = 4 + 4 = 4 + 2 + 2 = 4 + 2 + 1 + 1 = 2 + 2 + 2 + 2 = 2 + 2 + 2 + 1 + 1$$

若将 1 克的砝码改为 4 枚,显然,称 8 克重量的方案还有

$$8 = 4 + 1 + 1 + 1 + 1 = 2 + 2 + 1 + 1 + 1 + 1$$

相应的母函数以及称其它重量的方案情况,请读者自己完成.

【例 2.4.5】 在例 2.4.4 中,若砝码可以放在天平的两边,但两边不能同时有同样重量的砝码,请给出问题的母函数. 问要称出 2 g 重的物体,有多少种不同的称法? 并给出每一种称法.

解 此时,物体一边的砝码实际起了抵消天平另一边砝码重量的作用. 故称重量问题的母函数为

$$G(x) = \left(\frac{1}{x^3} + \frac{1}{x^2} + \frac{1}{x} + 1 + x + x^2 + x^3\right)\left(\frac{1}{x^8} + \frac{1}{x^6} + \frac{1}{x^4} + \frac{1}{x^2} + 1 + x^2 + x^4 + x^6 + x^8\right)$$

$$\left(\frac{1}{x^8} + \frac{1}{x^4} + 1 + x^4 + x^8\right)$$

$$= x^{-19} + \cdots + 13 + 17x + 13x^2 + 16x^3 + \cdots + x^{19}$$

可以看出,称 2 g 重物体的不同称法有 13 种.

若要枚举每一种称法,可用 3 个符号 x、y、z 分别代表不同的砝码,构造该问题的母函数如下:

$$G(x) = (x^{-3} + x^{-2} + x^{-1} + 1 + x + x^2 + x^3)(y^{-8} + y^{-6} + y^{-4} + y^{-2} + 1 + y^2 + y^4 + y^6 + y^8)(z^{-8} + z^{-4} + 1 + z^4 + z^8)$$

$$= x^{-3}y^{-8}z^{-8} + \cdots + (x^{-2}y^{-6}z^8 + y^{-8}z^8 + x^2y^{-6}z^4 + y^{-4}z^4 + x^{-2}y^{-2}z^4 + x^{-2}y^2 + 1 + x^2y^{-2} + x^{-2}y^6z^{-4} + y^4z^{-4} + x^2y^2z^{-4} + y^8z^{-8} + x^2y^6z^{-8}) + \cdots + (x^{-2}y^{-4}z^8 + y^{-6}z^8 + x^2y^{-8}z^8 + x^{-2}z^4 + y^{-2}z^4 + x^2y^{-4}z^4 + x^{-2}y^4 + y^2 + x^2 + x^{-2}y^8z^{-4} + y^6z^{-4} + x^2y^4z^{-4} + x^2y^8z^{-8}) + \cdots + x^3y^8z^8$$

从上边的多项式可以看出,称 2 g 重物体的具体称法为(负数表示砝码与物体在天平的同一边,正数表示砝码放在另一边):

$$x^2 = 1 + 1$$
$$y^2 = 2$$
$$x^{-2}y^4 = (-1) + (-1) + 2 + 2$$
$$x^{-2}z^4 = (-1) + (-1) + 4$$
$$y^{-2}z^4 = (-2) + 4$$
$$x^2y^{-4}z^4 = 1 + 1 + (-2) + (-2) + 4$$
$$y^6z^{-4} = 2 + 2 + 2 + (-4)$$

$$x^2 y^4 z^{-4} = 1 + 1 + 2 + 2 + (-4)$$
$$x^{-2} y^{-4} z^8 = (-1) + (-1) + (-2) + (-2) + 4 + 4$$
$$x^{-2} y^8 z^{-4} = (-1) + (-1) + 2 + 2 + 2 + (-4)$$
$$y^{-6} z^8 = (-2) + (-2) + (-2) + 4 + 4$$
$$x^2 y^{-8} z^8 = 1 + 1 + (-2) + (-2) + (-2) + (-2) + 4 + 4$$
$$x^2 y^8 z^{-8} = 1 + 1 + 2 + 2 + 2 + 2 + (-4) + (-4)$$

像下边这些称法，用上边的母函数是反映不出来的(即天平两边放有同一重量的砝码，使得相同砝码抵消)：

$$2 = (-1) + 1 + 2$$
$$= (-1) + (-2) + 1 + 2 + 2$$
$$= (-1) + (-2) + 1 + 4$$
$$= (-4) + 1 + 1 + 4$$
$$= (-4) + 2 + 4$$
$$= (-1) + (-1) + (-4) + 2 + 2 + 4$$
$$= (-2) + (-4) + 2 + 2 + 4$$
$$= (-1) + (-1) + (-2) + (-4) + 2 + 2 + 2 + 4$$
$$= (-1) + (-1) + (-2) + (-2) + (-2) + 2 + 4 + 4$$

【例 2.4.6】 投掷 3 个骰子，点数之和为 $n(3 \leqslant n \leqslant 18)$，其方案有多少种？骰子的情况如下：

(1) 3 个骰子相异；

(2) 3 个骰子相同.

解 (1) 3 个骰子不同(比如 3 个骰子的颜色分别为红色、蓝色和黄色)，则问题等价于 n 的每个分量值都有限制的特殊有序 3 分拆. 即

$$\begin{cases} n = n_1 + n_2 + n_3 \\ 1 \leqslant n_i \leqslant 6, \ i = 1, 2, 3 \end{cases}$$

由定理 2.4.1 知，相应的母函数为

$$G(x) = (x + x^2 + \cdots + x^6)^3$$
$$= x^3 + 3x^4 + 6x^5 + 10x^6 + 15x^7 + 21x^8 + 25x^9 + 27x^{10} + 27x^{11} + 25x^{12} + 21x^{13}$$
$$+ 15x^{14} + 10x^{15} + 6x^{16} + 3x^{17} + x^{18}$$

骰子的点数之和等于 n 的投掷方案个数就是 x^n 的系数 $(2 \leqslant n \leqslant 18)$. 例如点数之和等于 15 的方案有 10 种，即

$$6 + 6 + 3 = 6 + 3 + 6 = 3 + 6 + 6 = 6 + 5 + 4 = 6 + 4 + 5 = 5 + 6 + 4$$
$$= 5 + 4 + 6 = 4 + 6 + 5 = 4 + 5 + 6 = 5 + 5 + 5$$

其中假设和式中的第一个加数为红色骰子的点数，后两个加数分别为蓝色和黄色骰子的点数，而这也恰好反映了 15 的每个分项值不超过 6 的全部有序 3 分拆.

(2) 3 个骰子相同，则问题等价于 n 的特殊无序 3 分拆. 其特殊性体现在对每个分量的值都限制在 1~6 之间，即

$$\begin{cases} n = n_1 + n_2 + n_3 \\ 6 \geqslant n_1 \geqslant n_2 \geqslant n_3 \geqslant 1 \end{cases}$$

利用 Ferrers 图，此问题又可转化为求 n 的最大分项等于 3，且项数不超过 6 的分拆数，即求方程

$$\begin{cases} 1 \cdot x_1 + 2 \cdot x_2 + 3 \cdot x_3 = n \\ x_1 \geqslant 0,\ x_2 \geqslant 0,\ x_3 \geqslant 1,\ x_1 + x_2 + x_3 \leqslant 6 \end{cases}$$

的非负整数解的个数. 相应的母函数为

$$
\begin{aligned}
G(x) =\ & \big[(1+x+\cdots+x^5)+(1+x+x^2+x^3+x^4)x^2+(1+x+x^2+x^3)(x^2)^2+\cdots \\
& +1\cdot(x^2)^5\big]x^3+\big[(1+x+\cdots+x^4)+(1+x+x^2+x^3)x^2+(1+x+x^2)(x^2)^2 \\
& +(1+x)(x^2)^3+1\cdot(x^2)^4\big](x^3)^2+\big[(1+x+x^2+x^3)+(1+x+x^2)x^2 \\
& +(1+x)(x^2)^2+1\cdot(x^2)^3\big](x^3)^3+\big[(1+x+x^2)+(1+x)x^2 \\
& +1\cdot(x^2)^2\big](x^3)^4+\big[(1+x)+1\cdot x^2\big](x^3)^5+1\cdot(x^3)^6 \\
=\ & x^3+x^4+2x^5+3x^6+4x^7+5x^8+6x^9+6x^{10}+6x^{11}+6x^{12}+5x^{13}+4x^{14}+3x^{15} \\
& +2x^{16}+x^{17}+x^{18}
\end{aligned}
$$

其中点数之和等于 n 的方案数就是 x^n 的系数$(3\leqslant n\leqslant18)$. 例如点数之和等于 10 的方案有 6 种，即

$$10 = 6+3+1 = 6+2+2 = 5+4+1 = 5+3+2 = 4+4+2 = 4+3+3$$

这也是 10 的每个分项值不超过 6 的无序 3 分拆数.

习　题　二

1. 求下列数列的母函数$(n=0,1,2,\cdots)$：

(1) $\left\{(-1)^n \binom{\alpha}{n}\right\}$；

(2) $\{n+5\}$；

(3) $\{n(n-1)\}$；

(4) $\{n(n+2)\}$.

2. 证明序列 $C(n,n)$，$C(n+1,n)$，$C(n+2,n)$，$\cdots$ 的母函数为

$$\frac{1}{(1-x)^{n+1}}$$

3. 设 $S=\{\infty \cdot e_1, \infty \cdot e_2, \infty \cdot e_3, \infty \cdot e_4\}$，求序列 $\{a_n\}$ 的母函数，其中 a_n 是 S 的满足下列条件的 n 组合数：

(1) S 的每个元素都出现奇数次；

(2) S 的每个元素出现 3 的倍数次；

(3) e_1 不出现，e_2 至多出现一次；

(4) e_1 只出现 1、3 或 11 次，e_2 只出现 2、4 或 5 次；

(5) S 的每个元素至少出现 10 次.

4. 投掷两个骰子，点数之和为 $r(2\leqslant r\leqslant12)$，其组合数是多少？

5. 居民小区组织义务活动，号召每家出一到两个人参加. 设该小区共有 n 个家庭，现从中选出 r 人，问：

(1) 设每个家庭都是 3 口之家，有多少种不同的选法？当 $n=50$ 时，选法有多少种？

(2) 设 n 个家庭中两家有 4 口人,其余家庭都是 3 口人,有多少种选法?

6. 把 n 个相同的小球放入编号为 $1,2,\cdots,m$ 的 m 个盒子中,使得每个盒子内的球数不小于它的编号数. 已知 $n \geqslant \frac{m^2+m}{2}$,求不同的放球方法数 $g(n,m)$.

7. 红、黄、蓝三色的球各 8 个,从中取出 9 个,要求每种颜色的球至少一个,有多少种不同的取法?

8. 将币值为 2 角的人民币兑换成硬币(壹分、贰分和伍分),有多少种兑换方法?

9. 有 1 克重砝码 2 枚,2 克重砝码 3 枚,5 克重砝码 3 枚,要求这 8 个砝码只许放在天平的一端. 能称几种重量的物品?有多少种不同的称法?

10. 证明不定方程 $x_1+x_2+\cdots+x_n=r$ 的正整数解组的个数为 $C(r-1,n-1)$.

11. 求方程 $x+y+z=24$ 的大于 1 的整数解的个数.

12. 设

$$a_n = \sum_{k=0}^{n} C(n+k,2k), \quad b_n = \sum_{k=0}^{n} C(n+k,2k+1)$$

其中

$$a_0 = 1, \quad b_0 = 0$$

(1) 试证 $a_{n+1}=a_n+b_{n+1}$,$b_{n+1}=a_n+b_n$;

(2) 求出 $\{a_n\}$,$\{b_n\}$ 之母函数 $A(x)$,$B(x)$.

13. 设 $S=\{\infty \cdot e_1, \infty \cdot e_2, \cdots, \infty \cdot e_k\}$,求序列 $\{p_n\}$ 的母函数,其中 p_n 是 S 的满足下列条件的 n 排列数:

(1) S 的每个元素都出现奇数次;

(2) S 的每个元素至少出现 4 次;

(3) e_i 至少出现 i 次($i=1,2,\cdots,k$);

(4) e_i 至多出现 i 次($i=1,2,\cdots,k$).

14. 把 23 本书分给甲、乙、丙、丁四人,要求这四个人得到的书的数量分别不得超过 9 本、8 本、7 本、6 本,问:

(1) 若 23 本书相同,有多少种不同的分法?

(2) 若 23 本书都不相同,又有多少种不同的分法?

15. 8 台计算机分给 3 个单位,第一个单位的分配量不超过 3 台,第二个单位不超过 4 台,第三个单位不超过 5 台,共有几种分配方案?

16. 用母函数证明下列等式成立:

(1) $\binom{n}{0}^2 + \binom{n}{1}^2 + \cdots + \binom{n}{n}^2 = \binom{2n}{n}$

(2) $\binom{n}{n} + \binom{n+1}{n} + \cdots + \binom{n+m}{n} = \binom{n+m+1}{n+1}$

17. 证明自然数 n 分拆为互异的正整数之和的分拆数等于 n 分拆为奇数之和的分拆数.

18. 求自然数 50 的分拆总数,要求分拆的每个分项不超过 3.

第三章 递 推 关 系

3.1 基 本 概 念

定义 3.1.1a 对数列 $\{a_i \,|\, i \geqslant 0\}$ 和任意自然数 n，一个关系到 a_n 和某些个 $a_i (i < n)$ 的方程式，称为递推关系，记作

$$F(a_0, a_1, \cdots, a_n) = 0 \tag{3.1.1a}$$

上式只是一种定义方式，也称为隐式定义．另外，也有显式定义．

定义 3.1.1b 对数列 $\{a_i \,|\, i \geqslant 0\}$，把 a_n 与其前若干项联系起来的等式对所有 $n \geqslant k$ 均成立(k 为某个给定的自然数)，称该等式为 $\{a_i\}$ 的递推关系，记为

$$a_n = F(a_{n-1}, a_{n-2}, \cdots, a_{n-k}) \tag{3.1.1b}$$

分类 除了有显式与隐式之分外，还有如下的分法：

(1) 按常量部分：① 齐次递推关系：即常量 $=0$，如 $F_n = F_{n-1} + F_{n-2}$；② 非齐次递推关系，即常量 $\neq 0$，如 $h_n - 2h_{n-1} = 1$．

(2) 按 a_i 的运算关系：① 线性关系：F 是关于 a_i 的线性函数，如(1)中的 F_n 与 h_n 均是如此；② 非线性关系：F 是 a_i 的非线性函数，如 $h_n = h_1 h_{n-1} + h_2 h_{n-2} + \cdots + h_{n-1} h_1$．

(3) 按 a_i 的系数分：① 常系数递推关系，如(1)中的 F_n 与 h_n；② 变系数递推关系，如 $p_n = n p_{n-1}$，p_{n-1} 之前的系数是随着 n 而变的．

(4) 按数列的多少：① 一元递推关系：指方程只涉及一个数列，如式(3.1.1a)和(3.1.1b)均为一元的；② 多元递推关系：指方程中涉及多个数列，如

$$\begin{cases} a_n = 7a_{n-1} + b_{n-1} \\ b_n = 7b_{n-1} + a_{n-1} \end{cases}$$

以上所给出的例子都是显式的或者可以化为显式关系(如(1)中的 h_n)．而在求微分方程的数值解时，还会碰到如下的隐式递推关系：

$$y_{n+1} = y_n + h\left(y_{n+1} - 2\frac{x_{n+1}}{y_{n+1}}\right)$$

定义 3.1.2(定解问题) 称含有初始条件的递推关系为定解问题，其一般形式为

$$\begin{cases} F(a_0, a_1, \cdots, a_n) = 0 \\ a_0 = d_0, \ a_1 = d_1, \cdots, a_{k-1} = d_{k-1} \end{cases} \tag{3.1.2}$$

所谓**解递推关系**，就是指根据式(3.1.1a)或(3.1.2)求 a_n 的且与 a_0、a_1、$\cdots\cdots$、a_{n-1} 无关的解析表达式或数列 $\{a_n\}$ 的母函数．

【例 3.1.1】(Hanoi 塔问题) 这是组合学中著名的问题．n 个圆盘按从小到大的顺序依次套在柱 A 上，如图 3.1.1 所示．规定每次只能从一根柱子上搬动一个圆盘到另一根柱

子上，且要求在搬动过程中不允许大盘放在小盘上，而且只有 A、B、C 三根柱子可供使用．用 a_n 表示将 n 个盘从柱 A 移到柱 C 上所需搬动圆盘的最少次数，试建立数列 $\{a_n\}$ 的递推关系．

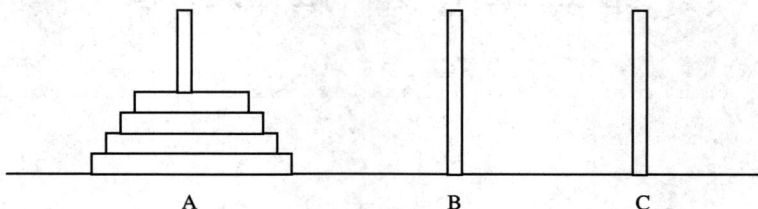

图 3.1.1　Hanoi 塔问题

解　易知，$a_1 = 1$，$a_2 = 3$，对于任何 $n \geqslant 3$，现设计搬动圆盘的算法如下：

第一步，将套在柱 A 的上部的 $n-1$ 个盘按要求移到柱 B 上，共搬动了 a_{n-1} 次；

第二步，将柱 A 上的最大一个盘移到柱 C 上，只要搬动一次；

第三步，再从柱 B 将 $n-1$ 个盘按要求移到柱 C 上，也要用 a_{n-1} 次．

由加法法则，$\{a_n\}$ 的定解问题为

$$\begin{cases} a_n = 2a_{n-1} + 1 \\ a_1 = 1 \end{cases} \tag{3.1.3}$$

【例 3.1.2】(蓝开斯特(Lancaster)战斗方程)　两军打仗，每支军队在每天战斗结束时都清点人数，用 a_0 和 b_0 分别表示在战斗打响前第一支和第二支军队的人数，用 a_n 和 b_n 分别表示第一支和第二支军队在第 n 天战斗结束时的人数，那么，$a_{n-1} - a_n$ 就表示第一支军队在第 n 天战斗中损失的人数，同样，$b_{n-1} - b_n$ 表示第二支军队在第 n 天战斗中损失的人数．

假设一支军队所减少的人数与另一支军队在每天战斗开始前的人数成比例，因而有常数 A 和 B，使得

$$\begin{cases} a_{n-1} - a_n = Ab_{n-1} \\ b_{n-1} - b_n = Ba_{n-1} \end{cases}$$

其中常量 A、B 是度量每支军队的武器系数，将上述等式改写成

$$\begin{cases} a_n = a_{n-1} - Ab_{n-1} \\ b_n = b_{n-1} - Ba_{n-1} \end{cases} \tag{3.1.4}$$

这是一个含有两个未知量的一阶线性递推关系组．

【例 3.1.3】　设

$$a_n = \sum_{k=0}^{\left[\frac{n}{2}\right]} \binom{n-k}{k} r^k$$

求 $\{a_n\}$ 所满足的递推关系．

解　分两种情况：当 n 为偶数时，令 $n = 2m$，则

$$\left[\frac{n-1}{2}\right] = \left[\frac{n-2}{2}\right] = m - 1$$

其中 $[\ ]$ 称为下整函数，其值定义为不大于 x 的最大整数．于是 a_n 可写成

$$a_n = \sum_{k=0}^{m}\binom{2m-k}{k}r^k = \binom{2m}{0} + \sum_{k=1}^{m-1}\binom{2m-k-1}{k}r^k + \sum_{k=1}^{m-1}\binom{2m-k-1}{k-1}r^k + \binom{m}{m}r^m$$

上式右端前两项之和为

$$\binom{2m}{0} + \sum_{k=1}^{m-1}\binom{2m-k-1}{k}r^k = \sum_{k=0}^{m-1}\binom{2m-k-1}{k}r^k = \sum_{k=0}^{\left[\frac{n-1}{2}\right]}\binom{n-1-k}{k}r^k = a_{n-1}$$

而后两项之和为

$$r\sum_{j=0}^{m-2}\binom{2m-j-2}{j}r^j + r\binom{m-1}{m-1}r^{m-1} = r\sum_{j=0}^{m-1}\binom{2m-2-j}{j}r^j$$

$$= r\sum_{j=0}^{\left[\frac{n-2}{2}\right]}\binom{n-2-j}{j}r^j = ra_{n-2}$$

于是得

$$a_n = a_{n-1} + ra_{n-2}$$

当 n 为奇数时,同样可证上述递推关系成立.

因此,a_n 所满足的递推关系是

$$a_n = a_{n-1} + ra_{n-2}, \quad n \geqslant 2$$

另外,显然有 $a_0 = a_1 = 1$.

3.2　常系数线性递推关系

常系数的线性递推关系总可以化为如下形式:

$$a_n + c_1 a_{n-1} + c_2 a_{n-2} + \cdots + c_k a_{n-k} = 0, \quad c_k \neq 0 \tag{3.2.1}$$

或
$$a_n + c_1 a_{n-1} + c_2 a_{n-2} + \cdots + c_k a_{n-k} = f(n), \quad c_k \neq 0 \tag{3.2.2}$$

分别称为 **k 阶齐次递推关系**和 **k 阶非齐次递推关系**. 其中 $f(n)$ 称为**自由项**.

显然,式(3.2.1)至少有一个平凡解 $a_n = 0 (n = 0, 1, 2, \cdots)$,而我们更关心的是它的非零解.

其次,对于常系数线性递推关系的定解问题,其解必是唯一的.

解常系数递推关系比较简单且有效的方法当首推特征根法. 其主要思想来源于解常系数线性微分方程,因为两者在结构上很类似,所以其解的结构和求解的方法也类似.

3.2.1　解的性质

性质 1　设数列 $\{b_n^{(1)}\}$ 和 $\{b_n^{(2)}\}$ 是方程(3.2.1)的解,则 $\{r_1 b_n^{(1)} + r_2 b_n^{(2)}\}$ 也是方程(3.2.1)之解. 其中 r_1、r_2 为任意常数.

证　由条件知,$\{b_n^{(1)}\}$、$\{b_n^{(2)}\}$ 分别满足方程(3.2.1),即

$$b_n^{(1)} + c_1 b_{n-1}^{(1)} + c_2 b_{n-2}^{(1)} + \cdots + c_k b_{n-k}^{(1)} = 0 \tag{3.2.3}$$

$$b_n^{(2)} + c_1 b_{n-1}^{(2)} + c_2 b_{n-2}^{(2)} + \cdots + c_k b_{n-k}^{(2)} = 0 \tag{3.2.4}$$

令 $r_1 \times$ 式(3.2.3)$+ r_2 \times$ 式(3.2.4),得

$$r_1 \sum_{i=0}^{k} c_i b_{n-i}^{(1)} + r_2 \sum_{i=0}^{k} c_i b_{n-i}^{(2)} = \sum_{i=0}^{k} c_i (r_1 b_{n-i}^{(1)} + r_2 b_{n-i}^{(2)}) = 0$$

（为书写方便，此处特给定 $c_0 = 1$，下同）. 即 $\{r_1 b_n^{(1)} + r_2 b_n^{(2)}\}$ 也满足方程(3.2.1).

性质 1 可以推广到一般情形：设 $\{b_n^{(1)}\}$，$\{b_n^{(2)}\}$，$\cdots$，$\{b_n^{(s)}\}$ 均为方程(3.2.1)之解，则 $\left\{b_n = \sum_{i=1}^{s} r_i b_n^{(i)}\right\}$ 也是方程(3.2.1)的解. 其中 r_1，r_2，$\cdots$，r_s 为任意常数.

性质 2 设 $\{d_n^{(1)}\}$ 和 $\{d_n^{(2)}\}$ 是方程(3.2.2)的解，则 $\{b_n = d_n^{(1)} - d_n^{(2)}\}$ 是方程(3.2.1)的解.

性质 3 若 $\{b_n\}$ 是方程(3.2.1)的解，$\{d_n\}$ 是方程(3.2.2)的解，则 $\{d_n \pm b_n\}$ 是方程(3.2.2)的解.

推广到一般情形：设 $\{d_n\}$ 是方程(3.2.2)的解，$\{b_n^{(1)}\}$，$\{b_n^{(2)}\}$，$\cdots$，$\{b_n^{(s)}\}$ 分别是方程(3.2.1)的解，则 $\left\{d_n + \sum_{i=1}^{s} b_n^{(i)}\right\}$ 是方程(3.2.2)的解.

性质 4 设 $\{d_n^{(1)}\}$ 是递推关系 $\sum_{i=0}^{k} c_i a_{n-i} = f_1(n)$ 的解，$\{d_n^{(2)}\}$ 是递推关系 $\sum_{i=0}^{k} c_i a_{n-i} = f_2(n)$ 的解，则 $\{d_n = d_n^{(1)} + d_n^{(2)}\}$ 是递推关系 $\sum_{i=0}^{k} c_i a_{n-i} = f_1(n) + f_2(n)$ 的解.

性质 2～4 的证明与性质 1 类似，请读者自己完成.

3.2.2　解的结构

定义 3.2.1 称多项式
$$C(x) = x^k + c_1 x^{k-1} + c_2 x^{k-2} + \cdots + c_{k-1} x + c_k$$
为齐次递推关系式(3.2.1)的**特征多项式**，相应的代数方程 $C(x) = 0$ 称为式(3.2.1)的**特征方程**，特征方程的解称为式(3.2.1)的**特征根**.

定理 3.2.1 数列 $a_n = q^n$ 是式(3.2.1)的非零解的充分必要条件是 q 为式(3.2.1)的特征根.

证 $a_n = q^n$ 是式(3.2.1)的解 $\Leftrightarrow q^n + c_1 q^{n-1} + \cdots + c_k q^{n-k} = 0 \Leftrightarrow q^k + c_1 q^{k-1} + \cdots + c_k = 0$ $\Leftrightarrow q$ 是方程 $C(x) = 0$ 的根，即 q 是式(3.2.1)的特征根.

定理 3.2.1 的意义在于将求解常系数线性齐次递推关系的问题转化为常系数代数方程的求根问题，从而给出了一个实用且比较简单的解此类递推关系的方法.

定义 3.2.2 若 $\{a_n^{(1)}\}$，$\{a_n^{(2)}\}$，$\cdots$，$\{a_n^{(s)}\}$ 是式(3.2.1)的不同解，且式(3.2.1)的任何解都可以表为 $r_1 a_n^{(1)} + r_2 a_n^{(2)} + \cdots + r_s a_n^{(s)} = a_n$，则称 a_n 为式(3.2.1)的**通解**. 其中 r_1，r_2，$\cdots$，r_s 为任意常数.

此处所说的不同解是指将每一个解 $\{a_n^{(i)}\}$ 都视为一个无穷维的解向量，而这些向量之间是线性无关的.

所以，通解 $a_n = r_1 a_n^{(1)} + r_2 a_n^{(2)} + \cdots + r_s a_n^{(s)}$ 应具备如下 3 个特征：

(1) 通解首先是解，这由性质 1 即可看出.

(2) 组成通解的所有解向量线性无关.

(3) 任何一个具体的解都被包容在通解 a_n 中.

3.2.3　特征根法

该方法的思路就是通过解式(3.2.1)的特征方程，从而求得其特征根，再利用特征根即可获得式(3.2.1)的通解. 根据特征根的不同分布情况，分为下述三种情形予以讨论.

1. 特征根为单根情形

设 q_1，q_2，$\cdots$，q_k 是式(3.2.1)的互不相同的特征根，则式(3.2.1)的通解为

$$a_n = A_1 q_1^n + A_2 q_2^n + \cdots + A_k q_k^n \tag{3.2.5}$$

其中 A_1，A_2，$\cdots$，A_k 为任意常数(待定).

证 首先由定理 3.2.1 知 q_i^n 是方程(3.2.1)的解. 且由性质 1 知 a_n 也是式(3.2.1)的解.

再证式(3.2.1)的所有解都可以表示为式(3.2.5)的形式. 设 b_n 是式(3.2.1)的一个解，且满足初始条件 $b_i = d_i$，$i = 0, 1, \cdots, k-1$. 令 $b_n = \sum\limits_{i=1}^{k} A_i q_i^n$，代入初始条件，可得关于 A_i 的线性方程组

$$\begin{cases} A_1 q_1^0 + A_2 q_2^0 + \cdots + A_k q_k^0 = b_0 \\ A_1 q_1 + A_2 q_2 + \cdots + A_k q_k = b_1 \\ \quad\quad\quad\quad \vdots \\ A_1 q_1^{k-1} + A_2 q_2^{k-1} + \cdots + A_k q_k^{k-1} = b_{k-1} \end{cases} \tag{3.2.6}$$

其系数行列式为著名的范德蒙(Vandermonde)行列式：

$$D = \begin{vmatrix} 1 & 1 & \cdots & 1 \\ q_1 & q_2 & \cdots & q_k \\ q_1^2 & q_2^2 & \cdots & q_k^2 \\ \vdots & \vdots & & \vdots \\ q_1^{k-1} & q_2^{k-1} & \cdots & q_k^{k-1} \end{vmatrix} = \prod_{1 \leqslant i < j \leqslant k} (q_j - q_i) \neq 0$$

所以式(3.2.6)有唯一解. 即 b_n 一定可以表示为式(3.2.5)的形式.

由于 b_n 的任意性，故知结论成立.

【例 3.2.1】 求递推关系 $a_n - 4a_{n-1} + a_{n-2} = -6a_{n-3}$ 的通解.

解 特征方程为 $x^3 - 4x^2 + x + 6 = 0$，解之得特征根

$$q_1 = -1, \quad q_2 = 2, \quad q_3 = 3$$

所以通解为
$$a_n = A(-1)^n + B2^n + C3^n$$
其中，A、B、C 为任意常数.

若是定解问题，设初值为：$a_0 = 5$，$a_1 = 13$，$a_2 = 35$，那么，代入通解公式可得关于 A、B、C 的方程组

$$\begin{cases} A + B + C = 5 \\ -A + 2B + 3C = 13 \\ A + 4B + 9C = 35 \end{cases}$$

(即在通解中取 $n = 0, 1, 2$，并令其分别等于已知的初值 a_0、a_1、a_2.)解得 $A = 0$，$B = 2$，$C = 3$，故定解为

$$a_n = 2 \cdot 2^n + 3 \cdot 3^n = 2^{n+1} + 3^{n+1}$$

若初值为 $a_0 = 4$，$a_1 = -1$，$a_2 = 7$，则定解应为

$$a_n = 3(-1)^n + 2^n$$

因为系数 A、B、C 满足的条件应为

$$\begin{cases} A + B + C = 4 \\ -A + 2B + 3C = -1 \\ A + 4B + 9C = 7 \end{cases}$$

2. 重根情形

对于特征方程有重根的情形，不能直接套用单根时的方法. 下面先通过实例，再归纳给出此种情况下的通解.

【例 3.2.2】 求递推关系 $a_n - 4a_{n-1} + 4a_{n-2} = 0$ 的通解.

解 特征方程为 $x^2 - 4x + 4 = 0$，特征根是二重根 $q_1 = q_2 = 2$，若按单根情形处理，有通解 $a_n = A_1 2^n + A_2 2^n = A 2^n$，即一个待定常数. 要满足两个初始条件 $a_0 = d_0$，$a_1 = d_1$，一般是不可能的. 其实质在于按特征根确定的两个解 $a_n^{(1)} = 2^n$ 和 $a_n^{(2)} = 2^n$ 是线性相关的，即

$$D = \begin{vmatrix} a_0^{(1)} & a_0^{(2)} \\ a_1^{(1)} & a_1^{(2)} \end{vmatrix} = \begin{vmatrix} 2^0 & 2^0 \\ 2^1 & 2^1 \end{vmatrix} = 0$$

现在的问题就是要找两个线性无关的解 $a_n^{(1)}$ 和 $a_n^{(2)}$，使得

$$D = \begin{vmatrix} a_0^{(1)} & a_0^{(2)} \\ a_1^{(1)} & a_1^{(2)} \end{vmatrix} \neq 0$$

若令 $a_n^{(2)} = n 2^n$，可以验证 $a_n^{(2)}$ 是式(3.2.1)的解，且与 $a_n^{(1)} = 2^n$ 线性无关. 同时，仿照单根情形，可以证明通解为

$$a_n = A_1 2^n + A_2 n 2^n$$

一般情况下，设 q 是式(3.2.1)的 k 重根，则式(3.2.1)的通解为

$$a_n = (A_1 + A_2 n + \cdots + A_k n^{k-1}) q^n \tag{3.2.7}$$

更一般的情形，若式(3.2.1)有 t 个不同的根，其中 q_i 为 k_i 重根（$i = 1, 2, \cdots, t$; $\sum_{i=1}^{t} k_i = k$），那么，通解应为

$$\begin{aligned} a_n &= \sum_{i=1}^{t} \sum_{j=1}^{k_i} A_{ij} n^{j-1} q_i^n \\ &= (A_{11} + A_{12} n + \cdots + A_{1k_1} n^{k_1 - 1}) q_1^n + (A_{21} + A_{22} n + \cdots + A_{2k_2} n^{k_2 - 1}) q_2^n + \cdots \\ &\quad + (A_{t1} + A_{t2} n + \cdots + A_{tk_t} n^{k_t - 1}) q_t^n \end{aligned} \tag{3.2.8}$$

3. 复根情形

设特征方程有一对共轭（单）复根：$q = \rho e^{i\theta}$，$\bar{q} = \rho e^{-i\theta}$，那么，通解中会出现

$$\begin{aligned} A q^n + B \bar{q}^n &= A \rho^n e^{in\theta} + B \rho^n e^{-in\theta} \\ &= A \rho^n [\cos(n\theta) + i \sin(n\theta)] + B \rho^n [\cos(n\theta) - i \sin(n\theta)] \\ &= (A + B) \rho^n \cos(n\theta) + i(A - B) \rho^n \sin(n\theta) \\ &= A_1 \rho^n \cos(n\theta) + A_2 \rho^n \sin(n\theta) \end{aligned}$$

这就是说，$\rho^n \cos(n\theta)$ 和 $\rho^n \sin(n\theta)$ 也分别是式(3.2.1)的解（此二解与解 q^n、$\bar{q}^n$ 是线性相关的，故不能构成 4 个线性无关的解），且易知二者线性无关，故通解为

$$a_n = A_1 \rho^n \cos(n\theta) + A_2 \rho^n \sin(n\theta) + \cdots \tag{3.2.9}$$

当然，通解也可表为 $a_n = A_1 q^n + A_2 \bar{q}^n + \cdots$，但是，后者要涉及到复数运算，前者却避免了这一点.

一般情形，若 q 是 m 重复根，自然 $\bar{q}$ 也是 m 重复根，从而通解中必含有下面的项：

$$\rho^n \left[(A_1 + A_2 n + \cdots + A_m n^{m-1}) \cos(n\theta) + (B_1 + B_2 n + \cdots + B_m n^{m-1}) \sin(n\theta) \right]$$

上述三种情形可以归纳成表 3.2.1.

表 3.2.1　常系数线性齐次递推关系通解的组成项

	特　征　根	通解中对应的项
实根	q 为单根	Aq^n
	m 重根	$(A_1 + A_2 n + \cdots + A_m n^{m-1})q^n$
复根	一对单复根 $q = \rho e^{i\theta}$, $\bar{q} = \rho e^{-i\theta}$	$\rho^n [A_1 \cos(n\theta) + A_2 \sin(n\theta)]$
	一对 m 重复根 $q = \rho e^{i\theta}$, $\bar{q} = \rho e^{-i\theta}$	$\rho^n (A_1 + A_2 n + \cdots + A_m n^{m-1}) \cos(n\theta)$ $+ \rho^n (B_1 + B_2 n + \cdots + B_m n^{m-1}) \sin(n\theta)$

【例 3.2.3】 求定解

$$\begin{cases} a_n - 2a_{n-1} + 2a_{n-2} = 0 \\ a_0 = 0, \ a_1 = 1 \end{cases}$$

解 特征方程为

$$q^2 - 2q + 2 = 0$$

解得

$$q = \frac{2 \pm \sqrt{4-8}}{2} = 1 \pm i$$

所以

$$\rho = \sqrt{2}, \quad \theta = \frac{\pi}{4}$$

因此，通解是

$$(\sqrt{2})^n \left(A \cos \frac{n\pi}{4} + B \sin \frac{n\pi}{4} \right)$$

代入初始条件，有

$$\begin{cases} A = 0 \\ \sqrt{2} \left(A \dfrac{\sqrt{2}}{2} + B \dfrac{\sqrt{2}}{2} \right) = 1 \end{cases}$$

解之得 $A = 0$，$B = 1$，故定解为

$$a_n = (\sqrt{2})^n \sin \frac{n\pi}{4} = \begin{cases} 0, & \text{当 } n = 4m \\ (-1)^m 2^{2m}, & \text{当 } n = 4m+1 \\ (-1)^m 2^{2m+1}, & \text{当 } n = 4m+2, 4m+3 \end{cases} \quad m = 0, 1, \cdots$$

写出解的数列，就是

$$0, 1, 2, 2, 0, -4, -8, -8, 0, 16, -32, -32, \cdots$$

若使用第一种方法，即将一对共轭复根视为两个单根，则通解应为

$$a_n = A(1+i)^n + B(1-i)^n$$

代入初值后可得定解为

$$a_n = -\frac{i}{2}(1+i)^n + \frac{i}{2}(1-i)^n$$

【例 3.2.4】 求定解

$$\begin{cases} a_n - (4+i)a_{n-1} + (5+4i)a_{n-2} - (4+5i)a_{n-3} + (4+4i)a_{n-4} - 4ia_{n-5} = 0 \\ a_0 = 5, \ a_1 = 6, \ a_2 = 10, \ a_3 = 24, \ a_4 = 50 \end{cases}$$

解 特征方程为

$$q^5 - (4+i)q^4 + (5+4i)q^3 - (4+5i)q^2 + (4+4i)q - 4i = 0$$

解之得特征根为

$$q = 2, 2, i, i, -i$$

因此，通解是

$$a_n = (A+Bn)2^n + (C+Dn)i^n + E(-i)^n$$

代入初始条件，有

$$\begin{cases} A+C+E = 5 \\ 2(A+B) + (C+D)i + E(-i) = 6 \\ 4(A+2B) - (C+2D) - E = 10 \\ 8(A+3B) - (C+3D)i + Ei = 24 \\ 16(A+4B) + (C+4D) + E = 50 \end{cases}$$

解之得 $A=3$，$B=0$，$C=1$，$D=0$，$E=1$，故定解为

$$a_n = 3 \cdot 2^n + i^n + (-i)^n$$

$$= \begin{cases} 3 \cdot 2^n + 2(-1)^{\frac{n}{2}}, & \text{当 } n = 4m, 4m+2 \\ 3 \cdot 2^n, & \text{当 } n = 4m+1, 4m+3 \end{cases} \qquad n = 0, 1, \cdots$$

3.2.4 非齐次方程

对于非齐次方程，比较有规律的解法主要是针对 $f(n)$ 的几种特殊情形.

定理 3.2.2 设 a_n^* 是式(3.2.2)的一个特解，$\bar{a}_n$ 是式(3.2.1)的通解，则式(3.2.2)的通解为

$$a_n = a_n^* + \bar{a}_n \tag{3.2.10}$$

证 首先由解的性质知，a_n 是式(3.2.2)的解.

其次，证明 a_n 是通解. 若给定一组初始条件

$$a_0 = d_0, \ a_1 = d_1, \ \cdots, \ a_{k-1} = d_{k-1} \tag{3.2.11}$$

可以仿照齐次方程通解的证明方法，证得相应于条件式(3.2.11)的解一定可以表示为式(3.2.10)的形式.

关于 $\bar{a}_n$ 的求法已经解决，这里的主要问题是求式(3.2.2)的特解 a_n^*. 遗憾的是寻求特解还没有一般通用的方法. 然而，当非齐次线性递推关系的自由项 $f(n)$ 比较简单时，采用下面的**待定系数法**比较方便.

1. $f(n) = b(b$ 为常数$)$

$$a_n^* = An^m$$

其中 m 表示 1 是式(3.2.1)的 m 重特征根$(0 \leqslant m \leqslant k)$. 当然，若 1 不是特征根(即 $m = 0$)，则 $a_n^* = A$.

2. $f(n) = b^n(b$ 为常数$)$

$$a_n^* = An^m b^n$$

其中 m 表示 b 是式(3.2.1)的 m 重特征根$(0 \leqslant m \leqslant k)$. 同样，若 b 不是特征根(即 $m = 0$)，则 $a_n^* = Ab^n$.

3. $f(n) = b^n P_r(n)$（其中 $P_r(n)$ 为关于 n 的 r 次多项式，b 为常数）

$$a_n^* = n^m b^n Q_r(n)$$

其中 $Q_r(n)$ 是与 $P_r(n)$ 同次的多项式，m 仍然是 b 为特征根的重数$(0 \leqslant m \leqslant k)$. 当 b 不是特征根时(即 $m = 0$)，$a_n^* = b^n Q_r(n)$.

【例 3.2.5】 求非齐次方程 $a_n - 13a_{n-2} + 12a_{n-3} = 3$ 的通解.

解 其相应齐次方程的特征方程是

$$q^3 - 13q + 12 = 0$$

特征根为 1，3，-4. 由于 1 是特征根，故有 $m = 1$，其特解形式为

$$a_n^* = An$$

A 称为**待定系数**，将 $a_n^* = An$ 代入原非齐次方程，得

$$An - 13A(n-2) + 12A(n-3) = 3$$

解之得 $A = -3/10$，因此，所求通解为

$$a_n = B_1 + B_2 3^n + B_3 (-4)^n - \frac{3}{10}n$$

其中 B_1、B_2、B_3 为任意常数.

【例 3.2.6】 求 $a_n - 4a_{n-1} + 4a_{n-2} = 2^n$ 的通解.

解 显然，对应齐次方程的特征根为 $q = 2$(二重根)，故特解形式为

$$a_n^* = An^2 2^n$$

代入原非齐次方程求得待定系数 $A = 1/2$，因此，通解为

$$a_n = B_1 n 2^n + B_2 2^n + \frac{1}{2}n^2 2^n$$

其中 B_1、B_2 为任意常数.

【例 3.2.7】 求 $a_n + 4a_{n-1} + a_{n-2} = n(n-1)$ 的通解.

解 此例中，$b = 1$，$f(n) = n^2 - n$，求得特征根为

$$q_1 = -2 + \sqrt{3}, \ q_1 = -2 - \sqrt{3}$$

$b = 1$ 不是特征根，故特解形式为

$$a_n^* = An^2 + Bn + C$$

将 a_n^* 代入原非齐次方程，整理可得

$$6An^2 - 6(2A - B)n + 2(4A - 3B + 3C) = n^2 - n$$

比较等式两边同类项的系数，有

$$A = \frac{1}{6}, \ B = \frac{1}{6}, \ C = -\frac{1}{18}$$

因此，非齐次方程的通解为

$$a_n = B_1 q_1^n + B_2 q_2^n + \frac{1}{18}(3n^2 + 3n - 1)$$

其中 B_1、B_2 为任意常数.

对于某些特殊的非齐次方程，可以将其化为齐次方程，然后求解.

【**例 3.2.8**】 求 $S_n = \sum_{k=0}^{n} k.$

解　显然，S_n 满足非齐次定解问题

$$\begin{cases} S_n = S_{n-1} + n \\ S_0 = 0 \end{cases}$$

改写递推关系为 $S_n - S_{n-1} = n$，那么，类似可得 $S_{n-1} - S_{n-2} = n - 1$，两式相减有

$$s_n - 2S_{n-1} + S_{n-2} = 1$$

同理，$S_{n-1} - 2S_{n-2} + S_{n-3} = 1$，再将两式相减就得关于 S_n 的齐次定解问题

$$\begin{cases} S_n - 3S_{n-1} + 3S_{n-2} - S_{n-3} = 0 \\ S_0 = 0, \ S_1 = 1, \ S_2 = 3 \end{cases}$$

$q = 1$ 是三重根. 所以

$$S_n = (A + Bn + Cn^2)(1)^n = A + Bn + Cn^2 \qquad (3.2.12)$$

代入初始条件得

$$A = 0, \quad A + B + C = 1, \quad A + 2B + 3C = 3$$

解之得

$$A = 0, \ B = C = \frac{1}{2}$$

故

$$S_n = \frac{1}{2}n + \frac{1}{2}n^2 = \frac{n(n+1)}{2}$$

这就利用递推关系证明了求和公式

$$1 + 2 + 3 + \cdots + n = \frac{n(n+1)}{2}$$

当然，对于较大的 r，求部分和 $S_n^{(r)} = \sum_{k=0}^{n} k^r$ 时，利用非齐次递推关系 $S_n = S_{n-1} + n^r$ 求解还是要比将其化为齐次递推关系方便得多.

此外，为了方便确定式(3.2.12)中的常数 A、B、C，可令

$$S_n = A + Bn + Cn(n-1)$$

代入初始条件后，得

$$A = 0, \ A + B = 1, \ A + 2B + 2C = 3$$

解得

$$A = 0, \ B = 1, \ C = \frac{1}{2}$$

所以
$$S_n = n + \frac{1}{2}n(n-1) = \frac{n(n+1)}{2}$$

此处的方便主要体现在由关于 A、B、C 的第一个方程开始，可以逐步递推地解出这些常数，实质上并不需要解线性代数方程组.

当然，还可以令
$$S_n = A + Bn + C\frac{n(n-1)}{2!}$$

使得在利用初值确定 A、B、C 时更加方便. 因为这样一来，使得在 A、B、C 的下列代数方程组里，第一个方程中 A 的系数为 1，第二个方程中 B 的系数为 1，第三个方程中 C 的系数为 1：
$$A = 0, \quad A + B = 1, \quad A + 2B + C = 3$$

一般情形，若通解 a_n 为 r 阶多项式 $P_r(n)$，对定解问题（3.1.2），可令
$$P_r(n) = A_0 + A_1\binom{n}{1} + A_2\binom{n}{2} + \cdots + A_r\binom{n}{r}$$

使得用初值条件求解常数 A_i 非常简单（$i = 0, 1, \cdots, r$）.

3.2.5　一般递推关系化简

对于某些非线性或变系数的递推关系，可以将其化为线性关系来求解.

【例 3.2.9】　解定解问题
$$\begin{cases} a_n - n\mathrm{e}^{n^2}a_{n-1} = 0 \\ a_0 = 1 \end{cases}$$

解　此为线性变系数齐次关系. 改写原方程为
$$a_n = n\mathrm{e}^{n^2}a_{n-1}$$

两边取对数得
$$\ln a_n = \ln a_{n-1} + \ln n + n^2$$

令 $b_n = \ln a_n$，得关于 b_n 的递推关系
$$\begin{cases} b_n - b_{n-1} = \ln n + n^2 \\ b_0 = 0 \end{cases}$$

再令 $f_1(n) = \ln n$，$f_2(n) = n^2$. 先用迭代法求定解
$$\begin{cases} b_n - b_{n-1} = f_1(n) \\ b_0 = 0 \end{cases}$$

易得 $b_n^{(1)} = \ln n!$. 再求定解
$$\begin{cases} b_n - b_{n-1} = f_2(n) \\ b_0 = 0 \end{cases}$$

可得
$$b_n^{(2)} = \frac{n(n+1)(2n+1)}{6}$$

从而得

$$b_n = \ln n! + \frac{n(n+1)(2n+1)}{6}$$

所以

$$a_n = n! \cdot \exp\left[\frac{n(n+1)(2n+1)}{6}\right]$$

【例 3.2.10】 解定解问题

$$\begin{cases} na_n + (n-1)a_{n-1} = 2^n, & n \geqslant 1 \\ a_0 = 273 \end{cases}$$

解 这是线性变系数非齐次关系. 令 $b_n = na_n$, 得

$$\begin{cases} b_n + b_{n-1} = 2^n \\ b_0 = 0 \end{cases}$$

显然, 特征根 $q = -1$. 所以 2 不是特征根, 特解 $b_n^* = A2^n$. 代入 b_n 的递推关系, 可得

$$A2^n + A2^{n-1} = 2^n$$

所以

$$A = \frac{2}{3}$$

即特解

$$b_n^* = \frac{2}{3}2^n = \frac{2^{n+1}}{3}$$

故通解

$$b_n = B(-1)^n + \frac{2^{n+1}}{3}$$

再由初始条件 $b_0 = 0$, 知 $B = -2/3$. 所以定解

$$b_n = -\frac{2}{3}(-1)^n + \frac{2^{n+1}}{3} = \frac{2}{3}[2^n - (-1)^n]$$

故

$$\begin{cases} a_n = \frac{2}{3n}[2^n - (-1)^n], & n \geqslant 1 \\ a_0 = 273 \end{cases}$$

即 $a_1 = 2$, $a_2 = 1$, $a_3 = 2$, $a_4 = 5/2$, $\cdots$.

【例 3.2.11】 解定解问题

$$\begin{cases} a_n - na_{n-1} = n!, & n \geqslant 1 \\ a_0 = 2 \end{cases}$$

解 本题的难点在于 $f(n) = n!$ 不在前面给出的三种类型之中. 令 $b_n = \frac{a_n}{n!}$, 则有

$$\begin{cases} b_n - b_{n-1} = 1, & n \geqslant 1 \\ b_0 = 2 \end{cases}$$

由于 $q = 1$ 为 "1" 重特征根, 故特解 $b_n^* = An$. 代入关于 b_n 的递推关系式, 可得

$$An - A(n-1) = 1 \quad 即 \quad A = 1$$

所以特解为

$$b_n^* = n$$

通解为

$$b_n = B \cdot 1^n + n$$

再由初始条件 $b_0 = 2$ 知 $B = 2$，即 b_n 的定解为 $b_n = n + 2$，从而 a_n 的定解为 $a_n = (n+2)n!$.

另法 对于 b_n，可以用迭代法或直接观察出 $b_n = n + 2$，再用归纳法证明之即可.

【例 3.2.12】 设 $n \geqslant 1$，$a_n \geqslant 0$. 解定解问题

$$\begin{cases} a_n^2 - 2a_{n-1}^2 = 1, & n \geqslant 1 \\ a_0 = 2 \end{cases}$$

解 这是非线性的递推关系，令 $b_n = a_n^2$，将问题变为

$$\begin{cases} b_n - 2b_{n-1} = 1, & n \geqslant 1 \\ b_0 = 4 \end{cases}$$

解之得 $b_n = 5 \cdot 2^n - 1$，从而 $a_n = \sqrt{5 \cdot 2^n - 1}$.

3.3 解递推关系的其它方法

3.3.1 迭代法与归纳法

对于某些特殊的，尤其是一阶的递推关系，使用迭代法求解可能更快. 而有些递推关系则可以通过观察 n 比较小时 a_n 的表达式的规律，总结或猜出 a_n 的一般表达式，然后再用归纳法证明之即可.

【例 3.3.1】 解递推关系

$$\begin{cases} a_n = 2a_{n-1} + 2^n, & n \geqslant 1 \\ a_0 = 3 \end{cases}$$

解 变换原递推关系为

$$\frac{a_n}{2^n} = \frac{a_{n-1}}{2^{n-1}} + 1 \tag{3.3.1}$$

逐步迭代，得

$$\frac{a_n}{2^n} = \frac{a_{n-1}}{2^{n-1}} + 1 = \frac{a_{n-2}}{2^{n-2}} + 2 = \cdots = \frac{a_0}{2^0} + n = n + 3$$

所以

$$a_n = 2^n(n+3), \qquad n \geqslant 1$$

显见当 $n = 0$ 时，上式仍成立，即满足所给的初值，故定解问题的解为

$$a_n = 2^n(n+3), \qquad n \geqslant 0$$

本题也可理解为利用式 (3.3.1) 先做变量代换 $b_n = \dfrac{a_n}{2^n}$ ($n = 1, 2, \cdots$)，得关于 b_n 的递推关系

$$\begin{cases} b_n = b_{n-1} + 1, & n \geqslant 1 \\ b_0 = 3 \end{cases}$$

用迭代法解之，得

$$b_n = n + 3, \qquad n \geqslant 0$$

然后反代回去，得

$$a_n = 2^n b_n = 2^n(n+3), \qquad n \geqslant 1$$

【例 3.3.2】 解递推关系

$$\begin{cases} a_n = na_{n-1} + (-1)^n, & n \geqslant 1 \\ a_0 = 3 \end{cases}$$

解 因

$$\frac{a_n}{n!} = \frac{a_{n-1}}{(n-1)!} + \frac{(-1)^n}{n!}, \qquad n \geqslant 1$$

迭代得

$$\frac{a_n}{n!} = \frac{a_{n-2}}{(n-2)!} + \frac{(-1)^{n-1}}{(n-1)!} + \frac{(-1)^n}{n!}$$

$$= \cdots$$

$$= \frac{a_0}{0!} + \frac{(-1)^1}{1!} + \frac{(-1)^2}{2!} + \cdots + \frac{(-1)^n}{n!}$$

$$= 3 + \sum_{k=1}^{n} \frac{(-1)^k}{k!}$$

$$= 2 + \sum_{k=0}^{n} \frac{(-1)^k}{k!}$$

所以

$$a_n = n!\left(2 + \sum_{k=0}^{n} \frac{(-1)^k}{k!}\right), \qquad n \geqslant 1$$

显见当 $n=0$ 时，上式仍成立，故定解问题的解为

$$a_n = n!\left(2 + \sum_{k=0}^{n} \frac{(-1)^k}{k!}\right), \qquad n \geqslant 0$$

【例 3.3.3】 解递推关系

$$\begin{cases} a_n = 4a_{n-2}, & n \geqslant 2 \\ a_0 = 2, \ a_1 = 1 \end{cases}$$

解 由题设

$$a_{2k+1} = 2^2 a_{2k-1} = 2^4 a_{2k-3} = \cdots = 2^{2k} a_1$$

$$a_{2k} = 2^2 a_{2k-2} = 2^4 a_{k-4} = \cdots = 2^{2k} a_0$$

所以

$$a_{2k+1} = 2^{2k}, \quad a_{2k} = 2^{2k+1}, \qquad k \geqslant 1$$

当 $k=0$ 时，上面两个式子仍成立. 故

$$a_n = \begin{cases} 2^{n-1}, & \text{当 } n \text{ 为奇数时} \\ 2^{n+1}, & \text{当 } n \text{ 为偶数时} \end{cases}$$

或

$$a_n = 2^{n+(-1)^n}, \qquad n \geqslant 0$$

【**例 3.3.4**】 用归纳法解递推关系

$$\begin{cases} a_n = a_{n-1} + n^3 \\ a_0 = 0 \end{cases}, \quad n \geqslant 1$$

解 计算较小 n 时的 a_n，并观察得

$$a_0 = 0 = 0^2$$

$$a_1 = 1 = 1^2 = (1 + 0)^2$$

$$a_2 = 1^3 + 2^3 = 9 = (0 + 1 + 2)^2$$

$$a_3 = 1^3 + 2^3 + 3^3 = 36 = (0 + 1 + 2 + 3)^2$$

$$\vdots$$

由此可猜想

$$a_n = (0 + 1 + 2 + \cdots + n)^2 = \left[\frac{n(1+n)}{2} \right]^2 = \frac{n^2(1+n)^2}{4}$$

下面用归纳法证之：显然 $n = 0，1，2，3$ 时结论为真.

假设 $n = k$ 时结论为真，即 $a_k = \dfrac{k^2(1+k)^2}{4}$ 成立.

考虑 $n = k + 1$ 时，

$$a_{k+1} = a_k + (k+1)^3 = \frac{k^2(1+k)^2}{4} + (k+1)^3 = \frac{(k+1)^2(k+2)^2}{4}$$

结论成立. 故对一切非负整数 n，有

$$a_n = \frac{n^2(1+n)^2}{4}$$

3.3.2 母函数方法

对于一些较复杂的递推关系，利用母函数方法求解是很有效的. 当用它求解数列 $\{a_n\}$ 的递推关系时，一开始并不企图直接找出 a_n 的解析表达式，而是首先作出 $\{a_n\}$ 的母函数

$$G(x) = \sum_{n=0}^{\infty} a_n x^n$$

并以它为媒介，将给定的递推关系转化为关于 $G(x)$ 的方程（代数方程或微分方程等），然后用任何一种方法从中解出 $G(x)$，再将 $G(x)$ 展开成 x 的幂级数. 于是，x^n 的系数便是 a_n 的解析表达式（即递推关系的解）.

【**例 3.3.5**】 解递推关系

$$a_n - 5a_{n-1} + 6a_{n-2} = 2^n, \quad n \geqslant 2$$

解 令 $A(x) = \displaystyle\sum_{n=0}^{\infty} a_n x^n$，用 x^n 乘以上式的两端并对 n 从 2 到 ∞ 求和，得

$$\sum_{n=2}^{\infty} a_n x^n - 5 \sum_{n=2}^{\infty} a_{n-1} x^n + 6 \sum_{n=2}^{\infty} a_{n-2} x^n = \sum_{n=2}^{\infty} 2^n x^n$$

改写成

$$\sum_{n=2}^{\infty} a_n x^n - 5x \sum_{n=1}^{\infty} a_n x^n + 6x^2 \sum_{n=0}^{\infty} a_n x^n = \sum_{n=2}^{\infty} (2x)^n$$

将每个和式用 $A(x)$ 代之，便有

$$[A(x) - a_0 - a_1 x] - 5x[A(x) - a_0] + 6x^2 A(x) = \frac{1}{1-2x} - (1+2x)$$

解之得

$$A(x) = \frac{a_0 + (a_1 - 5a_0)x}{1 - 5x + 6x^2} + \frac{4x^2}{(1 - 5x + 6x^2)(1 - 2x)}$$

将 $A(x)$ 分解为部分分式之和，并把每项展开成 x 的幂级数，有

$$A(x) = \frac{c_1}{1-3x} + \frac{c_2}{1-2x} + \frac{-2}{(1-2x)^2}$$

$$= c_1 \sum_{n=0}^{\infty} (3x)^n + c_2 \sum_{n=0}^{\infty} (2x)^n - 2 \sum_{n=0}^{\infty} (n+1)(2x)^n$$

$$= \sum_{n=0}^{\infty} [c_1 3^n + c_2 2^n - (n+1)2^{n+1}] x^n$$

$$= \sum_{n=0}^{\infty} a_n x^n$$

比较等式两端 x^n 的系数，便得递推关系的通解为

$$a_n = c_1 3^n + c_2 2^n - (n+1)2^{n+1}$$

式中 c_1、c_2 为任意常数，它们由初值 a_0 和 a_1 确定.

例如，设 $a_0 = 1$，$a_1 = -2$，则 c_1、c_2 满足下列方程组：

$$\begin{cases} c_1 + c_2 - 2 = 1 \\ 3c_1 + 3c_2 - 8 = -2 \end{cases}$$

解得 $c_1 = 0$，$c_2 = 3$.

因此满足上述初值条件的递推关系的解为

$$a_n = 3 \times 2^n - (n+1)2^{n+1} = (1-2n)2^n$$

【例 3.3.6】 求定解问题

$$\begin{cases} F_n = F_{n-1} + F_{n-2} \\ F_1 = F_2 = 1 \end{cases}$$

解　由问题可知 $F_0 = 0$，设 $\{F_n\}$ 的母函数是

$$G(x) = \sum_{n=0}^{\infty} F_n x^n$$

根据递推关系有

$$G(x) = 0 + x + \sum_{n=2}^{\infty} (F_{n-1} + F_{n-2}) x^n$$

$$= x + x \sum_{n=2}^{\infty} F_{n-1} x^{n-1} + x^2 \sum_{n=2}^{\infty} F_{n-2} x^{n-2}$$

$$= x + x G(x) + x^2 G(x)$$

解之得

$$G(x) = \frac{x}{1 - x - x^2} \tag{3.3.1}$$

反过来，再将 $G(x)$ 展开成幂级数，以求 F_n 的解析表达式. 为此，先将 $G(x)$ 分解

$$G(x) = \frac{x}{\left(1 - \frac{1-\sqrt{5}}{2}x\right)\left(1 - \frac{1+\sqrt{5}}{2}x\right)} = \frac{A}{1 - \frac{1+\sqrt{5}}{2}x} + \frac{B}{1 - \frac{1-\sqrt{5}}{2}x}$$

$$= \frac{(A+B) + \left(\frac{\sqrt{5}-1}{2}A - \frac{\sqrt{5}+1}{2}B\right)x}{\left(1 - \frac{1-\sqrt{5}}{2}x\right)\left(1 - \frac{1+\sqrt{5}}{2}x\right)}$$

等式成立，A、B 应满足方程

$$\begin{cases} A + B = 0 \\ \frac{\sqrt{5}-1}{2}A - \frac{\sqrt{5}+1}{2}B = 1 \end{cases}$$

解之得

$$A = \frac{1}{\sqrt{5}}, \ B = -\frac{1}{\sqrt{5}}$$

所以

$$G(x) = \frac{1}{\sqrt{5}}\left[\frac{1}{1 - \frac{1+\sqrt{5}}{2}x} - \frac{1}{1 - \frac{1-\sqrt{5}}{2}x}\right]$$

现在可以展开 $G(x)$ 为幂级数，令 $\alpha = \frac{1+\sqrt{5}}{2}$，$\beta = \frac{1-\sqrt{5}}{2}$，于是

$$G(x) = \frac{1}{\sqrt{5}}\left[\frac{1}{1-\alpha x} - \frac{1}{1-\beta x}\right] = \frac{1}{\sqrt{5}}\left[\sum_{n=0}^{\infty}(\alpha x)^n - \sum_{n=0}^{\infty}(\beta x)^n\right]$$

$$= \frac{1}{\sqrt{5}}\sum_{n=0}^{\infty}(\alpha^n - \beta^n)x^n$$

故

$$F_n = \frac{1}{\sqrt{5}}(\alpha^n - \beta^n) = \frac{1}{\sqrt{5}}\left[\left(\frac{1+\sqrt{5}}{2}\right)^n - \left(\frac{1-\sqrt{5}}{2}\right)^n\right]$$

这是著名的斐波那契(Fibonacci)数列(见 3.4 节). 它还告诉我们这样一个事实，虽然 F_n 都是正整数，但它们却可由一些无理数表示出来.

【例 3.3.7】 解定解问题

$$\begin{cases} (n-1)a_n - (n-2)a_{n-1} - 2a_{n-2} = 0, \quad n \geqslant 2 \\ a_0 = 0, \ a_1 = 1 \end{cases}$$

解 这是一个二阶变系数线性齐次递推关系，根据方程的特点，令

$$A(x) = a_1 + a_2 x + a_3 x^2 + a_4 x^3 + \cdots + a_n x^{n-1} + \cdots$$

两边对 x 求导，得

$$A'(x) = 2a_3 x + 3a_4 x^2 + \cdots + (n-1)a_n x^{n-2} + \cdots$$

(由原问题知 $a_2 = 0$)，计算 $A'(x) - xA'(x)$，得到

$$(1-x)A'(x) = 2a_3 x + (3a_4 - 2a_3)x^2 + (4a_5 - 3a_4)x^3 + \cdots$$
$$+ [(n-1)a_n - (n-2)a_{n-1}]x^{n-2} + \cdots$$
$$= 2a_1 x + 2a_2 x^2 + 2a_3 x^3 + \cdots + 2a_{n-2}x^{n-2} + \cdots$$
$$= 2xA(x)$$

即
$$\frac{A'(x)}{A(x)} = \frac{2x}{1-x} = -2 + \frac{2}{1-x}$$

注意到 $A(x)|_{x=0} = a_1 = 1$，两边对 x 积分

$$\int_0^x \frac{A'(x)}{A(x)} \mathrm{d}x = -2x - 2\ln(1-x)$$

即
$$\ln A(x) + \ln(1-x)^2 = -2x$$

故
$$A(x) = \frac{\mathrm{e}^{-2x}}{(1-x)^2}$$

展成幂级数为

$$A(x) = \left(\sum_{n=0}^{\infty} \frac{(-2x)^n}{n!}\right)\left(\sum_{n=0}^{\infty} \binom{n+1}{1} x^n\right) = \left(\sum_{n=0}^{\infty} \sum_{k=0}^{n} \frac{(-1)^k 2^k}{k!}(n-k+1)x^n\right)$$

故

$$a_{n+1} = \sum_{k=0}^{\infty} (-1)^k (n-k+1)\frac{2^k}{k!}$$

【例 3.3.8】 用指母函数解递推关系

$$\begin{cases} D_n = nD_{n-1} + (-1)^n, & n \geqslant 2 \\ D_1 = 0 \end{cases}$$

解 由于 $D_1 = 0$，故可令 $D_0 = 1$. 可以看出，D_n 随 n 的增大而急剧增大，有点像 $n!$，因此用指母函数. 为此令

$$D(x) = \sum_{n=0}^{\infty} D_n \frac{x^n}{n!}$$

用 $\frac{x^n}{n!}$ 乘以递推关系式的两端，然后对 n 从 1 到 ∞ 求和，得

$$\sum_{n=1}^{\infty} D_n \frac{x^n}{n!} = \sum_{n=1}^{\infty} nD_{n-1} \frac{x^n}{n!} + \sum_{n=1}^{\infty} (-1)^n \frac{x^n}{n!}$$

即
$$D(x) - D_0 = xD(x) + \mathrm{e}^{-x} - 1$$

亦即
$$D(x) = \frac{\mathrm{e}^{-x}}{1-x}$$

由 2.2 节母函数的性质 3 知

$$\frac{D_n}{n!} = \sum_{k=0}^{n} \frac{(-1)^k}{k!}$$

于是得到

$$D_n = n!\left(1 - \frac{1}{1!} + \frac{1}{2!} - \cdots + (-1)^n \frac{1}{n!}\right)$$

【例 3.3.9】 用母函数方法求解二元递推关系.

$$\begin{cases} a_n = 3a_{n-1} + 2b_{n-1} \\ b_n = a_{n-1} + b_{n-1} \\ a_0 = 1, \ b_0 = 0 \end{cases}$$

解 设数列 $\{a_n\}$ 的母函数为 $A(x)$，$\{b_n\}$ 的母函数为 $B(x)$. 在第一个方程的两边同乘以 x^n，得

$$a_n x^n = 3a_{n-1} x^n + 2b_{n-1} x^n$$

上式两边分别对 $n=1,2,\cdots$ 求和，得

$$\sum_{n=1}^{\infty} a_n x^n = 3x \sum_{n=1}^{\infty} a_{n-1} x^{n-1} + 2x \sum_{n=1}^{\infty} b_{n-1} x^{n-1}$$

即

$$A(x) - a_0 = 3xA(x) + 2xB(x)$$

将 $a_0 = 1$ 代入并整理，得

$$(1-3x)A(x) - 2xB(x) = 1 \qquad\qquad ①$$

同理，由第二个方程和所给初值可得

$$xA(x) + (x-1)B(x) = 0 \qquad\qquad ②$$

联立方程①、②解之，得

$$\begin{cases} A(x) = \dfrac{1-x}{1-4x+x^2} \\[3mm] B(x) = \dfrac{x}{1-4x+x^2} \end{cases}$$

再利用待定系数法将两个函数分别分解为

$$A(x) = \frac{3+\sqrt{3}}{6} \cdot \frac{1}{1-(2+\sqrt{3})x} + \frac{3-\sqrt{3}}{6} \cdot \frac{1}{1-(2-\sqrt{3})x}$$

$$B(x) = \frac{\sqrt{3}}{6} \cdot \frac{1}{1-(2+\sqrt{3})x} - \frac{\sqrt{3}}{6} \cdot \frac{1}{1-(2-\sqrt{3})x}$$

最后将二者做幂级数展开，得

$$A(x) = \frac{3+\sqrt{3}}{6} \sum_{n=0}^{\infty} (2+\sqrt{3})^n x^n + \frac{3-\sqrt{3}}{6} \sum_{n=0}^{\infty} (2-\sqrt{3})^n x^n$$

$$= \sum_{n=0}^{\infty} \left[\frac{3+\sqrt{3}}{6}(2+\sqrt{3})^n + \frac{3-\sqrt{3}}{6}(2-\sqrt{3})^n \right] x^n$$

$$B(x) = \frac{\sqrt{3}}{6} \sum_{n=0}^{\infty} (2+\sqrt{3})^n x^n - \frac{\sqrt{3}}{6} \sum_{n=0}^{\infty} (2-\sqrt{3})^n x^n$$

$$= \sum_{n=0}^{\infty} \left[\frac{\sqrt{3}}{6}(2+\sqrt{3})^n - \frac{\sqrt{3}}{6}(2-\sqrt{3})^n \right] x^n$$

所以，原递推关系的解为

$$\begin{cases} a_n = \dfrac{3+\sqrt{3}}{6}(2+\sqrt{3})^n + \dfrac{3-\sqrt{3}}{6}(2-\sqrt{3})^n \\[3mm] b_n = \dfrac{\sqrt{3}}{6}(2+\sqrt{3})^n - \dfrac{\sqrt{3}}{6}(2-\sqrt{3})^n \end{cases}, \quad n \geqslant 0$$

3.4　三种典型数列

　　Fibonacci 数列、斯特灵（Stirling）数列和卡特兰（Catalan）数列经常出现在组合计数问题中，是比较典型的三种数列．而其典型性还不在于数列本身，是在于许多实际计数问题

的计算关系都与这三种数列是相同或相似的.

3.4.1　Fibonacci 数列

序列 1，1，2，3，5，8，13，21，34，…中，每个数都是它前两者之和，这个序列称为 Fibonacci 数列. 由于它在算法分析和近代优化理论中起着重要作用，又具有很奇特的数学性质，因此，1963 年起美国就专门出版了针对这一数列进行研究的季刊《Fibonacci Quarterly》.

该数列来源于 1202 年由意大利著名数学家 Fibonacci 提出的一个有趣的兔子问题：有雌雄一对小兔，一月后长大，两月起往后每月生（雌雄）一对小兔. 小兔亦同样如此. 设一月份只有一对小兔，问一年后共有多少对兔子？

更一般地，此问题可以变为 n 个月后共有多少对兔子？

将开始有第一对小兔的月份视为第一个月，用 F_n 表示在第 n 个月的兔子数，显然 $F_1 = F_2 = 1$. 其次，可以看出

$$F_n = 前一个月兔子数 + 本月新增兔子数 = F_{n-1} + F_{n-2}$$

因为只有前两个月的兔子到本月恰好能生出一对小兔. 所以，$\{F_n\}$ 的定解问题为

$$\begin{cases} F_n = F_{n-1} + F_{n-2}, & n \geqslant 3 \\ F_1 = F_2 = 1 \end{cases} \tag{3.4.1}$$

（利用 $F_{n-2} = F_n - F_{n-1}$ 及初值可以求出 $F_0 = 0$），可以用特征根法解之，得

$$F_n = \frac{1}{\sqrt{5}}\left[\left(\frac{1+\sqrt{5}}{2}\right)^n - \left(\frac{1-\sqrt{5}}{2}\right)^n\right] \approx \frac{1}{\sqrt{5}}\left(\frac{1+\sqrt{5}}{2}\right)^n$$

或

$$F_n = \begin{cases} \left[\dfrac{1}{\sqrt{5}}\left(\dfrac{1+\sqrt{5}}{2}\right)^n\right], & n \text{ 为偶数} \\[4mm] \left[\dfrac{1}{\sqrt{5}}\left(\dfrac{1+\sqrt{5}}{2}\right)^n\right], & n \text{ 为奇数} \end{cases}$$

这是因为 $\left|\dfrac{1-\sqrt{5}}{2}\right| < 1$，而 F_n 是正整数，故当 n 为偶数时，F_n 等于 $\dfrac{1}{\sqrt{5}}\left(\dfrac{1+\sqrt{5}}{2}\right)^n$ 的整数部分，n 为奇数时，F_n 等于 $\dfrac{1}{\sqrt{5}}\left(\dfrac{1+\sqrt{5}}{2}\right)^n$ 的整数部分加 1. 换句话说，求 F_n 时实际上并不需要计算 $\dfrac{1}{\sqrt{5}}\left(\dfrac{1-\sqrt{5}}{2}\right)^n$.

下面是 Fibonacci 数列的其它模型.

【例 3.4.1】（上楼梯问题）　某人欲登上 n 级楼梯，若每次只能跨一级或两级，他从地面上到第 n 级楼梯，共有多少种不同的方法？

解　设上到第 n 级楼梯的方法数为 a_n. 那么，第一步无非有两种可能：

(1) 跨一级，则余下的 $n-1$ 级有 a_{n-1} 种上法；

(2) 跨两级，则余下的 $n-2$ 级有 a_{n-2} 种上法.

由加法原理 $a_n = a_{n-1} + a_{n-2}$. 且有 $a_1 = 1$，$a_2 = 2$. 由递推关系反推可得 $a_0 = 1$. 显然

$$a_n = F_{n+1} = \frac{1}{\sqrt{5}} \left[\left(\frac{1+\sqrt{5}}{2} \right)^{n+1} - \left(\frac{1-\sqrt{5}}{2} \right)^{n+1} \right]$$

【例 3.4.2】 棋盘染色问题：给一个具有 1 行 n 列的 $1 \times n$ 棋盘（见图 3.4.1）的每一个方块涂以红、蓝二色之一，要求相邻的两块不能都染成红色，设不同的染法共有 a_n 种，试求 a_n.

1	2	3		⋯		$n-1$	n

图 3.4.1 $1 \times n$ 棋盘

解 对格子 1 的染色有两种可能：

（1）染红色，则格子 2 只能染蓝色，余下的部分为 $1 \times (n-2)$ 棋盘，其满足条件的染法共有 a_{n-2} 种. 由乘法原理，第一种染色方式的总数为 $1 \times 1 \times a_{n-2} = a_{n-2}$.

（2）染蓝色，则余下的 $1 \times (n-1)$ 棋盘的染法有 a_{n-1} 种. 由乘法原理，第二种染色方式的总数为 $1 \times a_{n-1} = a_{n-1}$. 由加法原理，可得

$$a_n = a_{n-1} + a_{n-2} \quad \text{且 } a_1 = 2, a_2 = 3$$

由递推关系反推可得 $a_0 = 1$.

显然

$$a_n = F_{n+2} = \frac{1}{\sqrt{5}} \left[\left(\frac{1+\sqrt{5}}{2} \right)^{n+2} - \left(\frac{1-\sqrt{5}}{2} \right)^{n+2} \right]$$

类似的问题还有：无两个 1 相连的 n 位二进制数共有 F_{n+2} 个.

【例 3.4.3】 交替子集问题：有限整数集合 $S_n = \{1, 2, \cdots, n\}$ 的一个子集称为交替的，如果按上升次序列出其元素时，排列方式为奇、偶、奇、偶、⋯⋯. 例如 $\{1, 4, 7, 8\}$ 和 $\{3, 4, 11\}$ 都是，而 $\{2, 3, 4, 5\}$ 则不是. 令 g_n 表示交替子集的数目（其中包括空集），证明

$$g_n = g_{n-1} + g_{n-2}$$

且有 $g_n = F_{n+2}$.

证 显然，$g_1 = 2$，对应 S_1 的交替子集为 $\varnothing$ 和 $\{1\}$. $g_2 = 3$，对应 S_2 的交替子集为 $\varnothing$、$\{1\}$、$\{1, 2\}$.

将 S_n 的所有子集分为两部分：

（1）$S_{n-1} = \{1, 2, \cdots, n-1\}$ 的所有子集；

（2）S_{n-1} 的每一个子集加入元素 n 后所得子集.

例如，$n = 4$，$S_4 = \{1, 2, 3, 4\}$ 的所有子集划分为两类，即

（1）$\varnothing$、$\{1\}$、$\{2\}$、$\{3\}$、$\{1, 2\}$、$\{1, 3\}$、$\{2, 3\}$、$\{1, 2, 3\}$；

（2）$\{4\}$、$\{1, 4\}$、$\{2, 4\}$、$\{3, 4\}$、$\{1, 2, 4\}$、$\{1, 3, 4\}$、$\{2, 3, 4\}$、$\{1, 2, 3, 4\}$.

第一部分即 S_{n-1} 的交替子集数为 g_{n-1}. 第二部分中的交替子集恰好同 $S_{n-2} = \{1, 2, \cdots, n-2\}$ 的交替子集是一一对应的，故有 g_{n-2} 个. 因为 $n-1$ 与 n 的奇偶性是相反的，故设 S_{n-2} 的一个交替子集为 $A = \{a_1, a_2, \cdots, a_k\}$，其中 $1 \leqslant a_1 < a_2 < \cdots < a_k \leqslant n-2 < n-1$. 若 a_k 与 n 的奇偶性相同，则可由 $A + \{n-1, n\} = B$ 构成 S_n 的一个交替子集；若相反，则可由 $A + \{n\} = C$ 构成 S_n 的一个交替子集. 反之，对于 S_n 中含有 n 的交替子集 D，

则 $D-\{n\}$（D 中不含 $n-1$）或 $D-\{n-1, n\}$（D 中含有 $n-1$）即是 S_{n-2} 的交替子集. 例如，$S_2=\{1, 2\}$ 的交替子集与 S_4 第二部分子集中交替子集的对应关系如下：

$$\varnothing \underset{\text{去掉}\, 3, 4}{\overset{\text{加入}\, 3, 4}{\rightleftarrows}} \{3, 4\}, \quad \{1\} \underset{\text{去掉}\, 4}{\overset{\text{加入}\, 4}{\rightleftarrows}} \{1, 4\}, \quad \{1, 2\} \underset{\text{去掉}\, 3, 4}{\overset{\text{加入}\, 3, 4}{\rightleftarrows}} \{1, 2, 3, 4\}$$

所以 g_n 的递推关系为

$$g_n = g_{n-1} + g_{n-2}$$

故同前例一样，且

$$g_n = F_{n+2}$$

【例 3.4.4】(棋盘的(完全)覆盖问题) 本例的棋盘覆盖是指用规格为 1×2 的骨牌覆盖 $p \times q$ 的方格棋盘，要求每块骨牌恰好盖住盘上的相邻两格. 所谓完全覆盖，是指对棋盘的一种满覆盖（即盘上所有格子都被覆盖），而且骨牌不互相重叠. 容易看出，一定存在对 $2 \times n$ 棋盘的完全覆盖. 现在的问题是，究竟有多少种不同的完全覆盖方案？

解 设所求方案数为 g_n. 那么，对图 3.4.2 最左面的四格有且仅有两种可能的覆盖方式：

(1) 一块骨牌竖着放，覆盖最左面的两格 11 和 21，则整个棋盘的这种完全覆盖方式与 $2 \times (n-1)$ 棋盘的完全覆盖一一对应，共有 g_{n-1} 种方案；

(2) 一块骨牌横着放，覆盖第一行的格子 11 和 12，由于是完全覆盖，因此第二行最左面的两格 21 和 22 也一定被同一块骨牌覆盖. 于是整个棋盘的这种完全覆盖方式与 $2 \times (n-2)$ 棋盘的完全覆盖数相等，有 g_{n-2} 种方案.

11	12	13	14	⋯	1n
21	22	23	23	⋯	2n

图 3.4.2 $2 \times n$ 棋盘

由加法原理，本例的定解问题为

$$\begin{cases} g_n = g_{n-1} + g_{n-2} \\ g_1 = 1, \ g_2 = 2 \end{cases}$$

所以

$$g_n = F_{n+1}$$

3.4.2 Stirling 数列

下阶乘函数

$$[x]_n = x(x-1)(x-2)\cdots(x-(n-1)), \ [x]_0 = 1$$

在组合分析和有限差分学中的地位，如同幂函数 x^n 在数学分析中的地位，具有重要的作用，又都是首项系数为 1 的特殊的 n 次多项式，而且可以互相表示. 如：

$[x]_0 = 1 = x^0$	$x^0 = [x]_0$
$[x]_1 = x$	$x = [x]_1$
$[x]_2 = x^2 - x$	$x^2 = [x]_2 + [x]_1$
$[x]_3 = x^3 - 3x^2 + 2x$	$x^3 = [x]_3 + 3[x]_2 + [x]_1$
$[x]_4 = x^4 - 6x^3 + 11x^2 - 6x$	$x^4 = [x]_4 + 6[x]_3 + 7[x]_2 + [x]_1$

另外，由定义易知$[x]_n$还具有如下递推性质：

$$[x]_n = [x]_{n-1} \cdot (x-(n-1))$$

定义 3.4.1 设

$$[x]_n = \sum_{k=0}^{n} S_1(n, k)x^k, \quad x^n = \sum_{k=0}^{n} S_2(n, k)[x]_k$$

则称 $S_1(n, k)$、$S_2(n, k)$分别为第一类和第二类 Stirling 数.

从母函数角度而言，数列$\{S_1(n, k) | k=0\sim n\}$的普母函数即为下阶乘函数$[x]_n$. 这是以 x^n 为基函数. 若以$[x]_k$为基函数来定义一种母函数，则数列$\{S_2(n, k) | k=0\sim n\}$的这种母函数就是 x^n.

Striling 数的组合意义：

（1）分配问题：将 n 个有区别的球放入 m 个相同的盒子，要求各盒不空，则不同的放法总数为 $S_2(n, m)$；

（2）集合的划分：将含有 n 个元素的集合恰好分成 m 个无序非空子集的所有不同划分的数目即 $S_2(n, m)$. 这种划分也称为集合的 m 划分.

上述组合意义也可以视为第二类 Stirling 数的等价定义.

定理 3.4.1 第一类 Stirling 数有如下性质：

（1）$S_1(n, 0)=0$；

（2）$S_1(n, 1)=(n-1)! \ (-1)^{n-1}$；

（3）$S_1(n, n)=1$；

（4）$S_1(n, n-1)=-C(n, 2)$；

（5）$\mathrm{sgn}(S_1(n, k))=(-1)^{n+k}$；

（6）$S_1(n, k)$满足递推关系

$$S_1(n, k) = S_1(n-1, k-1) - (n-1)S_1(n-1, k)$$

证 由$[x]_n$的表达式即知性质(1)~(5)成立，下面主要证明性质(6). 仍由$[x]_n$的定义得$[x]_n=(x-n+1)[x]_{n-1}$，即

$$\sum_{k=0}^{n} S_1(n, k)x^k = x \sum_{k=0}^{n-1} S_1(n-1, k)x^k - (n-1) \sum_{k=0}^{n-1} S_1(n-1, k)x^k$$

整理上式并比较等式两端同次幂的系数即得(6).

利用 $S_1(n, k)$ 的性质，可以像杨辉三角形那样写出第一类 Stirling 数值表（见表 3.4.1）.

表 3.4.1 部分 $S_1(n, k)$ 的数值

$S_1(n,k)$ \\ k \\ n	1	2	3	4	5
1	1				
2	-1	1			
3	2	-3	1		
4	-6	11	-6	1	
5	24	-50	35	-10	1

定理 3.4.2 第二类 Stirling 数有如下性质：

(1) $S_2(n, 0) = 0$，$n > 0$；

(2) $S_2(n, 1) = 1$，$n \geq 1$；

(3) $S_2(n, n) = 1$；

(4) $S_2(n, n-1) = C(n, 2)$；

(5) $S_2(n, 2) = 2^{n-1} - 1$；

(6) $S_2(n, k)$ 也满足递推关系

$$S_2(n, k) = S_2(n-1, k-1) + kS_2(n-1, k)$$

证 (1)~(3) 由组合意义可以看出，将 n 个球 $(n > 0)$ 放入 0 个或 1 个盒子的方案数分别为 0 或 1，放入 n 个盒子也只有一种方案，原因在于盒子不空且不加区别. 所以，性质 (1)~(3) 成立.

(4) n 个球放入 $n-1$ 个盒，各盒不空，必有一盒有两个球. 从 n 个相异的球中选取 2 个，共有 $C(n, 2)$ 种组合方案.

(5) n 个球，2 个盒. 任取某一球 x，其余的 $n-1$ 个球每个都有两种可能的放法，即与 x 同盒或不同盒，故有 2^{n-1} 种可能. 但要排除大家都与 x 同盒的情形（这时另一盒将空），所以总的放法有 $2^{n-1} - 1$ 种.

(6) 从 n 个球中任选一个记为 x，根据 n 的情况将 x 个球放入 k 个盒的方案分为两类：① x 独占一盒，其余 $n-1$ 个球放入另外 $k-1$ 个盒，由组合意义知此类放法共有 $S_2(n-1, k-1)$ 种；② x 不独占一盒，相当于先将其余 $n-1$ 个球放入 k 个盒子，且各盒不空，有 $S_2(n-1, k)$ 种放法，然后再将 x 放入其中某盒，有 k 种放法. 由乘法原理，此类放法共有 $k \cdot S_2(n-1, k)$ 种.

根据加法法则，即知性质 (6) 成立.

利用上述性质，可得第二类 Stirling 数值表（见表 3.4.2）.

表 3.4.2 部分 $S_2(n, k)$ 的数值

$S_2(n,k)$ ＼ k ＼ n	1	2	3	4	5
1	1				
2	1	1			
3	1	3	1		
4	1	7	6	1	
5	1	15	25	10	1

下面不加证明地给出 Stirling 数的其它结论：

(1) $S_2(n, k) = \dfrac{1}{k!} \sum_{i=0}^{k} (-1)^i C(k, i)(k-i)^n = \dfrac{1}{k!} \sum_{i=0}^{k} (-1)^{k-i} C(k, i) i^n$

(2) $\sum_{i=1}^{p} (i)^n = \sum_{k=1}^{n} k! \, C(p+1, k+1) S_2(n, k)$

【例 3.4.5】 所有从 $\{1, 2, \cdots, n-1\}$ 中取 $n-k$ 个不同数的积之和是多少？例如，所有从 $\{1, 2, 3, 4\}$ 中取 2 个不同整数的积之和是

$$1 \cdot 2 + 1 \cdot 3 + 1 \cdot 4 + 2 \cdot 3 + 2 \cdot 4 + 3 \cdot 4 = 35$$

解 用 $f(n, k)$ 表示此和数，和式的各项可分成两类，一类是含有因子 $n-1$ 的项，一类是不含 $n-1$ 的项．前者的和是 $(n-1)f(n-1, k)$，即从所有从 $\{1, 2, \cdots, n-2\}$ 中取 $(n-k)-1 = (n-1)-k$ 个不同整数的积之和，再乘以 $n-1$ 得出．后者之和是 $f(n-1, k-1)$，即所有从 $\{1, 2, \cdots, n-2\}$ 中取 $n-k = (n-1)-(k-1)$ 个不同整数的积之和．于是由加法法则得

$$f(n, k) = f(n-1, k-1) + (n-1)f(n-1, k)$$

为使上式对 $k=1$ 和 $k=n-1$ 都成立，规定

$$f(n, 0) = 0, \quad f(n, n) = 1$$

令 $g(n, k) = (-1)^{n+k} f(n, k)$，可得

$$\begin{cases} g(n, k) = g(n-1, k-1) - (n-1)g(n-1, k) \\ g(n, 0) = 0 \\ g(n, n) = 1 \end{cases}$$

与 $S_1(n, k)$ 的性质比较，即知 $g(n, k) = S_1(n, k)$．故

$$f(n, k) = (-1)^{n+k} g(n, k) = |S_1(n, k)|$$

例如题目中所给例子为 $n=5$，$k=3$，所求为 $f(5, 3)$，即

$$f(5, 3) = (1 \cdot 4 + 2 \cdot 4 + 3 \cdot 4) + (1 \cdot 2 + 1 \cdot 3 + 2 \cdot 3)$$
$$= 4 \cdot (1+2+3) + (1 \cdot 2 + 1 \cdot 3 + 2 \cdot 3)$$

【例 3.4.6】 Stirling 数的另一个重要应用就是分配问题：即将 n 个球（物体）放入 k 个盒子，其放法的总数可以分成 8 种情况分别予以讨论（见表 3.4.3）．

表 3.4.3 分配问题方案计数表

n 个球	k 个盒	是否空盒	不同的方案数
有区别	不同	是	k^n
		否	$k! S_2(n, k)$
	相同	是	$S_2(n, 1) + S_2(n, 2) + \cdots + S_2(n, r)$，$r = \min(n, k)$
		否	$S_2(n, k)$
无区别	不同	是	$C(n+k-1, n)$
		否	$C(n-1, k-1)$
	相同	是	$G(x) = \dfrac{1}{(1-x)(1-x^2)\cdots(1-x^k)}$，展开式中 x^n 的系数
		否	$G(x) = \dfrac{x^k}{(1-x)(1-x^2)\cdots(1-x^k)}$，展开式中 x^n 的系数

说明 当然，上述 8 种情形还不能包括所有的分配模型，如情形 1 是指放入同一盒中的球是无次序之分的．否则，方案数应为

$$k(k+1)(k+2)\cdots(k+n-1) = P(k+n-1, n)$$

其次，各种分配方案中并未考虑盒子中最多能放几个球的问题．否则，对第一种情形，当每个盒中最多只能放入一个球时，其分配方案数就不是 k^n，而应为 P_k^n．

3.4.3　Catalan 数列

满足递推关系

$$\begin{cases} C_n = C_1 C_{n-1} + C_2 C_{n-2} + \cdots + C_{n-1} C_1 \\ C_1 = 1 \end{cases}$$
(3.4.2)

的数列称为 Catalan 数列. 其解为

$$C_n = \frac{1}{n} C(2n-2, n-1)$$

解　设 Catalan 数列的母函数为 $A(x)$，即

$$A(x) = \sum_{n=1}^{\infty} C_n x^n$$

那么

$$A^2(x) = \left(\sum_{i=1}^{\infty} C_i x^i \right) \left(\sum_{j=1}^{\infty} C_j x^j \right)$$

$$= (C_1 C_1) x^2 + (C_1 C_2 + C_2 C_1) x^3 + \cdots + (C_1 C_{n-1} + C_2 C_{n-2} + \cdots + C_{n-1} C_1) x^n + \cdots$$

$$= A(x) - x$$

即

$$A^2(x) - A(x) + x = 0$$

解之得

$$A_1(x) = \frac{1 + \sqrt{1-4x}}{2}, \quad A_2(x) = \frac{1 - \sqrt{1-4x}}{2}$$

由于 $A(0)=0$，而 $A_1(0) \neq 0$，$A_2(0)=0$，因此舍去 $A_1(x)$，便得

$$A(x) = \frac{1}{2} - \frac{1}{2}(1-4x)^{\frac{1}{2}}$$

$$= \frac{1}{2} - \frac{1}{2} \left[1 - \frac{\frac{1}{2}}{1!}(4x) + \frac{\frac{1}{2}\left(\frac{1}{2}-1\right)}{2!}(4x)^2 - \frac{\frac{1}{2}\left(\frac{1}{2}-1\right)\left(\frac{1}{2}-2\right)}{3!}(4x)^3 + \cdots \right.$$

$$\left. + (-1)^n \frac{\frac{1}{2}\left(\frac{1}{2}-1\right)\cdots\left(\frac{1}{2}-n+1\right)}{n!}(4x)^n + \cdots \right]$$

$$= x + \frac{1}{2} \sum_{n=2}^{\infty} \frac{1 \cdot 3 \cdot 5 \cdots (2n-3)}{2^n n!} 4^n x^n$$

$$= x + \sum_{n=2}^{\infty} \frac{1 \cdot 3 \cdot 5 \cdots (2n-3)}{n(n-1)!} 2^{n-1} \frac{(n-1)!}{(n-1)!} x^n$$

$$= \sum_{n=1}^{\infty} \frac{(2n-2)!}{n(n-1)!(n-1)!} x^n$$

故

$$C_n = \frac{1}{n} \frac{(2n-2)!}{[(n-1)!]^2} = \frac{1}{n} C(2n-2, n-1), \ n \geqslant 1$$

【例 3.4.7】　Euler 在精确计算对凸 n 边形的对角线三角剖分的个数时，最先得到了这个数列. 其问题是：将凸 n 边形用不相交的对角线分成三角形，有多少种不同的分法？例如，五边形就有五种剖分方案(见图 3.4.3).

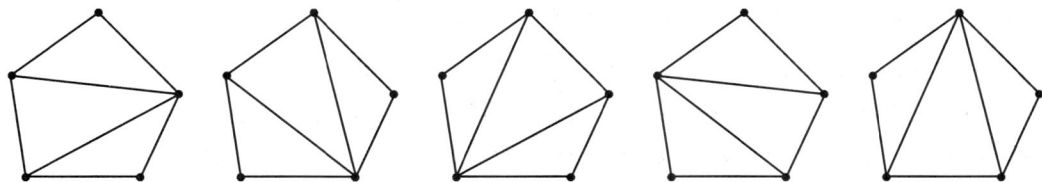

图 3.4.3 凸五边形的剖分方案

解 所谓凸多边形,是指该多边形的任意不相邻两点的连线都在多边形内部,如图 3.4.4 所示.

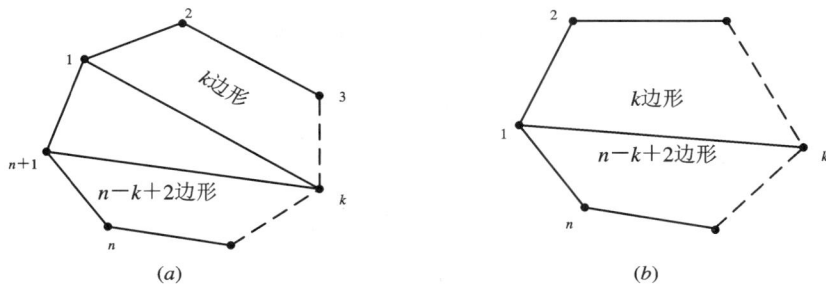

图 3.4.4 任意凸多边形的剖分

设凸 n 边形的对角三角形剖分的个数为 h_n. 显然,$n \geqslant 3$ 且 $h_3 = 1$,$h_4 = 2$. 那么,当 $n \geqslant 3$ 时,设凸 $n+1$ 边形的顶点依次为 v_1,v_2,$\cdots$,v_{n+1},固定一条边 $v_1 v_{n+1}$,再另取一个顶点 $v_k (k = 2, 3, \cdots, n)$,作 $\triangle v_1 v_k v_{n+1}$,它分多边形为两个较小的凸多边形. 一个是凸 k 边形,其剖分数为 h_k;另一个是 $n-k+2$ 边形,其剖分数为 h_{n-k+2} (见图 3.4.4(a)). 由乘法原理和加法原理知

$$\begin{cases} h_{n+1} = h_2 h_n + h_3 h_{n-1} + \cdots + h_n h_2 \\ h_2 = 1 \end{cases} \tag{3.4.3}$$

其中规定 $h_2 = 1$.

令 $r_n = h_{n+1}$,得 r_n 的定解问题

$$\begin{cases} r_n = r_1 r_{n-1} + r_2 r_{n-2} + \cdots + r_{n-1} r_1 \\ r_1 = 1 \end{cases}$$

与式(3.4.2)比较,即知

$$h_n = C_{n-1} = \frac{1}{n-1} C(2n-4, n-2), \quad n \geqslant 2$$

值得指出的是,Catalan 数列还满足某个一阶变系数的线性递推关系. 下面从另一个角度考察凸 n 边形的对角线三角剖分个数,以得到这个线性递推关系.

如图 3.4.4(b)所示,连接凸 n 边形的两点 v_1、v_k,将多边形一分为二,对应的剖分数为 $h_k h_{n-k+2}$. 这时,$k = 3, 4, \cdots, n-1$. 由加法原理得对应于 v_1 的三角剖分数为 $h_3 h_{n-1} + h_4 h_{n-2} + \cdots + h_{n-1} h_3$. 由对称性,对应于其它任一顶点的剖分数也是如此. 故在重复计算的情况下得 $n(h_3 h_{n-1} + h_4 h_{n-2} + \cdots + h_{n-1} h_3)$ 种三角剖分. 这是按顶点统计的,若按对角线来

统计，由于每条对角线有两个顶点，因此应除以 2，有 $\dfrac{n}{2}(h_3 h_{n-1}+h_4 h_{n-2}+\cdots+h_{n-1}h_3)$ 种三角剖分. 但是，这也不是真正剖分数，无疑其中是有重复的. 其重复度在于一个凸 n 边形的三角形剖分要用 $n-3$ 条对角线来形成，一种剖分方案，就对应了该 $n-3$ 条对角线的一种"布局". 反之，换一种布局，就对应另一种剖分方案. 把 $n-3$ 条对角线中的每一条当作分割线来统计剖分方案个数时，这个三角剖分都要被计数一次，也就是说，同一个剖分方案，若按对角线来统计，则被计算了 $n-3$ 次. 因此有

$$(n-3)h_n = \frac{n}{2}(h_3 h_{n-1}+h_4 h_{n-2}+\cdots+h_{n-1}h_3) \qquad (3.4.4)$$

由式(3.4.3)得 $h_{n+1}-2h_n=h_3 h_{n-1}+h_4 h_{n-2}+\cdots+h_{n-1}h_3$，与上式比较，得

$$(n-3)h_n = \frac{n}{2}(h_{n+1}-2h_n)$$

整理得

$$nh_{n+1}=(4n-6)h_n$$

令 $f_{n+1}=nh_{n+1}$，因此

$$f_{n+1}=\frac{2(2n-3)}{n-1}f_n=\frac{2(2n-3)}{(n-1)}\frac{(n-1)}{n-1}f_n$$

即

$$\frac{f_{n+1}}{f_n}=\frac{(2n-2)(2n-3)}{(n-1)^2}$$

$$f_{n+1}=\frac{f_{n+1}}{f_n}\frac{f_n}{f_{n-1}}\cdots\frac{f_3}{f_2}f_2=\frac{(2n-2)(2n-3)}{(n-1)^2}\frac{(2n-4)(2n-5)}{(n-2)^2}\cdots\frac{4\cdot3}{2^2}\frac{2\cdot1}{1^2}\cdot1$$

$$=\frac{(2n-2)!}{[(n-1)!]^2}=C(2n-2,\,n-1)$$

故

$$h_{n+1}=\frac{1}{n}C(2n-2,\,n-1)=C_n$$

【例 3.4.8】 设 $P=a_1 a_2\cdots a_n$ 为 n 个数的连乘积，保持原来的排列顺序，试问有多少种不同的结合方案(即根据乘法的结合律插入 $n-1$ 对括号，使得每对括号内为恰好是两个因子的乘积. 如 $n=4$，$P=((a_1 a_2)(a_3 a_4))=((a_1(a_2 a_3))a_4)=\cdots)$？

解 设 p_n 为插入 $n-1$ 对括号的方案数. 对于 $a_1 a_2\cdots a_n$ 的每一种结合方案，其最后的那次乘法运算必是 $a_1 a_2\cdots a_k$ 的相乘结果 P_1 和 $a_{k+1}\cdots a_n$ 的相乘结果 P_2 两项相乘($1\leqslant k\leqslant n-1$)，即最外层括号所含的两个因子 P_1 和 P_2. 对于固定的 k，P_1 有 p_k 种不同的结合方案，P_2 则有 p_{n-k} 种. 因此，总的方案数是

$$\begin{cases} p_n = p_1 p_{n-1}+p_2 p_{n-2}+\cdots+p_{n-1}p_1, & n\geqslant 3 \\ p_1 = p_2 = 1 \end{cases}$$

显然

$$p_n = C_n = \frac{1}{n}C(2n-2,\,n-1)$$

事实上，n 个数连乘积的结合方案与凸 $n+1$ 边形的三角形剖分是一一对应的. 图 3.4.5 给出了 $n=4$ 时的对应情形.

类似的问题还有：在 n 项求和式中，不改变各数的相对排列次序，只给其插入括号，改变求和顺序，不同的结合方案数也是 C_n.

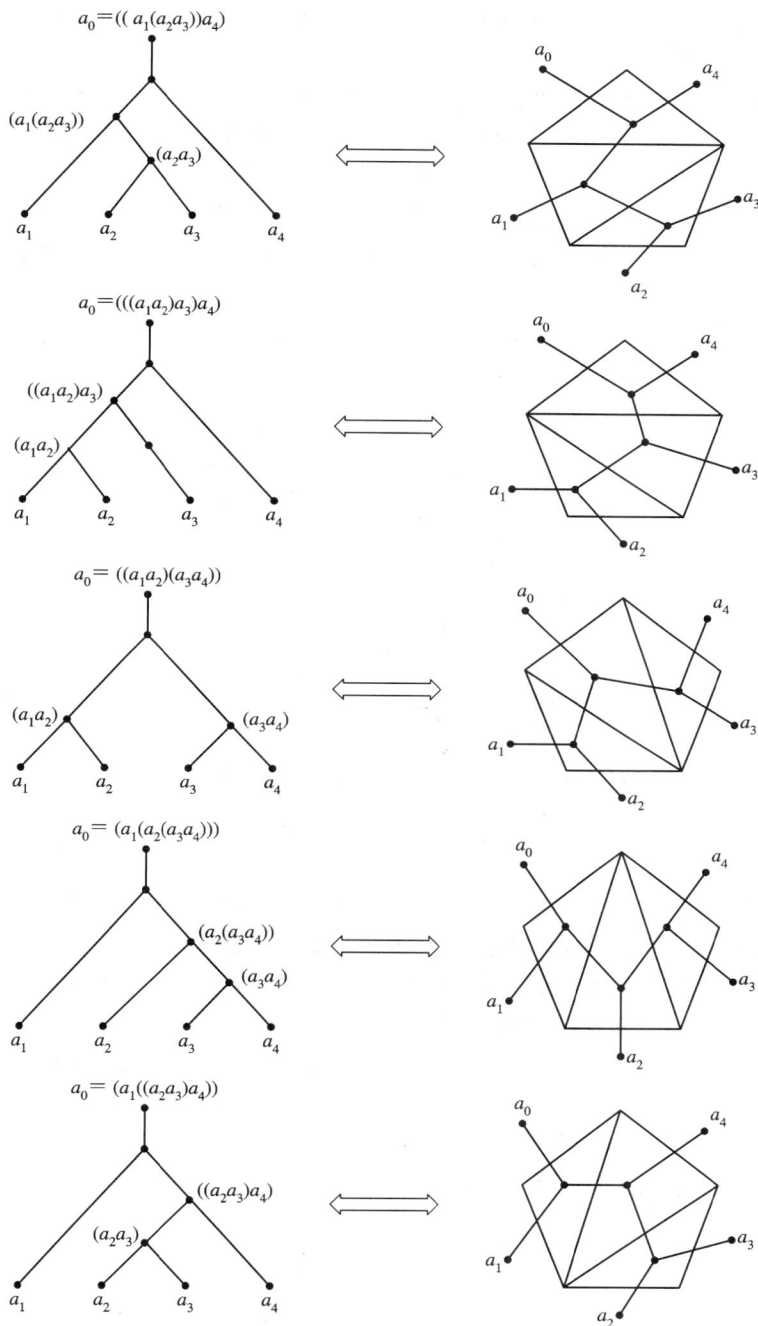

图 3.4.5 $n=4$ 时连乘积与凸 5 边形三角剖分的对应关系

【例 3.4.9】 求具有 n 个结点的二叉树的个数.

解 二叉树是一种重要的树形结构. 其特点是每个结点都是一棵子树的根, 而且它至多有两棵子树. 因此可以归纳定义二叉树为结点的有限集合, 该集合或者是空集, 或者是由一个根(一个特定结点)及两个不相交的被称作这个根的左子树和右子树所组成. 二叉树与计算机算法关系密切,在算法研究中引出了二叉树的计数问题,即具有 n 个结点的所有结构上不同的二叉树有多少个?

令 b_n 表示 n 个结点的二叉树总数,容易看出,$b_0 = b_1 = 1$. 图 3.4.6 给出了含有 3 个结点的所有不同的二叉树. 对于一般情形,二叉树有一个根结点及 $n-1$ 个非根结点,后者又可分为两个子集,分别构成左子树和右子树. 不失一般性,设左子树有 k 个结点,则右子树有 $n-1-k$ 个结点. 于是作为根的左子树的所有可能的二叉树的数目是 b_k,作为根的右子树的所有可能的二叉树的数目是 $b_{n-1-k} (k = 0, 1, \cdots, n-1)$. 因此,由乘法原理和加法原理便知

$$b_n = b_0 b_{n-1} + b_1 b_{n-2} + \cdots + b_{n-1} b_0$$

令 $b_n = r_{n+1} (n = 0, 1, 2, \cdots)$,得数列 $\{r_n\}$ 满足的递推关系

$$\begin{cases} r_{n+1} = r_1 r_n + r_2 r_{n-1} + \cdots + r_n r_1 \\ r_1 = 1 \end{cases}$$

即

$$\begin{cases} r_n = r_1 r_{n-1} + r_2 r_{n-2} + \cdots + r_{n-1} r_1 \\ r_1 = 1 \end{cases}$$

再由式(3.4.2)知 $r_n = C_n$. 所以,所求二叉树的个数为

$$b_n = C_{n+1} = \frac{1}{n+1} C_{2n}^n$$

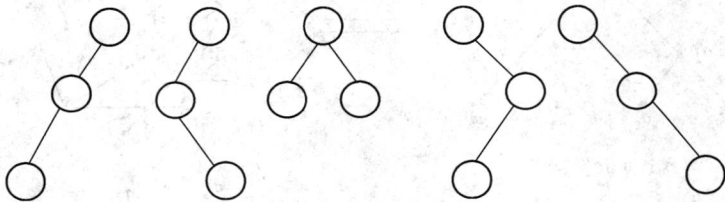

图 3.4.6 具有 3 个结点的二叉树

【例 3.4.10】 证明有 n 个结点的所有不同的有序树的个数是 C_n.

证 有序树是实际应用中另一种重要的树形结构. 当一棵树中任何一个结点的诸子树的相对次序要考虑时,它就是有序树. 众所周知,任何一个有序树都可用二叉树表示. 同时注意到,这棵二叉树的根的右子树是空二叉树,故具有 n 个结点的有序树和具有 $n-1$ 个结点的二叉树之间存在一一对应的关系. 因此,有 n 个结点的有序树的个数为 b_{n-1},即 C_n.

例如,有 4 个结点的结构不同的有序树共有 $C_4 = 5$ 个,如图 3.4.7 所示,它们分别与图 3.4.6 的有 3 个结点的二叉树一一对应.

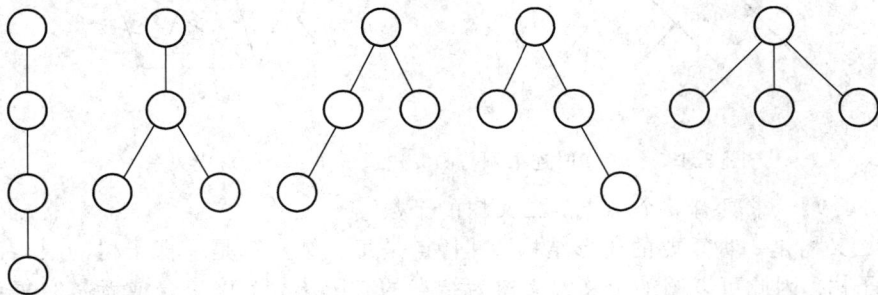

图 3.4.7 具有 4 个结点的有序树

有序树与二叉树的对应规则：有序树的长子树作二叉树的左子树，次子树作右子树. 参见图 3.4.8.

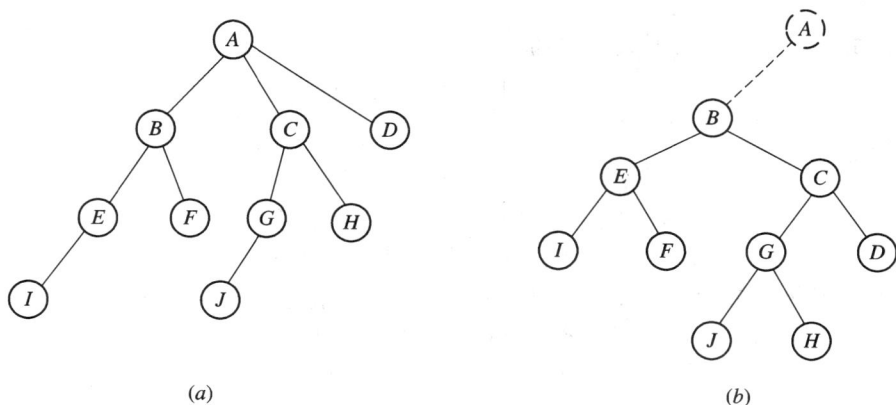

图 3.4.8 用二叉树表示有序树

(a) 有序树；(b) 二叉树

【例 3.4.11】 由 n 个 1 和 n 个 0 组成的 $2n$ 位的二进制数，要求从左向右扫描，1 的累计数不小于 0 的累计数，问这样的二进制数有多少个.

解

解法一 设满足条件的二进制数有 a_n 个. 将其视为由字符 0 和 1 构成的二进制串，现分类统计其个数如下：设从左向右扫描到第 $2k$ 位时 $(1 \leqslant k \leqslant n)$，第一次出现了 0 的个数等于 1 的个数. 那么在此之前，扫描到任何一位时，1 的个数总是大于 0 的个数. 例如下面的二进制串：

$$1110001100(k=3), 1101001100(k=3), 1101010010(k=4), 1101010100(k=5)$$

设具有这种性质的串有 t_k 个，则

$$t_k = a_{k-1} a_{n-k}$$

这是因为可以将符合题目要求的串分为前后两个子串，前子串共 $2k$ 位，后子串有 $2(n-k)$ 位. 首先，由题目的条件知，后子串也是符合题目要求的二进制串，只是其长度为 $2(n-k)$，故有 a_{n-k} 个. 其次，针对前子串，由其性质知，当去掉第 1 位和第 $2k$ 位时，剩下的 $2(k-1)$ 位串也符合题目条件，故前子串有 a_{k-1} 个. 由乘法法则，具有此性质的串共有 $a_{k-1} a_{n-k}$ 个. 而相应于不同的 k 值 $(k=1, 2, \cdots, n)$，两类这样的二进制串不可能互相有重复的情况，故由加法法则，所求的串的个数为

$$a_n = t_1 + t_2 + \cdots + t_n = a_0 a_{n-1} + a_1 a_{n-2} + \cdots + a_{n-1} a_0$$

且有 $a_1 = 1$. 另外，观察上式，可知应有 $a_0 = 1$.

参照例 3.4.9 中关于数列 $\{b_n\}$ 所满足的递推关系的解法，可知

$$C_{n+1} = \frac{1}{n+1} C_{2n}^n$$

解法二 用排列组合的方法求解. 详见本教材的配套书——《〈组合数学〉学习指导》中关于第一章题 32 的求解过程.

3.5　应　　用

【例 3.5.1】　求下列行列式 d_n 的值：

$$d_n = \begin{vmatrix} 2 & 1 & 0 & 0 & \cdots & 0 \\ 1 & 2 & 1 & 0 & \cdots & 0 \\ 0 & 1 & 2 & 1 & \cdots & 0 \\ \vdots & \vdots & \vdots & \vdots & & \vdots \\ 0 & 0 & 0 & 0 & \cdots & 2 \end{vmatrix}$$

解　根据行列式性质，可得定解问题

$$\begin{cases} d_n - 2d_{n-1} + d_{n-2} = 0 \\ d_1 = 2, \ d_2 = 3 \end{cases}$$

解之得 $d_n = n+1$.

【例 3.5.2】(错排问题)　n 个有序元素的一个排列，若每个元素都不在其原来应在的位置，则称该排列为错位排列，简称错排. 具体地说，如自然数 $1, 2, \cdots, n$ 本身就是一个由小到大的有序排列，现在打乱顺序重排，要求数 i 不在第 i 个位置，就是错位排列. 求所有错位排列的数目 D_n，就是错排问题. 例如：

$n=1$，1 的错排数为 $D_1 = 0$.

$n=2$，12 的错排为 21，错排数 $D_2 = 1$.

$n=3$，123 的错排为 312 和 231，错排数 $D_2 = 2$. 两个错排可以理解为在自然排列 123 中先将 12 错排后得 213，再在 213 中将 3 分别与 1 或 2 互换位置而得.

$n=4$，错排情形分为三种(共两类)：

(1) 4321，3412，2143：4 分别与 1，2，3 中某一个互换位置，其余两元素错排；

(2) 4123，3421，3142：4 与 123 的一个错排 312 构成 3124，再将 4 分别与各数互换；

(3) 4312，2413，2341：针对 123 的错排 231，方法同(2).

其中(2)、(3)为同一类. 由此可以看出产生错排的一种方法：

针对 n 个数 $1 \sim n$ 的自然顺序排列 $12\cdots n$，任取其中一数 $i(1 \leqslant i \leqslant n)$，将所有错排分为两类：

(1) i 与其它某数互换位置后，其余的 $n-2$ 个数错排，共得 $(n-1)D_{n-2}$ 个错排；

(2) i 在原位置不动，其它 $n-1$ 个数先错排，然后 i 再与其中每一个数互换位置可得 $(n-1)D_{n-1}$ 个错排.

综合以上分析得 D_n 的递推关系为

$$\begin{cases} D_n = (n-1)(D_{n-1} + D_{n-2}) \\ D_1 = 0 \\ D_2 = 1 \end{cases}$$

反推可知，$D_0 = 1$.

用归纳法可以证明，当 $n \geqslant 2$ 时，此递推关系与例 3.3.4 中的递推关系同解. 因此有 (见例 3.3.4)

$$D_n = n! \sum_{k=0}^{n} \frac{(-1)^n}{k!}$$

当 n 充分大时，可得 D_n 的非常简单的近似公式

$$D_n \sim \frac{n!}{e} \ (n \gg 1) \quad \text{且} \quad \left| D_n - \frac{n!}{e} \right| < \frac{1}{2}$$

这是因为

$$\left| D_n - \frac{n!}{e} \right| = \left| n! \sum_{k=0}^{n} \frac{(-1)^k}{k!} - n! \sum_{k=0}^{\infty} \frac{(-1)^k}{k!} \right| = n! \left| -\sum_{k=n+1}^{\infty} \frac{(-1)^k}{k!} \right|$$

$$= n! \left[\left(\frac{1}{(n+1)!} - \frac{1}{(n+2)!} \right) + \left(\frac{1}{(n+3)!} - \frac{1}{(n+4)!} \right) \right.$$

$$\left. + \left(\frac{1}{(n+5)!} - \frac{1}{(n+6)!} \right) + \cdots \right]$$

$$= \frac{1}{n+2} + \frac{1}{(n+1)(n+2)(n+4)} + \frac{1}{(n+1)(n+2)(n+3)(n+4)(n+6)}$$

$$+ \cdots$$

$$< \frac{1}{2^2} + \frac{1}{2^3} + \frac{1}{2^5} + \frac{1}{2^7} + \cdots$$

$$= -\frac{1}{4} + \left(\frac{1}{2} + \frac{1}{2} \frac{1}{2^2} + \frac{1}{2} \frac{1}{2^4} + \frac{1}{2} \frac{1}{2^6} + \cdots \right)$$

$$= -\frac{1}{4} + \frac{1}{2} \frac{1}{1 - \frac{1}{4}}$$

$$= -\frac{1}{4} + \frac{2}{3}$$

$$= \frac{5}{12} < \frac{1}{2}$$

所以

$$D_n - \frac{n!}{e} \begin{cases} > 0, & n \text{ 为偶数} \\ < 0, & n \text{ 为奇数} \end{cases}$$

即

$$D_n = \begin{cases} \left[\dfrac{n!}{e} \right], & n \text{ 为偶数} \\ \left[\dfrac{n!}{e} \right], & n \text{ 为奇数} \end{cases}$$

【例 3.5.3】(经济模型) 此模型由诺贝尔奖获得者 Paul Samuelson 于 1939 年提出.

用 a_n 表示第 n 年国民总收入，$g(n)$ 表示政府支出，c_n 表示私人消费支出，p_n 表示私人的投资，需要知道的是

$$a_n = g(n) + c_n + p_n, \ n \geq 0$$

一个基本的假设是：c_n 与 a_{n-1} 成正比，即

$$c_n = \alpha a_{n-1}, \quad n \geq 1, 0 < \alpha < 1$$

按照经济学的说法，常数 α 称为消费的临界倾向.

再设

$$p_n = \beta(c_n - c_{n-1}), \quad n \geq 1$$

式中 β 是非负常数，称为加速系数. 所以

$$p_n = \beta(\alpha a_{n-1} - \alpha a_{n-2}) = \alpha\beta(a_{n-1} - a_{n-2})$$

从而对一切 $n \geqslant 2$，有

$$
\begin{aligned}
a_n &= g(n) + c_n + p_n \\
&= g(n) + \alpha a_{n-1} + \alpha\beta(a_{n-1} - a_{n-2}) \\
&= \alpha(1 + \beta)a_{n-1} - \alpha\beta a_{n-2} + g(n)
\end{aligned}
$$

故

$$a_n - \alpha(1 + \beta)a_{n-1} + \alpha\beta a_{n-2} = g(n), \qquad n \geqslant 2$$

【例 3.5.4】 某粒子反应器内有高能自由粒子、低能自由粒子和核子三种，假设在每一个时刻，一个高能粒子撞击一个核子且被吸收引起它放射出 3 个高能粒子和一个低能粒子，一个低能粒子撞击核子且被吸收并引起它放出两个高能粒子和一个低能粒子. 设开始即 $n=0$ 时刻时，在具有核子的系统里放入一个高能粒子，问第 n 个时刻时，系统中高能、低能粒子各有多少.

解 设第 n 微秒时，系统里有高能自由粒子 a_n 个，低能自由粒子 b_n 个，由条件知

$$a_0 = 1, \ b_0 = 0$$

并有递推关系

$$
\begin{cases}
a_{n+1} = 3a_n + 2b_n \\
b_{n+1} = a_n + b_n
\end{cases}
$$

解之得（详见例 3.3.9）

$$
\begin{cases}
a_n = \dfrac{3 + \sqrt{3}}{6}(2 + \sqrt{3})^n + \dfrac{3 - \sqrt{3}}{6}(2 - \sqrt{3})^n \\
b_n = \dfrac{\sqrt{3}}{6}(2 + \sqrt{3})^n - \dfrac{\sqrt{3}}{6}(2 - \sqrt{3})^n
\end{cases}
$$

【例 3.5.5】 核反应堆中有 α、β 两种粒子，每单位时间，1 个 α 粒子分裂为 3 个 β 粒子，1 个 β 粒子分裂为 2 个 β 粒子和 1 个 α 粒子，假设 $t=0$ 时刻，反应堆中只有 1 个 α 粒子，那么，在 $t=100$ 时刻，该反应堆中 α、β 粒子各有多少？总数为多少？

解 设 $t=n$ 时刻，α 粒子有 a_n 个，β 粒子有 b_n 个，由题意可得定解问题

$$
\begin{cases}
a_n = b_{n-1} \\
b_n = 3a_{n-1} + 2b_{n-1} \\
a_0 = 1 \\
b_0 = 0
\end{cases}
$$

由上可得

$$a_n = b_{n-1} = 3a_{n-2} + 2b_{n-2} = 3a_{n-2} + 2a_{n-1}$$

$b_0 = a_1 = 0$，于是，$\{a_n\}$ 的定解问题为

$$
\begin{cases}
a_n = 2a_{n-1} + 3a_{n-2} \\
a_0 = 1, \ a_1 = 0
\end{cases}
$$

用特征根法解之，得

$$a_n = \frac{1}{4}3^n + \frac{3}{4}(-1)^n$$

从而

$$b_n = a_{n+1} = \frac{1}{4} 3^{n+1} + \frac{3}{4}(-1)^{n+1}$$

所以在第 n 时刻时反应堆的总粒子数为

$$a_n + b_n = 3^n$$

那么，在第 100 时刻堆内的总粒子数是 3^{100}.

另法　就堆内总粒子数而言，由于 α 粒子和 β 粒子都是分解为 3 个粒子，故 $t=1$ 时刻，共有 3 个粒子（3 个 β 粒子），$t=2$ 时刻共有 $3 \times 3 = 3^2$ 个粒子（$3 \times 2\beta$ 个粒子，3 个 α 粒子），……，到 $t=n$ 时刻，应为 3^n 个粒子.

【例 3.5.6】(信号传输)　在信道上传输 a，b，c 构成的字符串（长度为 n），两个 a 相连的串不能传，求允许传输的串的个数.

解　用 a_n 表示该信道允许传的长度为 n 的串的个数，显然，$a_1 = 3$，$a_2 = 3^2 - 1 = 8$，当 $n \geq 3$ 时，将符合要求的串分为两类：

第一类：第一字母不是 a 的串有 $2a_{n-1}$ 个；

第二类：首字母为 a，次字母必为 b 或 c，这样的串有 $2a_{n-2}$ 个.

综合以上情况有

$$\begin{cases} a_n = 2(a_{n-1} + a_{n-2}) \\ a_1 = 3, \ a_2 = 8 \end{cases}$$

用特征根法解之得

$$a_n = \frac{3 + 2\sqrt{3}}{6}(1 + \sqrt{3})^n + \frac{3 - 2\sqrt{3}}{6}(1 - \sqrt{3})^n$$

【例 3.5.7】　一个圆形区域分成 n 个扇形区域，用 k 种颜色涂这些扇形，使相邻的扇形没有相同的颜色，问共有多少种染法.

解　令 a_n 表示 n 个扇形的所有满足条件的染法数目，R_1，R_2，$\cdots$，R_n 表示这 n 个扇形. 扇形 R_n 的涂色方法至多有两种情况：

第一种情况：R_{n-1} 和 R_1 同色，这时 R_n 有 $k-1$ 种颜色可供选择，并且扇形 R_1 至 R_{n-2} 有 a_{n-2} 种涂色方法，所以共有 $(k-1)a_{n-2}$ 种染法.

第二种情况：R_{n-1} 和 R_1 异色，这时 R_n 有 $k-2$ 种颜色可供选择，并且扇形 R_1 至 R_{n-1} 有 a_{n-1} 种涂色方法. 所以共有 $(k-2)a_{n-1}$ 种染法，故知涂色方法总数的递推方程为

$$\begin{cases} a_n = (k-1)a_{n-2} + (k-2)a_{n-1} \\ a_2 = k(k-1) \\ a_3 = k(k-1)(k-2) \end{cases}$$

解之得

$$a_n = (k-1)^n + (-1)^n(k-1)$$

【例 3.5.8】　平面上有 $n(n \geq 2)$ 个圆，任何两个圆都相交但无 3 个圆共点，问这 n 个圆把平面划分成多少个不连通的区域.

解　设这 n 个圆把平面划分成 a_n 个不连通的区域. 易知 $a_0 = 1$，$a_1 = 2$，$a_2 = 4$. 当 $n \geq 2$ 时，去掉所给 n 个圆中的一个圆 C，则剩下的 $n-1$ 个圆把平面划分成 a_{n-1} 个不连通的区域. 现把圆 C 放回原处，则 C 与其余 $n-1$ 个圆都相交，且所得的 $2(n-1)$ 个交点彼此相异（因无 3 个圆共点），这 $2(n-1)$ 个交点把圆 C 分成 $2(n-1)$ 段弧，每段弧把原来的一个区

域划分成两个小区域，故把圆 C 放回原处后增加了 $2(n-1)$ 个区域，从而 a_n 满足递推关系

$$\begin{cases} a_n = a_{n-1} + 2(n-1) \\ a_1 = 2 \end{cases}$$

解之得

$$a_n = n^2 - n + 2, \quad n \geqslant 2$$

显见当 $n=1$ 时，上式仍成立. 所以

$$a_n = \begin{cases} n^2 - n + 2, n \geqslant 1 \\ 1, n = 0 \end{cases}$$

【例 3.5.9】 m 个人互相传球($m \geqslant 2$)，接球后即传给别人. 设首先由甲发球，并把它作为第一次传球. 求经过 n 次传球后，球又回到甲手中的传球方式的种数 a_n.

解 易知 $a_1 = 0$，$a_2 = m-1$，$a_3 = (m-1)(m-2)$，$a_4 = (m-1)(m-2)^2 + (m-1)^2$.

考虑 $m \geqslant 3$ 时，由甲发球，在 m 个人中共传球 $n-1$ 次，且允许球可以落在任何人的手中. 那么，不同的传球方式总共有 $(m-1)^{n-1}$ 种，因为每个人在传球时都有 $m-1$ 个人可以接球. 然而，这些传球方式可分为如下两类：

(1) 球最后落在甲手中：共有 a_{n-1} 种传球方式.

(2) 球最后不落在甲手中：此时虽然传了 $n-1$ 次球，但传球的方式恰好是 a_n 种. 原因是此时球刚好不在甲手中，若让拿球的人将球再传给甲，只有一种选择方式，但传球的总次数就是 n 次，且符合题目要求. 故第 $n-1$ 次传球后球落在别人手中的一种传球方式唯一对应于一种 n 次后球落在甲手中的方式. 反之，若第 n 次传球后球落在甲的手中，那么，前一次球肯定不落在甲的手中. 所以，球传 $n-1$ 次落在其他人手中与球传 n 次落在甲手中的传球方式是一一对应的. 两类方式互不重复，由加法法则，有

$$(m-1)^{n-1} = a_n + a_{n-1}, \quad n \geqslant 3$$

即

$$a_n = -a_{n-1} + (m-1)^{n-1}, \quad n \geqslant 3$$

将方程变形并用迭代法求解，有

$$\begin{aligned}
(-1)^n a_n &= (-1)^{n-1} a_{n-1} - (1-m)^{n-1} \\
&= (-1)^{n-2} a_{n-2} - (1-m)^{n-2} - (1-m)^{n-1} \\
&= \cdots \\
&= (-1)^2 a_2 - (1-m)^2 - (1-m)^3 - \cdots - (1-m)^{n-1} \\
&= -(1-m) - (1-m)^2 - (1-m)^3 - \cdots - (1-m)^{n-1} \\
&= -(1-m) \frac{1-(1-m)^{n-1}}{1-(1-m)} = -\frac{1-m}{m}[1 - (1-m)^{n-1}] \\
&= \frac{(1-m)^n}{m} - \frac{1-m}{m}
\end{aligned}$$

所以

$$a_n = \frac{(m-1)^n}{m} + (-1)^n \frac{m-1}{m}, \quad n \geqslant 3$$

而 $n=1,2$ 时，上式仍成立，故

$$a_n = \frac{(m-1)^n}{m} + (-1)^n \frac{m-1}{m}, \quad n \geqslant 1$$

【例 3.5.10】 求图 3.5.1 所示的 n 级电路网络的等效电阻 R_n.

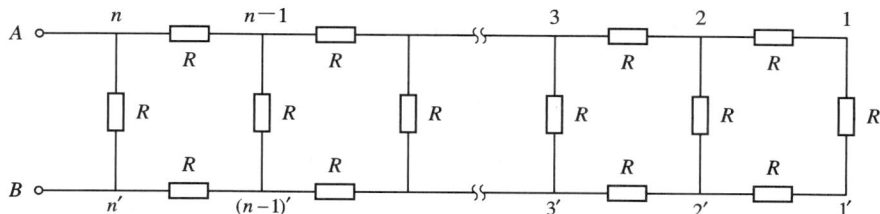

图 3.5.1 n 级电路网络

解 所谓等效电阻，即用一个电阻 R_n 取代整个电路，使在两端点 n 和 n' 之间的效果与原电路的一样，R_n 称为等效电阻，可以看作是由 R_{n-1} 等效电阻及最后一级电路串并联构成的(见图 3.5.2).

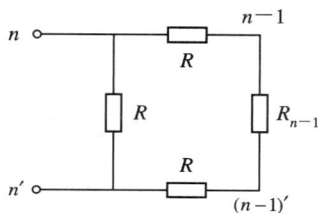

图 3.5.2 等效电阻

由欧姆定律知

$$\frac{1}{R_n} = \frac{1}{R} + \frac{1}{2R + R_{n-1}}$$

因此可得关于 R_n 的递推关系：

$$R_n = \frac{R(2R + R_{n-1})}{3R + R_{n-1}}$$

为了计算方便，把 R 看作单位电阻，即令 $R=1$，可得关于 R_n 的递推关系：

$$\begin{cases} R_n = \dfrac{2 + R_{n-1}}{3 + R_{n-1}} \\ R_1 = 1 \end{cases}$$

可把此一元有理递推关系转化为一个二元线性递推关系来求解. 为此令

$$R_n = \frac{a_n}{b_n}, \quad a_1 = b_1 = 1$$

则有

$$\frac{a_n}{b_n} = \frac{2 + \dfrac{a_{n-1}}{b_{n-1}}}{3 + \dfrac{a_{n-1}}{b_{n-1}}} = \frac{a_{n-1} + 2b_{n-1}}{a_{n-1} + 3b_{n-1}}$$

由此得二元线性递推关系

$$\begin{cases} a_n = a_{n-1} + 2b_{n-1} \\ b_n = a_{n-1} + 3b_{n-1} \\ a_1 = b_1 = 1 \end{cases}$$

用母函数法求解，可得

$$a_n = \frac{1}{2\sqrt{3}}\Big[(1+\sqrt{3})(2+\sqrt{3})^{n-1} - (1-\sqrt{3})(2-\sqrt{3})^{n-1}\Big]$$

$$b_n = \frac{1}{2\sqrt{3}}\Big[(2+\sqrt{3})^n - (2-\sqrt{3})^n\Big]$$

从而

$$R_n = \frac{a_n}{b_n} = \frac{(1+\sqrt{3})(2+\sqrt{3})^{n-1} - (1-\sqrt{3})(2-\sqrt{3})^{n-1}}{(2+\sqrt{3})^n - (2-\sqrt{3})^n}$$

整理得

$$R_n = \frac{\dfrac{1+\sqrt{3}}{2+\sqrt{3}} - \dfrac{1-\sqrt{3}}{2+\sqrt{3}}\left(\dfrac{2-\sqrt{3}}{2+\sqrt{3}}\right)^{n-1}}{1 - \left(\dfrac{2-\sqrt{3}}{2+\sqrt{3}}\right)^n} = \frac{\sqrt{3}-1 + (3\sqrt{3}-5)(7-4\sqrt{3})^n}{1 - (7-4\sqrt{3})^n}$$

【例 3.5.11】(排序算法)　据统计，在计算机的全部运行时间里，几乎有 1/4 的时间是用在排序上．因此，寻找高效率的排序算法至关重要．同时，排序算法的研究与组合数学关系密切．

排序问题：给定 n 个数 a_i，a_i 存放于在单元 $K(i)$ $(i=1,2,\cdots,n)$ 中，要求按递增次序对其重新排列．

算法一：直接选择排序．基本思路是第一步从 n 个数中选出最大者，将它与 $K(n)$ 中的数交换位置（此时 $K(n)$ 存放的是最大的数）；第二步，对余下的 $n-1$ 个数，重复执行上述做法，选出其中最大者，与 $K(n-1)$ 中的数交换；…… 经过 $n-1$ 步后，就达到了排序目的．

现在讨论这个算法的复杂性．我们仅用元素的比较次数来计算它的时间复杂性．

令 $T(n)$ 表示用直接选择排序法将 n 个元素排序所需的比较次数，那么，第一步在 n 个数中找最大者，需要比较 $n-1$ 次；算法执行一步后，对余下的 $n-1$ 个元素再排序需要 $T(n-1)$ 次比较．由加法法则知，$T(n)$ 应满足下述递推关系：

$$\begin{cases} T(n) = T(n-1) + (n-1), & n \geqslant 2 \\ T(1) = 0 \end{cases}$$

解之得

$$T(n) = \frac{n}{2}(n-1) = O(n^2)$$

可以看出，不论这 n 个数原来是如何排列的，用直接选择排序法要作 $\frac{n}{2}(n-1)$ 次比较，方能将其按指定的次序排列．当 n 增大时，比较次数 $T(n)$ 是与 n^2 同阶的．

算法二：分治合并排序．本算法是分治策略在排序问题上的应用．其基本思想是，把待排序的数列 $a_1, a_2, \cdots, a_n$（设 $n=2^m$）划分成大小相同的两个子序列

$$a_1, a_2, \cdots, a_{n/2}$$

和

$$a_{n/2+1}, a_{n/2+2}, \cdots, a_n$$

分别对每个子序列中的数按递增次序进行排序，然后再把这两个排好序的子序列合并成一

个递增数列,算法是递归进行的. 当对两个已排好序的子序列进行合并时,把每个子序列的最大数取出来进行比较,所得的较大数便是合并后的序列中的最大者. 不难证明,将长为 $n/2$ 的两个子序列合并成一个长为 n 的序列所需的比较次数最多为 $n-1$ 次.

由加法法则,使用分治合并算法将 n 个元素排序在最坏情况下需要的比较次数 $T(n)$ 满足

$$\begin{cases} T(n) = 2T\left(\dfrac{n}{2}\right) + (n-1) \\ T(1) = 0 \end{cases}$$

直接迭代解之得

$$T(2^m) = m2^m - (2^m - 1)$$

即

$$T(n) = n \operatorname{lb} n - (n-1) = O(n \operatorname{lb} n)$$

类似地,不难证明,在最好情况下用本算法所需的比较次数为 $\dfrac{1}{2} n \operatorname{lb} n$. 总之,分治合并算法的比较次数是与 $n \operatorname{lb} n$ 同阶的. 所以,当 n 充分大时,与直接选择算法相比,本算法要快得多.

算法三:快速排序. 此算法由 C. A. R. Hoare 于 1962 年提出.

算法的基本思想仍然是采用分治策略的递归算法. 从序列中先选某一数 k,并把它移到其应占的正确位置上,在移的同时就对其它数进行重新排列,原则是大于 k 的数放在 k 的右边,小于 k 的数放在 k 的左边(但只相对 k 这样做,其它数之间暂时还不排序),以 k 为边界,数列分为两个子序列,再对子序列递归进行同样的工作.

下面讨论本算法的复杂度问题.

(1) 最坏情形. 设输入的 n 个数本身已按递增次序排列,此时,虽然每个数都已位于各自的正确位置上,但若对此序列应用快速算法排序,则要花费

$$T(n) = (n-1) + (n-2) + \cdots + 1 = \frac{n(n-1)}{2}$$

次比较.

(2) 最好情形. 序列的首项的正确位置恰好在整个序列的正中间,即第一步结束时,a_1 到位,而且序列的其余元素被分为两个长度大致相同的子序列. 不仅如此,而且以后每一步结束时,都将原来的子序列分为两个更小的长度相近的子序列. 这时 $T(n)$ 满足如下递推关系:

$$\begin{cases} T(n) = 2T\left(\dfrac{n-1}{2}\right) + (n-1) \\ T(1) = 0 \end{cases}$$

其中,$n-1$ 是第一步把 n 个数的序列一分为二时所作的比较次数.

设 $n = 2^m - 1$,m 为正整数,不难得到上述递推关系的解为

$$T(2^m = n) = (n+1)[\operatorname{lb} n] - (n-1)$$

(3) 平均情况. 设 $C(n)$ 为用快速排序算法对 n 个元素进行排序所需比较的平均次数. 那么,由于快速排序算法取输入序列的第一个数作为划分成两个子序列的标准,因而假设每个数都以相同的概率 $1/n$ 作为序列的首项;若取第 k 个最小数作为首项,则一步结束时,

一个子序列有 $k-1$ 个数，另一个有 $n-k$ 个数. 故有

$$C(n) = \frac{1}{n} \sum_{k=1}^{n} [n-1 + C(k-1) + C(n-k)]$$

$$= (n-1) + \frac{2}{n} \sum_{k=0}^{n-1} C(k), \quad C(0) = 0$$

式中，$n-1$ 为第一步把 n 个数的序列一分为二时所作的比较次数.

这是一个变系数的递推关系，而且 $C(n)$ 与它前面的所有项都有关. 为解决这个问题，要力求减少关系中所含的项数. 为此，首先脱去和式号：

$$nC(n) = n(n-1) + 2 \sum_{k=0}^{n-1} C(k)$$

$$(n+1) C(n+1) = (n+1)n + 2 \sum_{k=0}^{n} C(k)$$

用后式减前式便得到如下的一阶递推关系：

$$(n+1)C(n+1) = (n+2)C(n) + 2n$$

它可用迭代法解之. 先将上式写成

$$\frac{C(n+1)}{n+2} = \frac{C(n)}{n+1} + \frac{2n}{(n+1)(n+2)}$$

所以

$$\frac{C(n)}{n+1} = \frac{2(n-1)}{n(n+1)} + \frac{C(n-1)}{n}$$

$$= \frac{2(n-1)}{n(n+1)} + \frac{2(n-2)}{(n-1)n} + \frac{C(n-2)}{n-1}$$

$$= \cdots$$

$$= 2 \sum_{k=2}^{n-1} \frac{1}{k+1} + \frac{4}{n+1} - 1$$

因为

$$\sum_{k=2}^{n-1} \frac{1}{k+1} = \sum_{k=3}^{n} \frac{1}{k} < \int_{2}^{n} \frac{dx}{x} = \ln n - \ln 2$$

$$\frac{C(n)}{n+1} < 2 \ln n - \left(\ln 4 - \frac{4}{n+1} + 1 \right)$$

所以

$$C(n) = 2(n+1) \ln n + O(n)$$

由此可见，快速排序算法的平均比较次数很接近理想情况下的比较次数，它们都是与 $n \ln n$ 同阶的.

习 题 三

1. 解下列递推关系：

(1) $\begin{cases} a_n - 7a_{n-1} + 10a_{n-2} = 0 \\ a_0 = 0, \ a_1 = 1 \end{cases}$

(2) $\begin{cases} a_n + 6a_{n-1} + 9a_{n-2} = 0 \\ a_0 = 0, \ a_1 = 1 \end{cases}$

(3) $\begin{cases} a_n + a_{n-2} = 0 \\ a_0 = 0, \ a_1 = 2 \end{cases}$

(4) $\begin{cases} a_n = 2a_{n-1} - a_{n-2} \\ a_0 = a_1 = 1 \end{cases}$

(5) $\begin{cases} a_n = a_{n-1} + 9a_{n-2} - 9a_{n-3} \\ a_0 = 0, \ a_1 = 1, \ a_2 = 2 \end{cases}$

2. 求下列递推关系的定解或通解.

(1) $\begin{cases} a_n + 3a_{n-1} - 10a_{n-2} = 5^n + 2^n, \ n \geqslant 2 \\ a_0 = 1, \ a_1 = -17 \end{cases}$

(2) $\begin{cases} a_n + (6+2i)a_{n-1} - (1-12i)a_{n-2} - 6a_{n-3} = 0, \quad n \geqslant 3 \\ a_0 = 6, \ a_1 = -36 - i, \ a_2 = 214 \end{cases}$

(3) $a_n - 4a_{n-2} = 2^{n+1}(n^2 - 3), \ n \geqslant 1$，求通解.

(4) $\begin{cases} a_n = 7a_{n-1} + b_{n-1} \\ b_n = 7b_{n-1} + a_{n-1} \\ a_1 = 7, \ b_1 = 1 \end{cases}$

3. 求由 A, B, C, D 组成的允许重复的排列中 AB 至少出现一次的排列数.

4. 求 n 位二进制数中相邻两位不出现 11 的数的个数.

5. 利用递推关系求下列和:

(1) $S_n = \displaystyle\sum_{k=0}^{n} k^2$

(2) $S_n = \displaystyle\sum_{k=0}^{n} k(k-1)$

(3) $S_n = \displaystyle\sum_{k=0}^{n} k(k+2)$

(4) $S_n = \displaystyle\sum_{k=0}^{n} k(k+1)(k+2)$

6. 求 n 位四进制数中 2 和 3 必须出现偶数次的数目.

7. 求由 $0, 1, 2, 3$ 作成的含有偶数个 2 的 n 可重排列的个数.

8. 利用递推关系解行列式:

$$\begin{vmatrix} a+b & ab & 0 & \cdots & 0 & 0 \\ 1 & a+b & ab & \cdots & 0 & 0 \\ 0 & 1 & a+b & \cdots & 0 & 0 \\ \vdots & \vdots & \vdots & & \vdots & \vdots \\ 0 & 0 & 0 & \cdots & 1 & a+b \end{vmatrix}$$

9. 在 $n \times m$ 方格的棋盘上, 放有 k 枚相同的车, 设任意两枚不能互相吃掉的放法数为 $F_k(n, m)$, 证明 $F_k(n, m)$ 满足递推关系:

$$F_k(n, m) = F_k(n-1, m) + (m-k+1)F_{k-1}(n-1, m)$$

10. 在 $n \times n$ 方格的棋盘中, 令 $g(n)$ 表示棋盘里正方形的个数(不同的正方形可以叠交), 试建立 $g(n)$ 满足的递推关系.

11. 过一个球的中心做 n 个平面, 其中无 3 个平面过同一直径, 问这些平面可把球的内部分成多少个两两无公共部分的区域.

12. 设空间的 n 个平面两两相交, 每 3 个平面有且仅有一个公共点, 任意 4 个平面都不共点, 这样的 n 个平面把空间分割成多少个不重叠的区域?

13. 相邻位不同为 0 的 n 位二进制数中一共出现了多少个 0?

14. 平面上有两两相交, 无三线共点的 n 条直线, 试求这 n 条直线把平面分成多少个区域?

15. 证明 Fibonacci 数列的性质, 当 $n \geqslant 1$ 时,

(1) $F_{n+1}^2 - F_n F_{n+2} = (-1)^n$

(2) $F_1 F_2 + F_2 F_3 + \cdots + F_{2n-1} F_{2n} = F_{2n}^2$

(3) $F_1 F_2 + F_2 F_3 + \cdots + F_{2n} F_{2n+1} = F_{2n+1}^2 - 1$

(4) $nF_1 + (n-1)F_2 + \cdots + 2F_{n-1} + F_n = F_{n+4} - (n+3)$

16. 证明:

(1) 当 $n \geqslant 2$ 时,
$$F_1^2 + F_2^2 + \cdots + F_n^2 = F_n \cdot F_{n+1}$$

(2) 当 $n \geqslant 4$ 时,
$$F_1 - F_2 + F_3 - F_4 + \cdots + (-1)^{n-1} F_n = (-1)^{n-1} F_{n-1} + 1$$

17. 求证:

(1) $S_1(n, n-2) = 2\binom{n}{3} + 3\binom{n}{4}, \quad n \geqslant 4$

(2) $S_2(n, n-2) = \binom{n}{3} + 3\binom{n}{4}, \quad n \geqslant 4$

18. 有 $2n$ 个人在戏院售票处排队, 每张戏票票价为 5 角, 其中 n 个人各有一张 5 角钱, 另外 n 个人各有一张 1 元钱, 售票处无零钱可换. 现将这 $2n$ 个人看成一个序列, 从第一个人开始, 任何部分子序列内, 都保证有 5 角钱的人不比有 1 元钱的人少, 则售票工作能依次序进行, 否则, 只能中断, 而请后面有 5 角钱的人先上来买票. 前一种情况, 售票工作能顺利进行, 对应的序列称为依次可进行的. 问有多少种这样的序列.

19. 用 a_n 表示具有整数边长且周长为 n 的三角形的个数, 证明
$$a_n = \begin{cases} a_{n-3}, & \text{当 } n \text{ 是偶数} \\ a_{n-3} + \dfrac{n + (-1)^{\frac{n+1}{2}}}{4}, & \text{当 } n \text{ 是奇数} \end{cases}$$

20. 从 1 到 n 的自然数中选取 k 个不同且不相邻的整数, 设此选取的方案数为 $f(n, k)$.

(1) 求 $f(n, k)$ 的递推关系及其解析表达式;

(2) 将 1 与 n 也算作相邻的数, 对应的选取方案数记作 $g(n, k)$, 利用 $f(n, k)$ 求 $g(n, k)$.

21. 球面上有 n 个大圆, 其中任何两个圆都相交于两点, 但没有三个大圆通过同一点. 用 a_n 表示这些大圆所形成的区域数, 例如, $a_0 = 1$, $a_1 = 2$, 试证明:

(1) $a_{n+1} = a_n + 2n$

（2）$a_n = n^2 - n + 2$

22．（1）试计算从平面坐标点 $O(0,0)$ 到 $A(n,n)$ 点在对角线 OA 之上但可以经过 OA 上的点的递增路径的条数；

（2）试证明从平面坐标上 $O(0,0)$ 点到 $A(n,n)$ 点在对角线 OA 之上且不触及 OA 的递增路径的条数是

$$\frac{1}{2(2n-1)}\binom{2n}{n}$$

23．有多少个长度为 n 的 0 与 1 串，在这些串中，既不包含子串 010，也不包含子串 101？例如，当 $n=4$ 时，有 10 个这样的串：

$$0000 \quad 0001 \quad 0011 \quad 0110 \quad 0111$$
$$1000 \quad 1001 \quad 1100 \quad 1110 \quad 1111$$

24．设把 $2n$ 个人分成 n 个组且每组恰好有 2 个人的不同分组方法有 a_n 种，请给出 a_n 满足的递推关系并求解.

第四章　容　斥　原　理

容斥原理又称为"入与出原理"、"包含排斥原理"或"交互分类原理". 它是组合学中的一个基本计数理论. 当用加法法则解决一些集合的计数问题时, 一般要求将计数的集合划分为若干个互不相交的子集, 且这些子集都比较容易计数. 然而, 实际中又有很多计数问题要找到容易计数且又两两不相交的子集并非易事. 但往往能够知道某一集合的若干相交子集的计数, 进而把所要求的集合中的元素个数计算出来. 这一计数方法就是下面所要介绍的容斥原理.

4.1　引　　言

在学习容斥原理之前, 让我们先看一个简单的例子: 求不超过 20 的正整数中是 2 的倍数或 3 的倍数的数的个数.

不超过 20 的正整数中是 2 的倍数的数有 $\left[\dfrac{20}{2}\right]=10$ 个, 即 2, 4, 6, 8, 10, 12, 14, 16, 18, 20, 是 3 的倍数的数有 $\left[\dfrac{20}{3}\right]=6$ 个, 即 3, 6, 9, 12. 15, 18, 二者相加为 16 个.

但实际上满足条件的数只有 13 个: 即 2, 3, 4, 6, 8, 9, 10, 12, 14, 15, 16, 18, 20, 原因在于把既是 2 的倍数, 又是 3 的倍数的数重复算了一次, 这样的数恰好有 $\left[\dfrac{20}{2\times3}\right]=3$ 个, 即 6, 12, 18.

所以, 正确的统计方法应为: $10+6-3=13$ 个.

容斥原理所要研究的就是若干个有限集合的交或并的计数问题.

由于讨论过程中要涉及到有关集合的概念及性质. 故这里不加证明地给出集合论中一些简单的结果.

用大写字母表示一个集合, 如 A、B、C、S 等, 用小写字母表示集合的元素, 如 a、b、c、x、y、z 等. 元素 a 属于集合 A, 记为 $a\in A$, 不属于 A, 记为 $a\notin A$. 空集记为 $\varnothing$.

关于集合的运算, 有:

(1) 并(和): 记为 $A\bigcup B$ 或 $A+B$;

(2) 交(积): 记为 $A\bigcap B$ 或 AB;

(3) 差: 记为 $A-B$, $A-B=A\cdot\bar{B}=A-AB$;

(4) 对立集(非): 即 $\bar{A}=S-A$.

类似于数字的四则运算, 我们这里规定在混合算式中的优先级为: 先取非, 次为交, 再次为并或差. 对于出现在同一算式中的同级运算, 按从左向右的顺序进行. 若算式中含有括号, 则先括号内, 后括号外.

集合的运算，满足下列运算定律：

(1) 交换律：$A+B=B+A$，$AB=BA$；

(2) 结合律：$(A+B)+C=A+(B+C)$，$(AB)C=A(BC)$；

(3) 分配律：$A(B+C)=AB+AC$，$A+BC=(A+B)(A+C)$；

(4) 德·摩根(De. Morgan)定律：

$$\overline{A_1 A_2 \cdots A_n} = \overline{A_1} + \overline{A_2} + \cdots + \overline{A_n}$$

$$\overline{A_1 + A_2 + \cdots + A_n} = \overline{A_1} \cdot \overline{A_2} \cdots \overline{A_n}$$

当集合 A 中的元素为有限个时，称 A 为有限集合，其元素个数记为 $|A|$，亦称为 A 的势. 关于 $|A|$，有如下简单性质：

(1) 若集合 A、B 不相交，即 $AB=\varnothing$，则 $|A+B|=|A|+|B|$；

(2) 若 $A \supset B$，则 $|A-B|=|A|-|B|$.

4.2 容 斥 原 理

引理 4.2.1 设 A，B 为有限集合，则有

$$|A+B|=|A|+|B|-|AB| \tag{4.2.1}$$

证 显然，对于 $A+B$ 中的元素 a，在等式左边恰被统计一次，而在等式右边被统计的次数，可分为如下三种情形来考虑：

(1) $a \in A$，但 $a \notin B$，则 a 也恰被统计一次；

(2) $a \notin A$，但 $a \in B$，同样恰被统计一次；

(3) $a \in A$ 且 $a \in B$，那么必有 $a \in AB$，从而 a 被统计 $1+1-1=1$ 次.

所以，a 在等式两边被统计的次数是相同的，引理 4.2.1 得证.

定理 4.2.1(容斥原理) 设 A_1，A_2，$\cdots$，A_n 为有限集合，则

$$|A_1+A_2+\cdots+A_n|=\sum_{i=1}^{n}|A_i|-\sum_{1 \leqslant i < j \leqslant n}|A_i A_j|+\sum_{1 \leqslant i < j < k \leqslant n}|A_i A_j A_k|-\cdots$$
$$+(-1)^{n-1}|A_1 A_2 \cdots A_n| \tag{4.2.2}$$

证 用数学归纳法证明.

(1) 当 $n=2$ 时，由引理 4.2.1 知，结论成立.

(2) 设对 $n-1$，结论正确. 即

$$|A_1+A_2+\cdots+A_{n-1}|=\sum_{i=1}^{n-1}|A_i|-\sum_{1 \leqslant i < j \leqslant n-1}|A_i A_j|+\sum_{1 \leqslant i < j < k \leqslant n-1}|A_i A_j A_k|-\cdots$$
$$+(-1)^{n-2}|A_1 A_2 \cdots A_{n-1}| \tag{4.2.3}$$

(3) 那么，对于 n，有

$$\left|\sum_{i=1}^{n} A_i\right| = \left|\left(\sum_{i=1}^{n-1} A_i\right)+A_n\right| = \left|\sum_{i=1}^{n-1} A_i\right|+|A_n|-\left|A_n \sum_{i=1}^{n-1} A_i\right| \tag{4.2.4}$$

其中

$$\left|A_n \sum_{i=1}^{n-1} A_i\right| = \left|\sum_{i=1}^{n-1}(A_i A_n)\right|$$

利用式(4.2.3)，有

$$\left| \sum_{i=1}^{n-1}(A_iA_n) \right| = \sum_{i=1}^{n-1}|A_iA_n| - \sum_{1\leqslant i<j\leqslant n-1}|A_iA_jA_n| + \sum_{1\leqslant i<j\leqslant n-1}|A_iA_jA_kA_n|$$
$$- \cdots + (-1)^{n-2}|A_1A_2\cdots A_{n-1}A_n|$$

将上式与式(4.2.3)代入式(4.2.4)整理即得式(4.2.2).

定理 4.2.2(逐步淘汰原理)　设 A_1, A_2, $\cdots$, A_n 为有限集合 S 的子集,则

$$\left| \overline{A_1} \cdot \overline{A_2} \cdots \overline{A_n} \right| = |S| - \sum_{i=1}^{n}|A_i| + \sum_{1\leqslant i\leqslant j\leqslant n}|A_iA_j| - \sum_{1\leqslant i<j<k\leqslant n}|A_iA_jA_k|$$
$$+ \cdots + (-1)^n|A_1A_2\cdots A_n| \tag{4.2.5}$$

证

证法一　利用 De. Morgan 定律和集合求差运算性质,可得

$$\left| \overline{A_1} \cdot \overline{A_2} \cdots \overline{A_n} \right| = \left| \overline{A_1 + A_2 + \cdots + A_n} \right|$$
$$= |S - (A_1 + A_2 + \cdots + A_n)|$$
$$= |S| - |A_1 + A_2 + \cdots + A_n|$$

再将式(4.2.2)代入上式即得式(4.2.5).

证法二　为了较容易地证明下面的一般公式(4.2.6),这里给出逐步淘汰原理的另一种证法.

设有限集合 S 和与 S 中的元素有关的性质集合 $P = \{P_1, P_2, \cdots, P_n\}$,令 A_i 为 S 中具有性质 P_i 的所有元素构成的子集,那么,$S - A_i$ 即为 S 中不具有性质 P_i 的所有元素,$A_iA_jA_k$ 表示 S 中同时具有性质 P_i、P_j、P_k 的元素的子集合,$|\overline{A_1} \cdot \overline{A_2} \cdots \overline{A_n}|$ 是 S 中不具有 P 中任何性质的元素之集合.

式(4.2.5)左边是 S 中不具有性质集合 P 中任何一种性质的元素个数.因此要证明式(4.2.5)成立,只要证明对 S 中的任何一个元素 a,如果 a 不具备 P 中任何一个性质,则 a 在等式右边被统计一次.否则,a 被统计 0 次.

首先,设元素 $a \in S$ 且 a 不具有任何性质,则 a 不属于任何一个 A_i 或若干个 A_i 的交集,因此,a 在右边被统计的次数为

$$1 - 0 + 0 - \cdots + (-1)^n \cdot 0 = 1$$

其次,若 $b \in S$,且 b 同时具有 P 中的 k 种性质,那么,子集 A_1、A_2、$\cdots\cdots$、A_n 中必有某 k 个都含有元素 b,从而 b 在 $|S|$ 中被统计一次,在 $\sum_{i=1}^{n}|A_i|$ 中被统计 k 次,在 $\sum_{1\leqslant i<j\leqslant n}|A_iA_j|$ 中被统计 C_k^2 次,$\cdots\cdots$ 因此,按照式(4.2.5),统计的总次数为

$$C_k^0 - C_k^1 + C_k^2 - \cdots + (-1)^k C_k^k + (-1)^{k+1} C_k^{k+1} + \cdots + (-1)^n C_k^n = (1-1)^k = 0$$

其中规定:$r > k$ 时,$C_k^r = 0$.证毕.

到目前为止,我们已经解决了如何计算集合 S 中具有某些性质的元素个数,以及不具备这些性质的元素个数.一个自然而然的问题是:如何计算 S 里恰好具有 P 中 k 个性质的元素个数.即容斥原理的更一般情形.为此,先看一个例子.

设某单位共有 $|S| = 11$ 人,其中有 $|A_1| = 7$ 人会英语,$|A_2| = 5$ 人会德语,$|A_1A_2| = 2$ 人同时会英、德两种语言,那么,由式(4.2.5),立即可知会 0 种语言(即不具有任何性质)的人数为

$$|\overline{A_1} \cdot \overline{A_2}| = |S| - (|A_1| + |A_2|) + |A_1A_2| = 11 - (7+5) + 2 = 1(人)$$

而恰好会两种语言(即具有两种性质)的人数,在条件中已经给出,即$|A_1A_2|=2$. 现在的问题是恰好会一种语言的人数如何计算. 从集合的角度,可以分别计算:首先,会英语而不会德语的人数为

$$|A_1 \overline{A_2}|=|A_1-A_1A_2|=|A_1|-|A_1A_2|=7-2=5$$

其次,会德语而不会英语的人数为

$$|\overline{A_1}A_2|=|A_2|-|A_1A_2|=3$$

综合起来,恰好会英、德语中一种语言的人数为

$$|A_1 \overline{A_2}+\overline{A_1}A_2|=|A_1 \overline{A_2}|+|\overline{A_1} \cdot A_2|=|A_1|+|A_2|-2|A_1A_2|=8$$

注意,$|A_1+A_2|=|A_2|+|A_2|-|A_1A_2|=10\neq 8$,原因在于$|A_1+A_2|$表示至少会一种语言的人数,其中自然含有同时会两种语言的人.

通过本例,初步接触到了当$n=11$时,计算集合S中恰好具有k种性质的元素个数的方法($k=0,1,2$). 特别地,$k=0$时的计算公式就是逐步淘汰原理.

设S为一个集合,A_i是S上具有性质P_i的元素集,令

$$q_0=|S|$$

$$q_1=\sum_{i=1}^n |A_i|=|A_1|+|A_2|+\cdots+|A_n|$$

$$q_2=\sum_{1\leqslant i<j\leqslant n} |A_iA_j|=(|A_1A_2|+|A_1A_3|+\cdots+|A_1A_n|)+(|A_2A_3|+\cdots$$
$$+|A_2A_n|)+\cdots+|A_{n-1}A_n|$$

$$q_3=\sum_{1\leqslant i<j<k\leqslant n} |A_iA_jA_k|=[(|A_1A_2A_3|+|A_1A_2A_4|+\cdots+|A_1A_2A_n|)$$
$$+(|A_1A_3A_4|+|A_1A_3A_5|+\cdots+|A_1A_3A_n|)+\cdots+|A_1A_{n-1}A_n|]$$
$$+[(|A_2A_3A_4|+|A_2A_3A_5|+\cdots+|A_2A_3A_n|)+\cdots+|A_2A_{n-1}A_n|]+\cdots$$
$$+|A_{n-2}A_{n-1}A_n|$$
$$\vdots$$

$$q_n=|A_1A_2\cdots A_n|$$

再令$N[k]$表示S中恰好具有k种性质的元素个数($k=0,1,\cdots,n$). 例如:

$$N[0]=|\overline{A_1} \cdot \overline{A_2} \cdot \overline{A_3} \cdots \overline{A_n}|$$

$$N[1]=|A_1 \cdot \overline{A_2} \cdot \overline{A_3} \cdots \overline{A_n}|+|\overline{A_1} \cdot A_2 \cdot \overline{A_3} \cdots \overline{A_n}|+\cdots+|\overline{A_1} \cdot \overline{A_2} \cdots \overline{A_{n-1}} \cdot A_n|$$

那么,有以下结论.

定理 4.2.3(一般公式)

$$N[k]=q_k-C_{k+1}^k q_{k+1}+C_{k+2}^k q_{k+2}-\cdots+(-1)^{n-k}C_n^k q_n$$
$$=q_k-C_{k+1}^1 q_{k+1}+C_{k+2}^2 q_{k+2}-\cdots+(-1)^{n-k}C_n^{n-k} q_n \qquad (4.2.6)$$

一般公式也称为约当(Jordan)公式.

证 类似于定理 4.2.2 的证法二,只要算出S中每个恰好具有k个性质的元素,在式(4.2.6)的右端被统计一次,而对性质少于k或大于k的元素,则统计了 0 次,就证明了一般公式的正确性. 设S中元素a具有j种性质,分三种情况予以讨论:

(1) $j<k$,a具有的性质不到k种,显然a没有被统计上,因为式(4.2.6)中q_{k+r}统计的是至少具有$k+r$种性质的元素($r=0,1,\cdots,n-k$);

（2）$j=k$，则 a 在 q_k 中只出现一次，且当 $i>k$ 时，a 在 q_i 中同样不可能被统计；

（3）$j>k$，那么，在 q_k 中，a 被统计了 C_j^k 次，在 q_{k+1} 中，a 被统计了 C_j^{k+1} 次，……，在 q_j 中被统计了 $C_j^j=1$ 次，在 q_{j+1}、q_{j+2}、……、q_n 中被统计了 0 次，即 $q_{k+r}=C_j^{k+r}(r=0,1,\cdots,n-k)$。所以，$a$ 在式（4.2.6）右端总共被统计的次数为

$$C_j^k-C_{k+1}^k C_j^{k+1}+C_{k+2}^k C_j^{k+2}-\cdots+(-1)^{j-k}C_j^k C_j^j$$
$$=C_j^k C_{j-k}^{j-k}-C_j^k C_{j-k}^{j-(k+1)}+C_j^k C_{j-k}^{j-(k+2)}-\cdots+(-1)^{j-k}C_j^k C_{j-k}^{j-j}, \quad C_j^r C_r^k=C_j^k C_{j-k}^{j-r}$$
$$=C_j^k[C_{j-k}^0-C_{j-k}^1+C_{j-k}^2-\cdots+(-1)^{j-k}C_{j-k}^{j-k}], \qquad C_j^k=C_j^{j-k}$$
$$=C_j^k(1-1)^{j-k}=0$$

定理得证.

在所讨论的问题中，如果性质 P_1，P_2，$\cdots$，P_n 是对称的，即具有 k 个性质的事物的个数不依赖于这 k 个性质的选取，总是等于同一个数值，则称这个值为公共数，记作 R_k，例如：

$$R_1=|A_1|=|A_2|=\cdots=|A_n|$$
$$R_2=|A_1 A_2|=|A_1 A_3|=\cdots=|A_{n-1}A_n|$$
$$R_3=|A_1 A_2 A_3|=|A_1 A_2 A_4|=\cdots=|A_{n-2}A_{n-1}A_n|$$
$$\vdots$$
$$R_n=|A_1 A_2\cdots A_n|$$

另外，记 $R_0=|S|$。并称子集 A_1，A_2，$\cdots$，A_n 具有对称性质，那么，有

$$q_k=\binom{n}{k}R_k$$

定理 4.2.4（对称原理、对称筛） 若子集 A_1，A_2，$\cdots$，A_n 具有对称性质，则有

$$|A_1+A_2+\cdots+A_n|=\binom{n}{1}R_1-\binom{n}{2}R_2+\cdots+(-1)^{n-1}\binom{n}{n}R_n=\sum_{i=1}^n(-1)^{i-1}\binom{n}{i}R_i$$
$$\tag{4.2.7}$$

$$N[0]=R_0-\binom{n}{1}R_1+\binom{n}{2}R_2+\cdots+(-1)^n\binom{n}{n}R_n$$
$$=\sum_{i=0}^n(-1)^i\binom{n}{i}R_i \tag{4.2.8}$$

$$N[k]=\binom{k}{k}\binom{n}{k}R_k-\binom{k+1}{k}\binom{n}{k+1}R_{k+1}+\binom{k+2}{k}\binom{n}{k+2}R_{k+2}-\cdots$$
$$+(-1)^{n-k}\binom{n}{k}\binom{n}{n}R_n$$
$$=\binom{k}{0}\binom{n}{k}R_k-\binom{k+1}{1}\binom{n}{k+1}R_{k+1}+\binom{k+2}{2}\binom{n}{k+2}R_{k+2}-\cdots$$
$$+(-1)^{n-k}\binom{n}{n-k}\binom{n}{n}R_n \tag{4.2.9}$$

或

$$N[k]=\binom{n}{k}\left[\binom{n-k}{0}R_k-\binom{n-k}{1}R_{k+1}+\binom{n-k}{2}R_{k+2}-\cdots+(-1)^{n-k}\binom{n-k}{n-k}R_n\right]$$
$$\tag{4.2.10}$$

容斥原理用法总结　在应用容斥原理求解计数问题时,可按下列步骤进行:

(1) 根据问题的实际情况,构造一个有限集 $S=\{e_1,e_2,\cdots,e_t\}$ 和一个性质集 $P=\{P_1,P_2,\cdots,P_n\}$,A_i 是 S 中具有性质 P_i 的所有元素组成的子集,问题的关键是构造的性质集 P,要使得 $|A_1A_2\cdots A_k|$ 容易计算出来 $(k=1,2,\cdots,n)$.

(2) 当统计 S 中恰好具有 k 种特征的元素的个数时,将问题转化为求 S 中恰好具有 P 中 k 个性质的元素个数 $N[k]$ $(k=0,1,2,\cdots,n)$,可利用逐步淘汰原理或一般公式,即式 (4.2.5) 或 (4.2.6).

(3) 当统计 S 中至少具有 P 中一种性质的元素个数 $L[1]$ 时,利用容斥原理,即式 (4.2.2),或由 $L[1]=|S|-N[0]$ 求得.

(4) 注意 $|S|=N[0]+N[1]+N[2]+\cdots+N[n]$,故可由此式求得 S 中至少具有 k 种特征的元素个数 $L[k]$. 如 $k=2$ 时,有

$$L[2]=|S|-N[0]-N[1]$$

4.3　应　　用

4.3.1　排列组合问题

【例 4.3.1】　求 a,b,c,d,e,f 六个字母的全排列中不允许出现 ace 和 df 图像的排列数.

解　令 A 表示 ace 作为一个元素出现的排列集合,B 为 df 作为一个元素出现的排列集合,那么,AB 为 ace、df 同时出现的排列集合. 因此

$$|A|=4!,\quad |B|=5!,\quad |AB|=3!$$

由容斥原理,所求的排列数为

$$|\overline{A}\cdot\overline{B}|=6!-(5!+4!)+3!=582$$

【例 4.3.2】(错排问题)　本问题在研究递推关系时已经讨论过,但若利用容斥原理,则可很容易地得出同一结果. n 个元素依次给以标号 $1,2,\cdots,n$,进行全排列,求每个元素都不在自己原来位置上的排列数.

解　令 A_i 表示数 i 排在第 i 个位置上的所有排列,则公共数

$$R_1=|A_i|=(n-1)!,\quad i=1,2,\cdots,n$$

同理

$$R_2=|A_iA_j|=(n-2)!,\quad i,j=1,2,\cdots,n;i\neq j$$

$$R_3=|A_iA_jA_k|=(n-3)!,\quad i,j,k=1,2,\cdots,n;i,j,k\ \text{两两不等}$$

一般地,

$$R_k=|A_{i_1}A_{i_2}\cdots A_{i_k}|=(n-k)!,\quad k=1,2,\cdots,n$$

所求排列数为

$$D_n=|\overline{A_1}\cdot\overline{A_2}\cdots\overline{A_n}|=n!-C_n^1(n-1)!+C_n^2(n-2)!-\cdots+(-1)^nC_n^n\cdot 0!$$

$$=n!\left(1-\frac{1}{1!}+\frac{1}{2!}-\cdots+(-1)^n\frac{1}{n!}\right)$$

【例 4.3.3】保位问题(亦称不动点问题或相遇问题)　将原始自然排列 $1,2,\cdots,n$ 重

新作成各种排列，求恰有 m 个元素在其原来自身位置的排列数（记作 $D_n[m]$）.

解 设性质 P_i：数 i 排在第 i 个位置；集合 A_i：具有性质 P_i 的全体排列，那么

$$R_k = |A_{i_1} A_{i_2} \cdots A_{i_k}| = (n-k)!, \ 1 \leqslant i_1 < i_2 < \cdots < i_k \leqslant n; \ k = 1, 2, \cdots, n$$

所以

$$q_1 = n(n-1)! = C_n^1 \cdot (n-1)!, \cdots, q_k = C_n^k \cdot (n-k)!, \ 1 \leqslant k \leqslant n$$

由定理 4.2.3 知，

$$\begin{aligned}
D_n[m] &= q_m - C_{m+1}^1 q_{m+1} + C_{m+2}^2 q_{m+2} - \cdots + (-1)^{n-m} C_n^{n-m} q_n \\
&= C_n^m (n-m)! - C_{m+1}^1 C_n^{m+1} [n-(m+1)]! + C_{m+2}^2 C_n^{m+2} [n-(m+2)]! - \cdots \\
&\quad + (-1)^{n-m} C_n^{n-m} C_n^n \cdot 0! \\
&= \frac{n!}{m!} - \frac{(m+1)!}{1! \cdot m!} \frac{n!}{(m+1)!} + \frac{(m+2)!}{2! \cdot m!} \frac{n!}{(m+2)!} - \cdots \\
&\quad + (-1)^{n-m} \frac{n!}{(n-m)! \cdot m!} \frac{n!}{n!} \\
&= \frac{n!}{m!} \left[1 - \frac{1}{1!} + \frac{1}{2!} - \cdots + (-1)^{n-m} \frac{1}{(n-m)!} \right] \\
&= \frac{n!}{m!} \cdot \frac{D_{n-m}}{(n-m)!} \\
&= C_n^m \cdot D_{n-m}
\end{aligned}$$

另法 从 n 个元素中取 m 个，有 C_n^m 种取法，且这 m 个元素保持不动，其余 $n-m$ 个元素互相错排，有 D_{n-m} 种，故共有 $C_n^m \cdot D_{n-m}$ 种排法.

特例，当 $m=0$ 时，即为错排问题，$D_n[0]$ 就是错排数 D_n.

4.3.2 初等数论问题

【例 4.3.4】 求不超过 120 的素数个数.

解 因 $11^2 = 121$，故不超过 120 的和数既是 2、3、5、7 的倍数，而且其因子又不可能都大于 11.

设 A_i 为数 i 的倍数集（$1 \leqslant i$ 的倍数 $\leqslant 120$），$i = 2, 3, 5, 7$，那么

$$|A_2| = \left[\frac{120}{2} \right] = 60, \ |A_3| = \left[\frac{120}{3} \right] = 40, \ |A_5| = \left[\frac{120}{5} \right] = 24, \ |A_7| = \left[\frac{120}{7} \right] = 17$$

$$|A_2 A_3| = \left[\frac{120}{2 \times 3} \right] = 20, \cdots, |A_2 A_3 A_5 A_7| = \left[\frac{120}{2 \times 3 \times 5 \times 7} \right] = 0$$

所以

$$|\overline{A_2} \cdot \overline{A_3} \cdot \overline{A_5} \cdot \overline{A_7}|$$
$$= |S| - (|A_2| + |A_3| + |A_5| + |A_7|) + (|A_2 A_3| + |A_2 A_5| + |A_2 A_7| + |A_3 A_5|$$
$$+ |A_3 A_7| + |A_5 A_7|) - (|A_2 A_3 A_5| + |A_2 A_3 A_7| + |A_2 A_5 A_7| + |A_3 A_5 A_7|) + (|A_2 A_3 A_5 A_7|)$$
$$= 120 - (60 + 40 + 24 + 17) + (20 + 12 + 8 + 8 + 5 + 3) - (4 + 2 + 1 + 1) + 0$$
$$= 27$$

但是，这 27 个数未包含 2，3，5，7 本身，却将非素数 1 含在其中，故所求素数个数为

$$27 + 4 - 1 = 30$$

【例 4.3.5】(欧拉(Euler)问题) 求 $1 \sim n$ 中与 n 互质的数的个数 $\varphi(n)$(称作 Euler 函数). 这是数论中一个著名的函数. 例如：$\varphi(1)=1$，$\varphi(2)=1$，$\varphi(3)=2$，$\varphi(4)=2$，$\varphi(5)=4$，$\varphi(6)=2$. 特别是当 n 是一个素数 p 时，$\varphi(p)=p-1$.

解 分解 n 为素数幂的乘积：$n=p_1^{a_1} p_2^{a_2} \cdots p_k^{a_k}$($p_i$ 为素数)，并设数集 $N=\{1, 2, \cdots, n\}$，A_i 为 N 中能被 p_i 整除的那些数的全体，显然

$$|A_i| = \frac{n}{p_i}, \quad i=1, 2, \cdots, k$$

$$|A_i \cdot A_j| = \frac{n}{p_i \cdot p_j}, \quad 1 \leqslant i < j \leqslant k$$

$$\vdots$$

$$|A_1 A_2 \cdots A_k| = \frac{n}{p_1 \cdot p_2 \cdots p_k}$$

于是

$$\varphi(n) = |\overline{A_1} \cdot \overline{A_2} \cdots \overline{A_k}|$$

$$= n - \sum_{i=1}^{k} \frac{n}{p_i} + \sum_{1 \leqslant i < j \leqslant k} \frac{n}{p_i p_j} - \cdots + (-1)^k \frac{n}{p_1 p_2 \cdots p_k}$$

$$= n\left(1 - \frac{1}{p_1}\right)\left(1 - \frac{1}{p_2}\right) \cdots \left(1 - \frac{1}{p_k}\right) = n \prod_{i=1}^{k}\left(1 - \frac{1}{p_i}\right)$$

4.3.3 集合的划分

将集合划分为若干个非空部分后，部分与部分之间可以毫无区分，也可以标上号以示区别. 前者称为**无序划分**，后者称为**有序划分**.

【例 4.3.6】 将一个 n 元集划分成 r 个非空子集，并且给每个子集分别标上号：$1, 2, \cdots, r$. 试证由此得到的全部划分方案数为

$$D(n, r) = \sum_{i=0}^{r} (-1)^i C_r^i (r-i)^n = \sum_{i=0}^{r-1} (-1)^{r-i} C_r^i i^n$$

证 设 S 为将 n 元集划分成有序 r 部分的全部划分方案集(每一部分可空)，A_i 表示第 i 部分为空的全部方案集，那么

$$|S| = r^n$$

$$|A_1| = |A_2| = \cdots = |A_r| = (r-1)^n$$

$$|A_i A_j| = (r-2)^n, \quad 1 \leqslant i < j \leqslant r$$

$$\vdots$$

$$|A_1 A_2 \cdots A_r| = (r-r)^n = 0$$

所以

$$D(n,r) = |\overline{A_1} \cdot \overline{A_2} \cdots \overline{A_r}|$$

$$= r^n - C_r^1 \cdot (r-1)^n + C_r^2 \cdot (r-2)^n - \cdots + (-1)^r C_r^r \cdot (r-r)^n$$

$$= \sum_{i=0}^{r-1} (-1)^i C_r^i \cdot (r-i)^n$$

当 $r=n$ 时，将 n 元集划分成有序的 n 部分，且每部分不空的每一种划分方案实质上对应 n 个元素的一个排列，故应有 $n!$ 种划分方案. 由此可得关于 $n!$ 的一个表达式：

$$n! = n^n - C_n^1 \cdot (n-1)^n + C_n^2 \cdot (n-2)^n - \cdots + (-1)^{n-1} C_n^{n-1}$$

如果将问题改为无序划分，则方案数就是第二类 Stirling 数

$$S_2(n,r) = \frac{1}{r!} D(n,r)$$

由此即得关于 $S_2(n,r)$ 的计算公式（见 3.4.2 节）：

$$S_2(n,r) = \frac{1}{r!} \sum_{i=0}^{r} (-1)^i C(r,i)(r-i)^n = \frac{1}{r!} \sum_{i=0}^{r} (-1)^{r-i} C(r,i) i^n$$

此类模型还对应以下问题：将 n 个人分为 r 组的分法数（无序划分），或将 n 个小学生分为 r 个班，班号为 $1, 2, \cdots, r$，每班至少一人，求分法数（有序划分）. 类似地，还有 n 元集 A 到 r 元集 B 的满射共有 $D(n,r)$ 种. 所谓满射，就是指像集 B 中每个元素至少有一个原像.

4.3.4 其它应用

【例 4.3.7】 求完全由 n 个布尔变量确定的布尔函数的个数.

解 分析：当 $n=2$ 时，两个自变量 x, y 共有 $2^2 = 4$ 种状态：$00, 01, 10, 11$. 有 $2^4 = 16$ 种不同函数，其取值情况见表 4.3.1.

表 4.3.1 $n=2$ 时的布尔函数

自变量		x	0	0	1	1
		y	0	1	0	1
函	f_0	0	0	0	0	0
	f_1	$x \wedge y$	0	0	0	1
	f_2	$x \wedge \bar{y}$	0	0	1	0
	f_3	x	0	0	1	1
	f_4	$\bar{x} \wedge y$	0	1	0	0
	f_5	y	0	1	0	1
	f_6	$(x \vee y) \wedge (\bar{x} \vee \bar{y})$	0	1	1	0
	f_7	$x \vee y$	0	1	1	1
	f_8	$\bar{x} \wedge \bar{y}$	1	0	0	0
	f_9	$(\bar{x} \vee y) \wedge (x \vee \bar{y})$	1	0	0	1
数	f_{10}	$\bar{y}$	1	0	1	0
	f_{11}	$x \vee \bar{y}$	1	0	1	1
	f_{12}	$\bar{x}$	1	1	0	0
	f_{13}	$\bar{x} \vee y$	1	1	0	1
	f_{14}	$\bar{x} \vee \bar{y}$	1	1	1	0
	f_{15}	1	1	1	1	1

从表中可以看出，$f(x,y)$的取值情况与$2^2=4$的二进制数相对应．但其中有的可能与某一变量无关．如f_3实际上是x的函数，与y无关，f_5则只是y的函数，与x无关．$f_{10}=\bar{y}$，$f_{12}=\bar{x}$，$f_{15}=1$，$f_{16}=0$，均与x，y无直接关系．故完全由x、y确定的函数应为10个．那么，对于n个变量，情况又如何呢？

设n个布尔变量x_1，x_2，$\cdots$ x_n的布尔函数为$f(x_1,x_2,\cdots x_n)$，S是由所有f组成的函数的集合，并令A_i为S中x_i不出现的函数类$(i=1,2,\cdots,n)$．由于k个布尔变量x_1，x_2，$\cdots$，x_k的不同的布尔函数数目与2^k位二进制数数目相同，即2^{2^k}个，因此

$$|S|=2^{2^n}$$
$$|A_1|=|A_2|=\cdots=|A_n|=2^{2^{n-1}}$$
$$|A_iA_j|=2^{2^{n-2}}，1\leqslant i<j\leqslant n$$
$$\vdots$$
$$|A_1A_2\cdots A_n|=2^{2^{n-n}}=2$$

故
$$|\overline{A_1}\cdot\overline{A_2}\cdots\overline{A_n}|=2^{2^n}-C_n^1\cdot2^{2^{n-1}}+C_n^2\cdot2^{2^{n-2}}-\cdots+(-1)^nC_n^n\cdot2$$

例如，$n=2$时，
$$|\overline{A_1}\cdot\overline{A_2}|=2^{2^2}-C_2^1\cdot2^2+C_2^2\cdot2$$
$$=16-8+2=10$$

$n=3$时，
$$|\overline{A_1}\cdot\overline{A_2}\cdot\overline{A_3}|=2^{2^3}-C_3^1\cdot2^{2^2}+C_3^2\cdot2^2-C_3^3\cdot2$$
$$=256-48+12-2$$
$$=218$$

【例 4.3.8】 证明把n分成各部分不能被d所整除的剖分数等于把n划分成每一部分不出现d次或d次以上的剖分数．

证 以$p(n)$表示n的所有剖分数，易知n的含有数x的剖分数等于数$n-x$的剖分数$p(n-x)$．因为n的任一含有x的剖分，去掉x之后，恰是$n-x$的一个剖分．反之，$n-x$的一个剖分加上x之后，恰是n的一个剖分．推广为一般情形，n的含有x，y，z，$\cdots$的剖分数等于数$n-x-y-z-\cdots$的剖分数$p(n-x-y-z-\cdots)$．

以$p_x(n)$表示每一部分都不能被d所整除的n的剖分数，$p_y(n)$表示每一部分出现的次数都不能超过$d-1$的剖分数．因此从$p(n)$中减去含有d，$2d$，$3d$，$\cdots$的剖分个数即得$p_x(n)$，从$p(n)$中减去含有d个1，d个2，d个3，$\cdots\cdots$的剖分个数就得到$p_y(n)$．

设A_i为n的满足如下条件的所有分拆方案构成的集合：该方案中有一项为d的i倍$(i=1,2,\cdots)$，那么

$$|A_i|=p(n-i\cdot d)$$
$$|A_iA_j|=p(n-i\cdot d-j\cdot d)，1\leqslant i<j\leqslant n$$
$$\vdots$$
$$|A_{i_1}A_{i_2}\cdots A_{i_k}|=p(n-i_1d-i_2d-\cdots-i_kd)$$

所以，由逐步淘汰原理知

$$p_x(n) = |\overline{A_1} \cdot \overline{A_2} \cdots \overline{A_n}|$$
$$= p(n) - [p(n-d) + p(n-2d) + p(n-3d) + \cdots]$$
$$+ [p(n-d-2d) + p(n-d-3d) + p(n-2d-3d) + \cdots]$$
$$- [p(n-d-2d-3d) + p(n-d-2d-4d) + \cdots] + \cdots$$

同理，有

$$p_y(n) = p(n) - [p(n-d\times 1) + p(n-d\times 2) + p(n-d\times 3) + \cdots]$$
$$+ [p(n-d\times 1-d\times 2) + p(n-d\times 1-d\times 3) + p(n-d\times 2-d\times 3) + \cdots]$$
$$- [p(n-d\times 1-d\times 2-d\times 3) + p(n-d\times 1-d\times 2-d\times 4) + \cdots] + \cdots$$

比较两式得 $p_x(n) = p_y(n)$.

【例 4.3.9】 试求多重集 $S = \{5 \cdot a, 5 \cdot b, \infty \cdot c\}$ 的 $r = 11$ 的组合数，要求组合中至少含有一个 a.

解 可先从 S 中取出一个 a，然后再从 a、b、c 中选取 10 个元素，即得 S 的满足条件的组合方案. 因此，问题等价于求多重集 $\{4 \cdot a, 5 \cdot b, \infty \cdot c\}$ 的 $r = 10$ 的组合数.

构造集合 $S' = \{\infty \cdot a, \infty \cdot b, \infty \cdot c\}$. 从 S' 的 $r = 10$ 的组合中去掉那些有多于 4 个 a，或多于 5 个 b 的组合，便得 S 的 10 组合.

令 A_0 为 S' 的所有 r 组合构成的集合，A_1，A_2 分别为 A_0 中那些含有多于 4 个 a，5 个 b 的元素组成的子集，则

$$|A_0| = \binom{3+10-1}{10} = \binom{12}{2} = 66$$

为了求 $|A_1|$，可设想先从 S' 中取 5 个 a，而后再任取 $10-5=5$ 个元素，以构成 S' 的 10 组合. 所以

$$|A_1| = \binom{3+(10-5)-1}{10-5} = \binom{7}{2} = 21$$

类似地，有

$$|A_2| = \binom{3+(10-6)-1}{10-6} = \binom{6}{2} = 15$$

$$|A_1 A_2| = \binom{3+(10-5-6)-1}{10-5-6} = \binom{1}{-1} = \binom{1}{2} = 0$$

由逐步淘汰原理，所求组合数为

$$|\overline{A_1} \cdot \overline{A_2}| = 66 - (21+15) + 0 = 30$$

【例 4.3.10】 求方程 $x_1 + x_2 + x_3 = 20$ 的整数解的个数，其中 $2 \leqslant x_1 \leqslant 10$，$0 \leqslant x_2 \leqslant 7$，$3 \leqslant x_3 \leqslant 8$.

解 令 $y_1 = x_1 - 2$，$y_2 = x_2$，$y_3 = x_3 - 3$，则原方程转化为等价方程

$$(y_1 + 2) + y_2 + (y_3 + 3) = 20$$

即

$$y_1 + y_2 + y_3 = 15$$

其中 $0 \leqslant y_1 \leqslant 8$，$0 \leqslant y_2 \leqslant 7$，$0 \leqslant y_3 \leqslant 5$. 而关于 y 的方程的解的个数等于多重集 $S = \{8 \cdot a, 7 \cdot b, 5 \cdot c\}$ 的 $r = 15$ 的组合数，再仿照上例

$$\binom{3+15-1}{15}-\left[\binom{3+6-1}{6}+\binom{3+7-1}{7}+\binom{3+9-1}{9}\right]$$

$$+\left[\binom{3+(15-17)-1}{15-17}+\binom{3+(15-15)-1}{15-15}+\binom{3+(15-14)-1}{15-14}\right]-0$$

$$=\binom{17}{2}-\left[\binom{8}{2}+\binom{9}{2}+\binom{11}{2}\right]+\left[\binom{0}{-2}+\binom{2}{0}+\binom{3}{1}\right]$$

$$=136-(28+36+55)+(0+1+3)=21$$

因为两个方程是等价的，所以原方程解的个数也是 21.

【例 4.3.11】 用容斥原理证明下列组合等式：

(1) $\displaystyle\sum_{k=0}^{\left[\frac{m}{2}\right]}(-1)^k\binom{n}{k}\binom{2n-2k}{m-2k}=2^m\binom{n}{m},\quad 0\leqslant m\leqslant n$

(2) $\displaystyle\sum_{k=0}^{n}(-1)^k\binom{n}{k}\binom{2n-k}{n-1}=0,\quad n\geqslant 1$

证 (1) 设 $A=\{a_1,a_2,\cdots,a_n,b_1,b_2,\cdots,b_n\}$ 是 $2n$ 元集，把 a_i 与 b_i 称为 A 的一个对子 $(i=1,2,\cdots,n)$，则 A 的不含任一个对子的 m 元子集的个数为 $2^m\binom{n}{m}$（即从 n 对元素中先选出 m 对，再由每对里各取一个）$(0\leqslant m\leqslant n)$.

另一方面，以 S 表示由 A 的全部 m 元子集构成的集合，则 $|S|=\binom{2n}{m}$. 以 A_i 表示 S 中 a_i 与 b_i 在同一子集的所有 m 元子集组成的集合 $(1\leqslant i\leqslant n)$，则由问题的对称性可知公共数

$$R_k=|A_{i_1}A_{i_2}\cdots A_{i_k}|=\begin{cases}\dbinom{2n-2k}{m-2k}, & \text{若 } 1\leqslant k\leqslant\left[\dfrac{m}{2}\right]\\[3mm] 0, & \text{若 }\left[\dfrac{m}{2}\right]<k\leqslant n\end{cases}$$

由逐步淘汰原理，满足条件的子集的个数为

$$N[0]=|\overline{A_1}\cdot\overline{A_2}\cdots\overline{A_n}|=\sum_{k=0}^{n}(-1)^k\binom{n}{k}R_k=\sum_{k=0}^{\left[\frac{m}{2}\right]}(-1)^k\binom{n}{k}\binom{2n-2k}{m-2k}$$

按照殊途同归的思想，同一问题，不同的统计方式，所得两种统计结果自然应该相等，也就是说所给等式成立.

与例 2.1.5 相比，此处利用容斥原理给出了问题的另一个答案.

(2) 设 $A=\{a_1,a_2,\cdots,a_{2n}\}$ 是 $2n$ 元集，以 S 表示由 A 的全部 $n-1$ 元子集所组成之集，则公共数 $R_0=|S|=\binom{2n}{n-1}$. 若某个子集中不含元素 a_i，则称该子集具有性质 P_i $(i=1,2,\cdots,n)$. 设 B_i 是具有性质 P_i 的所有 $n-1$ 元子集构成的集合，则由问题的对称性可知公共数

$$R_k=|B_{i_1}B_{i_2}\cdots B_{i_k}|=\binom{2n-k}{n-1},\quad k=1,2,\cdots,n$$

即 R_k 等于 $2n-k$ 元集 $A-\{a_{i_1}a_{i_2}\cdots a_{i_k}\}$ 的 $n-1$ 元子集的个数. 由逐步淘汰原理，S 中不具有 P_1，P_2，$\cdots$，P_n 中任一个性质的元素个数为

$$N[0]=|\overline{B_1}\cdot\overline{B_2}\cdots\overline{B_n}|=\sum_{k=0}^{n}(-1)^k\binom{n}{k}R_k=\sum_{k=0}^{n}(-1)^k\binom{n}{k}\binom{2n-k}{n-1}$$

但是，S 中不具有 P_1，P_2，$\cdots$，P_n 中任一个性质的元素个数就相当于求集合 A 中必须含有 n 个元素 a_1，a_2，$\cdots$，a_n 的 $n-1$ 元子集的个数，显然为 0，即等式成立.

4.4　限制排列与棋盘多项式

4.4.1　有限制的排列

所谓有限制的排列，是指排列中对元素的排列位置加以限制. 这样的限制分两种情形：

（1）相对位置：即某些元素不能相互连在一起，如前边的例 4.3.1 及下边的例.

（2）绝对位置（也称禁位排列）：指相对于原始排列中的排列顺序，再次打乱顺序重排时，某些元素不在其原来的位置，最典型的如错排.

【例 4.4.1】　在 4 个 x，3 个 y，2 个 z 的全排列中，求不出现 $xxxx$、yyy、zz 图像的排列数.

解　设 A、B、C 分别为出现图像 $xxxx$、yyy、zz 的全体排列的组成的集合，那么，按照要求，在 A 中可以将 $xxxx$ 视为一个整体，即一个元素再与 3 个 y 和 2 个 z 进行排列，所以

$$|A|=\frac{6!}{1!\cdot 3!\cdot 2!}$$

类似地，有

$$|B|=\frac{7!}{4!\cdot 1!\cdot 2!},\qquad |C|=\frac{8!}{4!\cdot 3!\cdot 1!},$$

$$|AB|=\frac{4!}{1!\cdot 1!\cdot 2!},\qquad |AC|=\frac{5!}{1!\cdot 3!\cdot 1!},$$

$$|BC|=\frac{6!}{4!\cdot 1!\cdot 1!},\qquad |ABC|=\frac{3!}{1!\cdot 1!\cdot 1!}.$$

由容斥原理，所求排列数为

$$|\overline{A}\cdot\overline{B}\cdot\overline{C}|=|S|-(|A|+|B|+|C|)+(|AB|+|AC|+|BC|)-|ABC|$$

$$=\frac{9!}{4!\cdot 3!\cdot 2!}-\left(\frac{6!}{1\cdot 3!\cdot 2!}+\frac{7!}{4!\cdot 1!\cdot 2!}+\frac{8!}{4!\cdot 3!\cdot 1!}\right)$$

$$+\left(\frac{4!}{1!\cdot 1!\cdot 2!}+\frac{5!}{1!\cdot 3!\cdot 1!}+\frac{6!}{4!\cdot 1!\cdot 1!}\right)-\frac{3!}{1!\cdot 1!\cdot 1!}$$

【例 4.4.2】（相邻禁位排列问题）　在整数 1，2，$\cdots$，n 的无重全排列 $a_1a_2\cdots a_n$ 中，要求 $a_k+1\neq a_{k+1}(k=1,2,\cdots,n-1)$. 试求全体排列数 Q_n.

解　问题等价于在排列中，数 i 不能排在数 $i+1$ 之前. 即不允许出现 $12,23,34,\cdots$，$(n-1)n$ 中任何一种形式.

用 S 表示所有无重全排列的集合,并设性质 P_i 表示在全排列中具有 $i(i+1)$ 形式的这一性质,令

$$A_i = \{x \mid x \in S, x \text{ 具有性质 } P_i, i = 1, 2, \cdots, n-1\}$$

视 $i(i+1)$ 为一个整体,立即可得

$$|A_i| = (n-1)!, \quad i = 1, 2, \cdots, n-1$$

现在计算 $|A_iA_j|$ $(i \neq j)$. 这种排列里同时含有 $i(i+1)$ 和 $j(j+1)$ 两种形式,不失一般性,设 $i < j$,下面分两种情况进行讨论:

(1) $j \neq i+1$,例如 23,45 等,可把 $i(i+1)$ 和 $j(j+1)$ 分别看作一个元素,于是成为 $n-2$ 个元素的排列,其个数为 $(n-2)!$;

(2) $j = i+1$,例如 23,34 等,这时排列中出现 $i(i+1)(i+2)$,可将其视为一个元素,于是这样的排列个数也是 $(n-2)!$.

注意,两种情况不能同时存在,故 $|A_iA_j| = (n-2)!$.

同理可得

$$|A_iA_jA_k| = (n-3)!, \cdots, |A_1A_2\cdots A_{n-1}| = [n-(n-1)]! = 1$$

所以

$$\begin{aligned}
Q_n &= |\overline{A_1} \cdot \overline{A_2} \cdots \overline{A_{n-1}}| \\
&= |S| - \sum_{i=1}^{n-1} |A_i| + \sum_{1 \leq i < j \leq n-1} |A_iA_j| - \sum_{1 \leq i < j < k \leq n-1} |A_iA_jA_k| + \cdots \\
&\quad + (-1)^{n-1} |A_1A_2\cdots A_{n-1}| \\
&= n! - C_{n-1}^1 \cdot (n-1)! + C_{n-1}^2 \cdot (n-2)! - \cdots + (-1)^{n-1} C_{n-1}^{n-1} \cdot 1!
\end{aligned}$$

整理,得

$$\begin{aligned}
Q_n &= (n-1)! \sum_{i=0}^{n-1} (-1)^i \frac{1}{i!} + n! \sum_{i=0}^{n} (-1)^i \frac{1}{i!} \\
&= D_{n-1} + D_n, \quad D_n \text{ 为错排数} \tag{4.4.1}
\end{aligned}$$

本例的实际应用就是有若干人经常按身高大小排着队出外散步,除第一人之外,其他的人总是看到某一个人在自己之前,时间久了,难免感到乏味,故决定变换他们的相对位置,使得每个人的前面都不是原来的那个人. 问有多少种变换方式.

【例 4.4.3】 举办一个 8 人参加的舞会,其中有 4 位先生和 4 位女士. 每人都戴着面具,且外观上两两不同. 如果将面具集中后,再随意地分发给每人一个,试求:

(1) 每位先生都拿到自己的面具,而女士无一人拿到自己面具的方案数;

(2) 先生们没有一位拿到自己面具的方案数;

(3) 8 人中,只有 4 位没有领到自己面具的方案数.

解 显见,本例是一个局部错排问题,也是禁位排列问题. 设 S 为所有分发方案集.

(1) 由条件易知是 4 个元素的错排问题,所求方案数为

$$D_4 = 4!\left(1 - \frac{1}{1!} + \frac{1}{2!} - \frac{1}{3!} + \frac{1}{4!}\right) = 9$$

(2) 由于先生们的面具无一到位,而女士们的面具可能到位也可能错位,故不能简单套用错位排列的计算公式.

设 A_i 表示第 i 个先生拿到自己面具的分发方案集($i=1,2,3,4$)，那么

$$|A_{i_1} A_{i_2} \cdots A_{i_k}| = (8-k)!, \quad k=1,2,3,4$$

所求方案数为

$$|\overline{A_1} \cdot \overline{A_2} \cdot \overline{A_3} \cdot \overline{A_4}| = |S| - \sum_{i=1}^{4} |A_i| + \sum_{1 \leqslant i < j \leqslant 4} |A_i A_j| - \sum_{1 \leqslant i < j < k \leqslant 4} |A_i A_j A_k| + |A_1 A_2 A_3 A_4|$$

$$= 8! - C_4^1 \cdot (8-1)! + C_4^2 \cdot (8-2)! - C_4^3 \cdot (8-3)! + C_4^4 \cdot (8-4)!$$

$$= 24\ 024$$

(3) 这是一个保位问题，由例 4.3.3 和本例(1)可求得方案数为

$$D_8[4] = C_8^4 \cdot D_{8-4} = 70 \times 9 = 630$$

4.4.2　棋盘多项式

n 个元素的某一全排列可以看作是 n 个棋子在一个 $n \times n$ 棋盘上的一种特殊布局，其特殊性在于当一个棋子放到棋盘的某一格子时，则这个格子所在的其它行和列便不能再布放其它任何棋子. 例如排列 3241 和图 4.4.1 的布局相对应.

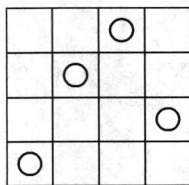

图 4.4.1　棋盘布局

所以，n 元排列与 n 个棋子在 $n \times n$ 棋盘上的布局，是一一对应的，而布局的规则则是棋子间不共行、不共列.

把棋盘记作 C，它可以是由小方格拼起来的任意形状的棋盘(如图 4.4.2 所示). 这里，先给出以下记号：

$r_k(C)$：将 k 个棋子布到棋盘 C 的不同方案数，规定 $r_0(C) = 1$；

$R(C)$：数列 $\{r_k\}$ 的母函数，称为 C 的棋盘多项式，即

$$R(C) = \sum_{k=0}^{n} r_k(C) x^k \qquad (4.4.2)$$

规定 $R(\varnothing) = 1$，其中 $\varnothing$ 表示一个格子也没有的空棋盘；

C_i：在 C 中去掉某一方格所在的行和列后所剩的棋盘，如图 4.4.2(a)中去掉 $*$ 所在的行与列后即为图 4.4.2(b)；

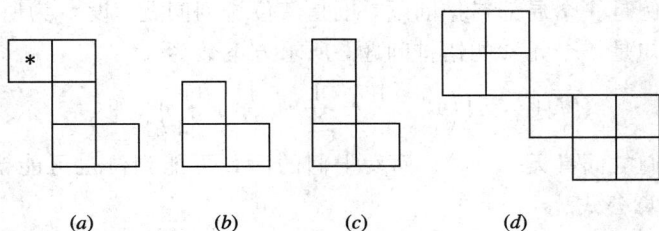

(a)　　　　(b)　　　　(c)　　　　(d)

图 4.4.2　棋盘举例

C_e：在 C 中去掉某一方格后所剩的棋盘，如图 4.4.2(c) 就是在图 4.4.2(a) 中去掉 * 所在的格子后剩下的棋盘.

若棋盘 C 可分为两个小棋盘 C_1 和 C_2，且 C 中任一行（或列）要么属于 C_1，要么属于 C_2，即同行（或列）中没有一部分属于 C_1、另一部分属于 C_2 的两种格子，则称棋盘 C 是可分离的，如图 4.4.2 中的 (d).

例如：

$$r_1(\square)=1,\ r_1\left(\,\boxminus\,\right)=2,\ r_1\left(\,\text{L}\,\right)=2,\ r_2\left(\,\boxminus\,\right)=0,\ r_2\left(\,\text{L}\,\right)=1$$

对简单的棋盘 C，通过观察可直接写出 $R(C)$：

$$R(\square)=1+x,\ R\left(\,\text{L}\,\right)=1+2x+x^2,\ R\left(\,\boxminus\,\right)=1+2x$$

$$R\left(\,\text{L}\,\right)=1+3x+x^2,\ R\left(\,\boxplus\,\right)=1+4x+2x^2,\ R\left(\,\text{L}\,\right)=1+4x+3x^2$$

$$R\left(\,\text{L}\,\right)=1+4x+4x^2+x^3$$

$$R\left(\,\text{L}\,\right)=1+C_4^1x+C_4^2x^2+C_4^3x^3+C_4^4x^4=(1+x)^4$$

显然，多项式 $R(C)$ 与棋盘 C 不是一一对应的.

定理 4.4.1

（1） $$r_k(C)=r_{k-1}(C_i)+r_k(C_e) \tag{4.4.3}$$

（2） $$R(C)=xR(C_i)+R(C_e) \tag{4.4.4}$$

（3）若 C 可分离为 C_1 和 C_2，则有

$$r_k(C)=\sum_{j=0}^k r_j(C_1)r_{k-j}(C_2) \tag{4.4.5}$$

$$R(C)=R(C_1)R(C_2) \tag{4.4.6}$$

证

（1）就某一格子而言，无非有两种可能，一是对该格子布有棋子，一是不布棋子，所有的布局依此可分为两类. 右端第一项 $r_{k-1}(C_i)$ 表示某格子放有棋子，而剩下的 $k-1$ 个棋子布到 C_i 棋盘上的方案数. 第二项 $r_k(C_e)$ 表示该格子不布棋子，所有 k 个棋子布到棋盘 C_e 上的方案数. 两类布法，不能同时出现，由加法法则可知，式（4.4.3）成立.

（2）由 $R(C)$ 的定义和式（4.4.3），有

$$R(C)=\sum_{k=0}^n \left[r_{k-1}(C_i)+r_k(C_e)\right]x^k$$

$$=x\sum_{k=1}^n r_{k-1}(C_i)x^{k-1}+\sum_{k=0}^n r_k(C_e)x^k$$

$$=xR(C_i)+R(C_e)$$

（3）由于 C_1 与 C_2 是分离的，故可以将 k 个棋子布到棋盘 C 上的方案分为 $k+1$ 类，即 C_1 上布 j 个棋子，C_2 上布 $k-j$ 个棋子，$j=0,1,\cdots,k$. 每一类有 $r_j(C_i)r_{k-j}(C_e)$ 种方案，

再对所有 j 求和，即得布 k 个棋子的总方案数为 $\sum\limits_{j=0}^{k} r_j(C_i) r_{k-j}(C_e)$．

其次，由 $R(C)$ 的定义式(4.4.5)，有

$$
\begin{aligned}
R(C) &= \sum_{k=0}^{n} \Big(\sum_{j=0}^{k} r_j(C_1) r_{k-j}(C_2) \Big) x^k \\
&= \Big[\sum_{j=0}^{n} r_j(C_1) x^j \Big] \Big[\sum_{k=0}^{n} r_k(C_2) x^k \Big] \\
&= R(C_1) R(C_2)
\end{aligned}
$$

其中当 $r > n$ 时，x^r 之前的系数肯定是 0．

利用式(4.4.4)和(4.4.6)，可以把一个较复杂的棋盘逐步分解为一批较简单的棋盘，从而比较容易地得到原棋盘的多项式．例如：

$$
R\Big(\boxplus_*\Big) = xR(\square) + R\Big(\boxminus\Big) = x(1+x) + (1+2x) = 1 + 3x + x^2
$$

$$
R\Big(\text{(shape)}\Big) = R\Big(\text{(shape)}\Big) R\Big(\boxminus\Big) = \Big[xR(\square\square) + R\Big(\boxplus\Big) \Big] R\Big(\boxminus\Big)
$$

$$
= [x(1+2x) + (1+3x+x^2)](1+2x)]
$$

$$
= x + 6x + 11x^2 + 6x^3
$$

4.4.3　有禁区的排列

若在 4 个元素 a_1，a_2，a_3，a_4 进行排列的过程中，限制 a_1 不能排在第 1 个位置，a_2 不能在 1、4 号位置，a_3 不在 2 号，a_4 不在 3 号．前面已经提到，可以将 4 元素的排列对应一个 4×4 的棋盘布局，对于某个具体排列，对应到棋盘上，如图 4.4.1 所示，棋盘上的第 i 列对应第 i 个棋子（即 a_i），第 j 行对应该棋子所布放的位置．现在用带阴影线的格子表示限制，称为禁区．所以，有限制的 n 元排列与 n 个棋子在带有禁区的 $n \times n$ 棋盘 C 上的布局又一一对应起来．求有限制的排列数就等价于求有禁区的棋盘的布局方案数．

另一方面，可以将禁区视为一个随意形状的棋盘 A，棋盘 C 去掉 A 后余下的部分也是一个形状不规则的棋盘，叫做 B．显然，将棋子布入 B 的方案数就是在 C 上符合条件的方案数．所以，只要计算出 n 个棋子至少有一个在 A 上的布局方案数 $N[A]$（即不符合条件的方案数），再用总的 n 元排列数 $n!$ 减去 $N[A]$，即得在 B 上的布局方案数 $N[B]$．

定理 4.4.2

$$
N[A] = r_1(A) \cdot (n-1)! - r_2(A) \cdot (n-2)! + \cdots + (-1)^{n-1} r_n(A) \cdot 0!
$$

$$(4.4.7)$$

或

$$
N[B] = n! - r_1(A) \cdot (n-1)! + r_2(A) \cdot (n-2)! - \cdots + (-1)^n r_n(A) \cdot 0!
$$

$$(4.4.8)$$

证　设 n 元排列 $a_1 a_2 \cdots a_n$，其中 a_i 是第 i 号棋子落在第 i 行的位置，如 2314657 表示第 1 号棋子放在第 1 行的 2 号位置（即第 2 列），棋子 2 在第 2 行的 3 号位（第 3 列），棋子 3 在第 3 行的 1 号位（第 1 列），……．令 P_i 表示第 i 个棋子放入禁区的性质，集合 A_i 表示具

有性质 P_i 的所有布局方案集.

一个棋子落入禁区 A 的方案数显然为 $r_1(A)$，而剩下的 $n-1$ 个棋子为无限制条件的排列，故至少有一个棋子落在 A 上的方案数为 $r_1(A) \cdot (n-1)!$. 同理，两个棋子落入禁区 A 的方案数显然为 $r_2(A)$，而剩下的 $n-2$ 个棋子为无限制条件的排列，故至少有两个棋子落在 A 上的方案数为 $r_2(A) \cdot (n-2)!$，…… 总的排列方案数共 $n!$ 个，所以由容斥原理和逐步淘汰原理，即知式(4.4.7)和(4.4.8)成立.

【例 4.4.4】 设有 4 个元素的排列，其中要求第 1 个元素不能排在第 1 个位置，第 2 个元素不能在 1、4 号位置，元素 3 不能在 2 号位置，元素 4 不能在 3 号位置. 问共有多少排列方案数.

解 所提排列问题对应有禁区的棋盘 C(见图 4.4.3 (a))，其禁区 A(见图 4.4.3 (b))可分离为两个小棋盘 A_1 和 A_2(见图 4.4.3 (c)).

显见

$$R(A_1) = 1 + 3x + x^2$$
$$R(A_2) = 1 + 2x + x^2$$

由公式(4.4.6)可得到

$$R(A) = (1 + 3x + x^2)(1 + 2x + x^2)$$
$$= 1 + 5x + 8x^2 + 5x^3 + x^4$$

由定理 4.4.2，所求排列数应为

$$N[B] = 4! - r_1(A)3! + r_2(A)2! - r_3(A)1! + r_4(A)0!$$
$$= 4! - 5 \times 3! + 8 \times 2! - 5 \times 1! + 1 \times 0!$$
$$= 6$$

这 6 个满足条件的排列是

$$2314 \quad 2341 \quad 3214 \quad 3241 \quad 4231 \quad 4312$$

这样的实际问题很多，如工作安排(即匹配)问题：设有 A、B、C、D 四位工作人员，要完成 x、y、z、w 四项任务，但 A 不适合去做事情 y，B 不适合做事情 y、z，C 不适合做 z、w，D 不适合做 w. 读者可以试计算，若要求每人完成一项各自所适宜的任务，共有多少种分配任务的方案？

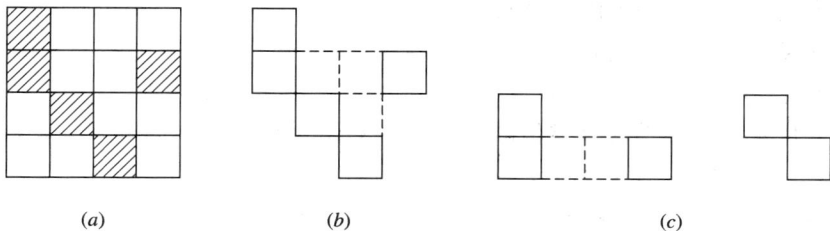

图 4.4.3 有禁区的排列

【例 4.4.5】(错排问题) 即第 i 个棋子不能排在第 i 行的第 i 个位置，问题可以看作在一个 $n \times n$ 的棋盘上，以对角线上的方格为禁区 A 的布局问题，求布局方案数.

解 如图 4.4.4 所示，阴影部分为禁区构成的棋盘 A，由式(4.4.6)知

$$R(A) = R(\square) \cdots R(\square) = (1 + x)^n$$

从而必有

$$r_k(A) = C_n^k, \quad k = 1, 2, \cdots, n$$

因此，由公式(4.4.8)可得错排的方案数为

$$D_n = N[B] = n! - C_n^1(n-1)! + C_n^2(n-2)! - \cdots + (-1)^n C_n^n(n-n)!$$

$$= n!\left(1 - \frac{1}{1!} + \frac{1}{2!} - \cdots + (-1)^n \frac{1}{n!}\right)$$

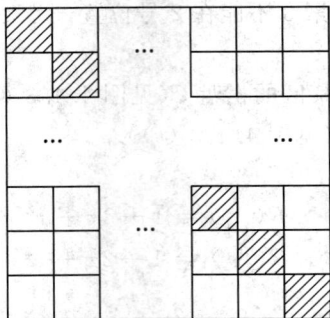

图 4.4.4　错排问题的棋盘布局

*4.5　反 演 公 式

在某些组合(计数)问题中，很多组合数都不易直接得出明显的计算公式. 但能从实际问题出发，得到未知量所满足的一组方程，然后通过解方程得出这些未知量的解.

例如，前面已经用几种方法解决了错排的计数问题，现在，仍以此为例，给出另一种新的解决方法.

已知 n 个相异元素的错排数为 D_n，其中有 k 个元素在其原来位置(保位)，其余 $n-k$ 个元素都不在原来位置(错位)的"保位问题"的排列数为 $D_n[k] = C_n^k \cdot D_{n-k}$(见例 4.3.3).为了求解 D_n，先建立关于 D_k 的方程($k = 1, 2, \cdots, n$).

n 个元素的全排列可分为以下情况：

0 个元素保位，n 个元素错位；

1 个元素保位，$n-1$ 个元素错位；

2 个元素保位，$n-2$ 个元素错位；

⋮

n 个元素保位，0 个元素错位.

因此有

$$n! = \sum_{k=0}^{n} C_n^k D_{n-k}$$

或

$$\sum_{k=0}^{n} C_n^k D_k = E_n, \quad n = 1, 2, \cdots$$

解之，得

$$D_n = \sum_{i=0}^{n} (-1)^i C_n^i (n-i)! = \sum_{i=0}^{n} (-1)^{n-1} C_n^i E_i$$

解法见后。

归纳起来，就是已知 f_k 是某个计数问题的解，以及 f_k 所满足的关系式

$$\sum_{k=0}^{n} c_{nk} f_k = g_n \tag{4.5.1}$$

式中 c_{nk} 为常数，g_n 已知，然后针对式(4.5.1)解隐式方程，得到

$$f_n = \sum_{i=0}^{n} d_{ni} g_i \tag{4.5.2}$$

式中 d_{ni} 为常数. 这类问题就称为**反演问题**，通常把式(4.5.1)和(4.5.2)这对等式称为**反演公式**或**互逆公式**. 常数 c_{nk} 和 d_{ni} 称为**连结系数**.

反演也可以看做求逆变换. 即已知序列 $f_0, f_1, f_2, \cdots, f_n$ 到序列 $g_0, g_1, g_2, \cdots, g_n$ 的变换式(4.5.1)，求 $g_0, g_1, g_2, \cdots, g_n$ 到 $f_0, f_1, f_2, \cdots, f_n$ 的逆变换式(4.5.2).

本节的任务就是针对某些典型的反演问题，给出具体的求解结果.

将式(4.5.1)和(4.5.2)用矩阵表示，有

$$\boldsymbol{CF} = \boldsymbol{G}, \qquad \boldsymbol{DG} = \boldsymbol{F}$$

其中，$\boldsymbol{C} = (c_{ij})_{(n+1) \times (n+1)}$，$\boldsymbol{D} = (d_{ij})_{(n+1) \times (n+1)}$，均为下三角方阵；$\boldsymbol{F} = (f_0, f_1, \cdots, f_n)^{\mathrm{T}}$；$\boldsymbol{G} = (g_0, g_1, \cdots, g_n)^{\mathrm{T}}$.

不难看出，反演公式(4.5.1)和(4.5.2)等价于相应的变换矩阵 $\boldsymbol{C}$ 和 $\boldsymbol{D}$ 是互逆的. 因此，只要能构造出两个互逆的下三角矩阵，便能得到相应的反演公式.

4.5.1　第一反演公式

定理 4.5.1　设有两个(实系数)的多项式序列 $\{P_k(x)\}$ 和 $\{Q_k(x)\}$(均为 k 次多项式，$k = 0, 1, 2, \cdots, n$)，满足

$$P_k(x) = \sum_{i=0}^{k} c_{ki} Q_i(x), \qquad Q_k(x) = \sum_{i=0}^{k} d_{ki} P_i(x) \tag{4.5.3}$$

则对于两组实数序列 $\{a_k\}$ 和 $\{b_k\}$，有

$$a_k = \sum_{i=0}^{k} c_{ki} b_i \iff b_k = \sum_{i=0}^{k} d_{ki} a_i, \quad k = 0, 1, \cdots, n \tag{4.5.4}$$

证　令

$$\boldsymbol{P}(x) = \begin{bmatrix} P_0(x) \\ P_1(x) \\ \vdots \\ P_n(x) \end{bmatrix}, \quad \boldsymbol{Q}(x) = \begin{bmatrix} Q_0(x) \\ Q_1(x) \\ \vdots \\ Q_n(x) \end{bmatrix}, \quad \boldsymbol{A} = \begin{bmatrix} a_0 \\ a_1 \\ \vdots \\ a_n \end{bmatrix}, \quad \boldsymbol{B} = \begin{bmatrix} b_0 \\ b_1 \\ \vdots \\ b_n \end{bmatrix}$$

$$\boldsymbol{C} = \begin{bmatrix} c_{00} & 0 & 0 & \cdots & 0 \\ c_{10} & c_{11} & 0 & \cdots & 0 \\ c_{20} & c_{21} & c_{22} & \cdots & 0 \\ \vdots & \vdots & \vdots & & \vdots \\ c_{n0} & c_{n1} & c_{n2} & \cdots & c_{nn} \end{bmatrix}, \quad \boldsymbol{D} = \begin{bmatrix} d_{00} & 0 & 0 & \cdots & 0 \\ d_{10} & d_{11} & 0 & \cdots & 0 \\ d_{20} & d_{21} & d_{22} & \cdots & 0 \\ \vdots & \vdots & \vdots & & \vdots \\ d_{n0} & d_{n1} & d_{n2} & \cdots & d_{nn} \end{bmatrix}$$

则式(4.5.3)可用矩阵表示为

$$\boldsymbol{P}(x) = \boldsymbol{CQ}(x) \quad 和 \quad \boldsymbol{Q}(x) = \boldsymbol{DP}(x)$$

式(4.5.4)的矩阵表示形式为

$$\boldsymbol{A} = \boldsymbol{CB}, \quad \boldsymbol{B} = \boldsymbol{DA}$$

那么,从矩阵运算角度,有

$$\boldsymbol{P}(x) = \boldsymbol{CQ}(x) = (\boldsymbol{CD})\boldsymbol{P}(x)$$

由 x 的任意性且 $P_0(x)$,$P_1(x)$,$\cdots$,$P_n(x)$ 是不同次数的多项式,因此必有

$$\boldsymbol{CD} = \boldsymbol{E}_{n+1}$$

其中 $\boldsymbol{E}_{n+1}$ 是 $n+1$ 阶单位矩阵. 所以,$\boldsymbol{C}$、$\boldsymbol{D}$ 为互逆矩阵,即

$$\boldsymbol{C} = \boldsymbol{D}^{-1}$$

于是

$$\boldsymbol{A} = \boldsymbol{CB} \Longleftrightarrow \boldsymbol{A} = \boldsymbol{D}^{-1}\boldsymbol{B} \Longleftrightarrow \boldsymbol{B} = \boldsymbol{DA}$$

证毕.

本定理表明,由于用连结系数所构成的两个(左下三角矩阵)是互逆的,从而由此导出了用相应连结系数所确定的一对反演公式.

推论 4.5.1　二项式反演公式:

$$a_k = \sum_{i=0}^{k} C_k^i b_i \Longleftrightarrow b_k = \sum_{i=0}^{k} (-1)^{k-i} C_k^i a_i, \ k = 0, 1, \cdots, n \tag{4.5.5}$$

证　取 $P_k(x) = x^k$,$Q_k(x) = (x-1)^k$,由二项式定理知

$$x^k = \{(x-1)+1\}^k = \sum_{i=0}^{k} C_k^i (x-1)^i$$

$$(x-1)^k = \sum_{i=0}^{k} (-1)^i C_k^i x^{k-i} = \sum_{i=0}^{k} (-1)^{k-i} C_k^i x^i$$

可见两个多项式族 $\{x^k\}$ 和 $\{(x-1)^k\}$ 满足关系式(4.5.3),由定理即得式(4.5.5).

二项式反演公式也可以写成如下的对称形式:

$$a_k = \sum_{i=0}^{k} (-1)^i C_k^i b_i \Longleftrightarrow b_k = \sum_{i=0}^{k} (-1)^i C_k^i a_i, \ k = 0, 1, \cdots, n \tag{4.5.6}$$

推论 4.5.2　Stirling 反演公式:

$$a_k = \sum_{i=0}^{k} S_2(k,i) b_i \Longleftrightarrow b_k = \sum_{i=0}^{k} S_1(k,i) a_i, \ k = 0, 1, \cdots, n \tag{4.5.7}$$

其中,$S_1(k,i)$、$S_2(k,i)$ 分别为第一类和第二类 Stirling 数.

证　取 $P_k(x) = x^k$,$Q_k(x) = [x]_k = x(x-1)(x-2)\cdots(x-k+1)$(即下阶乘函数,见 3.4.2节),那么,由 Stirling 数的定义即知式(4.5.7)成立.

推论 4.5.3　拉赫(Lah)反演公式:

$$a_k = \sum_{i=0}^{k} L(k,i) b_i \Longleftrightarrow b_k = \sum_{i=0}^{k} L(k,i) a_i, \ k = 0, 1, \cdots, n \tag{4.5.8}$$

其中,$L(k,i)$ 为 Lah 数,它是由等式 $[-x]_k = \sum_{i=0}^{k} L(k,i)[x]_i$ 来定义的,即 $L(k,i)$ 是函数 $[-x]_k$ 按下阶乘函数 $[x]_i$ 展开的系数.

证　取 $P_k(x) = [-x]_k$,$Q_k(x) = [x]_k$. 由下阶乘函数 $[x]_k$ 和 Lah 数 $L(k,i)$ 的定

义知

$$[-x]_k = (-x)(-x-1)(-x-2)\cdots(-x-k+1)$$
$$= (-1)^k x(x+1)(x+2)\cdots(x+k-1)$$

是 x 的多项式，故可以按 $[x]_i$ 展开成

$$[-x]_k = \sum_{i=0}^{k} L(k,i)[x]_i$$

再在上式中以 $-x$ 代替 x，可得

$$[x]_k = \sum_{i=0}^{k} L(k,i)[-x]_i$$

按照定理，即得式(4.5.8).

【例 4.5.1】(错排问题)　已知 $E_k = \sum_{i=0}^{k} C_k^i D_i$ ，令 $a_k = E_k = k!$，则由式(4.5.5)，有

$$D_k = b_k = \sum_{i=0}^{k} (-1)^{k-i} C_k^i a_i = \sum_{i=0}^{k} (-1)^{k-i} C_k^{k-i} i!$$
$$= \sum_{i=0}^{k} (-1)^i C_k^i (k-i)! = k! \sum_{i=0}^{k} \frac{(-1)^i}{i!}$$

4.5.2　墨比乌斯(Möbius)反演公式

Möbius 反演公式是初等数论中一个古典的反演公式，它在组合数学、信息论以及应用物理等逆问题的研究中都有着重要应用.

定义 4.5.1　Möbius 函数 $\mu(n)$ 定义为

$$\mu(n) = \begin{cases} 1, & \text{当 } n=1 \text{ 时} \\ 0, & \text{当 } n \text{ 含有平方素因子时} \\ (-1)^k, & \text{当 } n \text{ 是 } k \text{ 个互异素因子之积时} \end{cases}$$

例如，$\mu(2) = (-1)^1 = -1$，$\mu(9) = \mu(3^2) = 0$，$\mu(10) = \mu(2 \times 5) = (-1)^2 = 1$，$\mu(126) = \mu(2 \times 3^2 \times 7) = 0$.

定理 4.5.2　对任意正整数 n，有

$$\sum_{d|n} \mu(d) = \begin{cases} 1, & \text{当 } n=1 \text{ 时} \\ 0, & \text{当 } n>1 \text{ 时} \end{cases}$$

其中 $\sum_{d|n} \mu(d)$ 表示让 d 取遍 n 的所有正因子而对 $\mu(d)$ 求和，包括因子 1 和 n. 其中符号 $d|n$ 表示 d 能整除 n.

证　当 $n=1$ 时，由定义知 $\mu(n)=1$.

当 $n>1$ 时，设 n 的标准素因子分解式为

$$n = p_1^{\alpha_1} p_2^{\alpha_2} \cdots p_k^{\alpha_k}$$

并令

$$n^* = p_1 p_2 \cdots p_k$$

显见，若 d 能整除 n^*，则 d 必能整除 n；若 d 能整除 n，但 d 不能整除 n^*，则 d 必含平方素因子，从而 $\mu(d)=0$. 于是，在求和式 $\sum_{d|n} \mu(d)$ 中只要考虑 $n^* = p_1 p_2 \cdots p_k$ 的因子就够了. 对于那些是 n 的因子而又不是 n^* 的因子的数 d，由于 $\mu(d)=0$，就不用考虑了.

所以，问题化简为

$$\sum_{d|n} \mu(d) = \sum_{d|n^*} \mu(d) = \mu(1) + \sum_{i=1}^{k} \mu(p_i) + \sum_{1 \le i < j \le k} \mu(p_i p_j) + \cdots + \mu(p_1 p_2 \cdots p_k)$$

$$= 1 + C_k^1(-1) + C_k^2(-1)^2 + \cdots + C_k^k(-1)^k$$

$$= (1-1)^k = 0$$

证毕.

【例 4.5.2】 关于 Euler 函数 $\varphi(n)$ 的一个公式如下：

$$\varphi(n) = n \sum_{d|n} \frac{\mu(d)}{d} \tag{4.5.9}$$

证　如果 $n=1$，等式显然成立.

若 $n>1$，设 $n = p_1^{\alpha_1} p_2^{\alpha_2} \cdots p_k^{\alpha_k}$，并令 $n^* = p_1 p_2 \cdots p_k$，则

$$n \sum_{d|n} \frac{\mu(d)}{d} = n \sum_{d|n^*} \frac{\mu(d)}{d}$$

$$= n \left(\mu(1) + \sum_{i=1}^{k} \frac{\mu(p_i)}{p_i} + \sum_{1 \le i < j \le k} \frac{\mu(p_i p_j)}{p_i p_j} + \cdots + \frac{\mu(p_1 p_2 \cdots p_k)}{p_1 p_2 \cdots p_k} \right)$$

$$= n \left(1 + \sum_{i=1}^{k} \frac{(-1)}{p_i} + \sum_{1 \le i < j \le k} \frac{(-1)^2}{p_i p_j} + \cdots + \frac{(-1)^k}{p_1 p_2 \cdots p_k} \right)$$

$$= n \left(1 - \sum_{i=1}^{k} \frac{1}{p_i} + \sum_{1 \le i < j \le k} \frac{1}{p_i p_j} - \cdots + (-1)^k \frac{1}{p_1 p_2 \cdots p_k} \right)$$

$$= \varphi(n)$$

定理 4.5.3　古典 Möbius 反演公式：设 $f(n)$、$g(n)$ 是自然数集上的两个函数，则

$$f(n) = \sum_{d|n} g(d) \iff g(n) = \sum_{d|n} \mu(d) f\left(\frac{n}{d}\right) \tag{4.5.10}$$

证　先证必要性. 若式(4.5.10)左端的等式对自然数 n 成立，那么它对自然数 $\frac{n}{d}$ 也应该成立，即将式 $f(n) = \sum_{d|n} g(d)$ 中的 n 换为 $\frac{n}{d}$，有 $f\left(\frac{n}{d}\right) = \sum_{d_1 | \frac{n}{d}} g(d_1)$，从而有

$$\sum_{d|n} \mu(d) f\left(\frac{n}{d}\right) = \sum_{d|n} \mu(d) \sum_{d_1 | \frac{n}{d}} g(d_1) = \sum_{d_1 | n} g(d_1) \sum_{d | \frac{n}{d_1}} \mu(d)$$

由定理 4.5.2 知

$$\sum_{d \left| \frac{n}{d_1} \right.} \mu(d) = \begin{cases} 1, & \text{当} \frac{n}{d_1} = 1 (\text{即 } n = d_1) \\ 0, & \text{当} \frac{n}{d_1} > 1 (\text{即 } n > d_1) \end{cases}$$

故

$$\sum_{d_1 | n} g(d_1) \sum_{d \left| \frac{n}{d_1} \right.} \mu(d) = g(n)$$

同理可证充分性成立.

【例 4.5.3】 利用 Möbius 反演公式，将 n 用 Euler 函数 $\varphi(d)$ 表示.

因为

$$\varphi(n) = n \sum_{d \mid n} \frac{\mu(d)}{d} = \sum_{d \mid n} \mu(d) \frac{n}{d}$$

在式(4.5.10)中，令 $g(n) = \varphi(n)$，$f\left(\dfrac{n}{d}\right) = \dfrac{n}{d}$（即函数 f 取值为 $f(n) = n$），那么，由定理 4.5.3 知

$$n = f(n) = \sum_{d \mid n} g(d) = \sum_{d \mid n} \varphi(d)$$

故
$$n = \sum_{d \mid n} \varphi(d) \tag{4.5.11}$$

式(4.5.9)和(4.5.11)构成了 n 与 $\varphi(n)$ 之间的互为逆变换的关系，或者说二者满足 Möbius 反演.

【例 4.5.4】(可重圆排列问题) 从 m 类相异元素中可重复地取出 n 个元素，排成一个圆圈，求这样的圆排列个数.

解 此问题要比可重复的线排列复杂得多. 因为将某个给定的 m 元不重圆排列在某两个元素的中间断开，就对应一个线排列；断开的位置不同，对应的线排列也不同. 因此，同一个圆排列对应 m 个不同的线排列，从而 m 个相异元素的不重圆排列数为 $m!/m = (m-1)!$. 但对可重圆排列，上述规律未必成立，即从 m 个相异元素中可重复地取 n 个构成的圆排列的个数并不能简单地直接推广为 m^n/n. 例如，设集合 $A = \{a_1, a_2, \cdots, a_m\}$ 有 m 个相异元素，当 $d \mid n$ 时，取其不同的部分元素 $a_1, a_2, \cdots, a_d$ 重复 n/d 次构成的（n 个元素的）圆排列

$$\odot \underbrace{a_1 a_2 \cdots a_d \ \ a_1 a_2 \cdots a_d \ \cdots \ a_1 a_2 \cdots a_d}_{\frac{n}{d} \text{ 组}}$$

只能形成 d 个不同的线排列（$\odot$ 表示上述 n 个元素首尾相接形成一个圆排列）.

$$\left.\begin{array}{l} a_1 a_2 \cdots a_d a_1 a_2 \cdots a_d \cdots a_1 a_2 \cdots a_d \\ a_2 a_3 \cdots a_d a_1 a_2 a_3 \cdots a_d a_1 \cdots a_2 a_3 \cdots a_d a_1 \\ \vdots \\ a_d a_1 \cdots a_{d-1} a_d a_1 \cdots a_{d-1} \cdots a_d a_1 \cdots a_{d-1} \end{array}\right\} d \text{ 个}$$

例如，$m = 8$，$A = \{1, 2, \cdots, 8\}$，$n = 6$，某些圆排列与线排列的对应关系见表 4.5.1.

表 4.5.1 圆排列与线排列的对应关系

圆排列	线 排 列	比例	出现的字符数
⊙222222	222222	1 : 1	1
⊙121212	121212, 212121	1 : 2	2
⊙655655	655655, 556556, 565565	1 : 3	2
⊙222226	222226, 222262, 222622, 226222, 262222, 622222	1 : 6	2
⊙362362	362362, 623623, 236236	1 : 3	3
⊙362236	362236, 622363, 223636, 236362, 363622, 636223	1 : 6	3
⊙142255	142255, 422551, 225514, 255142, 551422, 514225	1 : 6	4
⊙143516	143516, 435161, 351614, 516143, 161435, 614351	1 : 6	5
⊙135462	135462, 354621, 546213, 462135, 621354, 213546	1 : 6	6

一个圆排列中所含元素的个数称为该圆排列的长度(重复出现的元素按其重复出现次数统计). 长度为 n 的圆排列简称为 n 圆排列. 一个圆排列如果可由某个长度为 k 的线排列在圆周上重复若干次而产生,则把这种 k 中的最小者称为该圆排列的(最小)周期. 因此,任何一个圆排列必有一个周期,而且周期必是圆排列长度的因子. 不重的 m 圆排列只是长度和周期都等于 m 的特殊可重圆排列而已.

将周期为 d 的 n 可重圆排列的个数记为 $M(d)$,则周期是 d 的全部 n 可重圆排列所对应的 n 可重线排列的个数是 $d \cdot M(d)$. 对所有的周期进行求和,便得到

$$\sum_{d \mid n} d \cdot M(d) = m^n \tag{4.5.12}$$

其中 m^n 是集合 A 所有元素的 n 可重线排列的个数,和式遍取 n 的所有因子(包括 1 与 n 本身).

令 $f(n) = m^n$,$g(n) = n \cdot M(n)$,利用古典 Möbius 反演公式(4.5.10),可得

$$n \cdot M(n) = g(n) = \sum_{d \mid n} \mu(d) m^{n/d}$$

即

$$M(n) = \frac{1}{n} \sum_{d \mid n} \mu(d) m^{n/d}$$

它表示以 n 为周期的 n 可重圆排列的个数.

对于周期为 d 的 n 可重圆排列,由上边的叙述过程可以看出,其排列个数与周期为 d 的 d 可重圆排列数是一样的. 其原因在于只要将后者重复 n/d 次,即可得到前一种情形的一个 n 可重圆排列. 反之也如此,即在周期为 d 的 n 可重圆排列中,任选连续相临排列的 d 个元素,即得后一种情形的一个 d 可重圆排列. 即两者是一一对应的. 所以,周期为 d 的 n 可重圆排列数为

$$M(d) = \frac{1}{d} \sum_{k \mid d} \mu(k) m^{\frac{d}{k}}$$

若用 $T(n)$ 表示长度为 n 的所有 n 可重圆排列的个数,那么

$$T(n) = \sum_{d \mid n} M(d) \tag{4.5.13}$$

可以证明

$$T(n) = \sum_{d \mid n} \frac{m^d}{d} \sum_{d_1 \mid \frac{n}{d}} \frac{\mu(d_1)}{d_1} = \frac{1}{n} \sum_{d \mid n} \varphi(d) m^{n/d} \tag{4.5.14}$$

其中 $\varphi(d)$ 为 Euler 函数.

【例 4.5.5】 对于字母集 $\{\infty \cdot x, \infty \cdot y, \infty \cdot z\}$,求:

(1) 周期为 4 的 4 可重圆排列的个数,并列出每一种排列方案;

(2) 所有的 4 可重圆排列的个数.

解 (1) 由周期为 n 的可重圆排列数的计算公式知

$$M(4) = \frac{1}{4} \sum_{d \mid 4} \mu(d) \cdot 3^{\frac{4}{d}} = \frac{1}{4} [\mu(1) \cdot 3^4 + \mu(2) \cdot 3^2 + \mu(4) \cdot 3]$$

其中,

$$\mu(1) = 1, \mu(2) = -1, \mu(4) = \mu(2^2) = 0$$

故知

$$M(4) = \frac{1}{4} \cdot (3^4 - 3^2) = 18$$

那么，18 个(周期为 4)的 4 可重圆排列的枚举情况见表 4.5.2.

表 4.5.2　由 3 类元素组成的 4 可重圆排列(周期为 4)

不含 x 的(3 个)	含 1 个 x(8 个)	含 2 个 x(5 个)	含 3 个 x(2 个)
$\odot\,y\,y\,y\,z$	$\odot\,x\,y\,y\,y$	$\odot\,x\,x\,y\,y$	$\odot\,x\,x\,x\,y$
$\odot\,y\,z\,z\,z$	$\odot\,x\,z\,z\,z$	$\odot\,x\,x\,y\,z$	$\odot\,x\,x\,x\,z$
$\odot\,y\,y\,z\,z$	$\odot\,x\,y\,y\,z$	$\odot\,x\,x\,z\,y$	
	$\odot\,x\,y\,z\,y$	$\odot\,x\,y\,x\,z$	
	$\odot\,x\,y\,z\,z$	$\odot\,x\,x\,z\,z$	
	$\odot\,x\,z\,y\,y$		
	$\odot\,x\,z\,y\,z$		
	$\odot\,x\,z\,z\,y$		

(2) 由计算全部 n 可重圆排列数的计算公式(4.5.13)知

$$T(4) = \sum_{d \mid 4} M(d) = M(1) + M(2) + M(4)$$

其中

$$M(1) = 3$$

$$M(2) = \frac{1}{2}\big[\mu(1) \cdot 3^2 + \mu(2) \cdot 3\big] = \frac{1}{2}(3^2 - 3) = 3$$

$$M(4) = 18$$

所以

$$T(4) = 3 + 3 + 18 = 24$$

表 4.5.3 给出了这 24 个 4 可重圆排列.

表 4.5.3　由 3 个元素组成的全部 4 可重圆排列

$d = 1$ (3 个)	$d = 2$ (3 个)	$d = 4$ (18 个)
$\odot\,x\,x\,x\,x$	$\odot\,x\,y\,x\,y$	表 4.5.2 中的 18 个
$\odot\,y\,y\,y\,y$	$\odot\,x\,z\,x\,z$	
$\odot\,z\,z\,z\,z$	$\odot\,y\,z\,y\,z$	

上边给出了无限重复的圆排列个数的计算公式. 而对于有限重复的情形，问题将复杂得多. 下面将不加证明地给出这些结果.

定理 4.5.4(多元函数的麦比乌斯反演公式)　设 f、g 均是以自然数为变元的 m 元函数，则

$$f(n_1, n_2, \cdots, n_m) = \sum_{d \mid (n_1, n_2, \cdots, n_m)} g\left(\frac{n_1}{d}, \frac{n_2}{d}, \cdots, \frac{n_m}{d}\right) \Longleftrightarrow$$

$$g(n_1, n_2, \cdots, n_m) = \sum_{d \mid (n_1, n_2, \cdots, n_m)} \mu(d) f\left(\frac{n_1}{d}, \frac{n_2}{d}, \cdots, \frac{n_m}{d}\right) \tag{4.5.15}$$

推论 1　设集合 $S = \{n_1 \cdot e_1, n_2 \cdot e_2, \cdots, n_m \cdot e_m\}$，且 $n_1 + n_2 + \cdots + n_m = n$，则由这 n 个元素作成的圆排列称为 n **有限可重圆排列**，记作 $(n_1, n_2, \cdots, n_m)$ 圆排列. 那么，有：

(1) 周期为 n 的 $(n_1, n_2, \cdots, n_m)$ 圆排列的个数为

$$M(n_1, n_2, \cdots, n_m) = \frac{1}{n} \sum_{d \mid (n_1, n_2, \cdots, n_m)} \mu(d) \frac{\left(\dfrac{n}{d}\right)!}{\left(\dfrac{n_1}{d}\right)! \left(\dfrac{n_2}{d}\right)! \cdots \left(\dfrac{n_m}{d}\right)!} \quad (4.5.16)$$

(2) 所有 $(n_1, n_2, \cdots, n_m)$ 圆排列的总个数为

$$T(n_1, n_2, \cdots, n_m) = \frac{1}{n} \sum_{d \mid (n_1, n_2, \cdots, n_m)} \varphi(d) \frac{\left(\dfrac{n}{d}\right)!}{\left(\dfrac{n_1}{d}\right)! \left(\dfrac{n_2}{d}\right)! \cdots \left(\dfrac{n_m}{d}\right)!} \quad (4.5.17)$$

推论 2　当 $(n_1, n_2, \cdots, n_m) = 1$ 时，有

$$M(n_1, n_2, \cdots, n_m) = T(n_1, n_2, \cdots, n_m)$$

$$= \frac{1}{n} \frac{n!}{n_1! n_2! \cdots n_m!} = \frac{(n_1 + n_2 + \cdots + n_m - 1)!}{n_1! n_2! \cdots n_m!} \quad (4.5.18)$$

【例 4.5.6】　(1) 重集 $S = \{2a, 4b\}$，求其周期和长度都是 6 的 $(2, 4)$ 圆排列的个数；

(2) 求重集 $S = \{3a, 6b\}$ 的所有 $(3, 6)$ 圆排列数.

解　(1) 根据定理 4.5.4 推论 1 的公式 (4.5.16)，有

$$M(2, 4) = \frac{1}{6} \sum_{d \mid (2, 4)} \mu(d) \frac{\left(\dfrac{6}{d}\right)!}{\left(\dfrac{2}{d}\right)! \left(\dfrac{4}{d}\right)!}$$

$$= \frac{1}{6} \left(\mu(1) \frac{6!}{2! 4!} + \mu(2) \frac{3!}{1! 2!} \right)$$

$$= \frac{1}{6} (15 - 3) = 2$$

相应的两个圆排列是

$$\odot\, x\, x\, y\, y\, y\, y, \quad \odot\, x\, y\, x\, y\, y\, y$$

(2) 由定理 4.5.4 推论 1 的公式 (4.5.17)，得

$$T(3, 6) = \frac{1}{9} \sum_{d \mid (3, 6)} \varphi(d) \frac{\left(\dfrac{9}{d}\right)!}{\left(\dfrac{3}{d}\right)! \left(\dfrac{6}{d}\right)!}$$

$$= \frac{1}{9} \left(\varphi(1) \frac{9!}{3! 6!} + \varphi(3) \frac{3!}{1! 2!} \right)$$

$$= \frac{1}{9} (1 \times 84 + 2 \times 3) = 10$$

这 10 个圆排列的具体排列情形见表 4.5.4.

表 4.5.4　重集 $S = \{3a, 6b\}$ 的 $(3, 6)$ 圆排列

周期为 9 的 $(3,6)$ 圆排列（9 个）	周期为 3 的 $(3,6)$ 圆排列（1 个）
$\odot xxxyyyyyy$, $\odot xxyxyyyyy$, $\odot xxyyxyyyy$, $\odot xxyyyxyyy$, $\odot xxyyyyxyy$, $\odot xxyyyyyxy$, $\odot xyxyxyyyy$, $\odot xyxyyxyyy$, $\odot xyxyyyxyy$	$\odot xyyxyyxyy$

习 题 四

1. 试求不超过 200 的正整数中素数的个数.

2. 问由 1 到 2000 的整数中：

(1) 至少能被 2, 3, 5 之一整除的数有多少个.

(2) 至少能被 2, 3, 5 中 2 个数同时整除的数有多少个.

(3) 能且只能被 2, 3, 5 中 1 个数整除的数有多少个.

3. 求从 1 到 500 的整数中能被 3 和 5 整除但不能被 7 整除的数的个数.

4. 某人参加一种会议，会上有 6 位朋友，他和其中每一人在会上各相遇 12 次，每二人各相遇 6 次，每三人各相遇 4 次，每四人各相遇 3 次，每五人各相遇 2 次，与六人都相遇 1 次，一人也没遇见的有 5 次. 问该人共参加几次会议.

5. n 位的四进制数中，数字 1, 2, 3 各自至少出现一次的数有多少个？

6. 某照相馆给 n 个人分别照相后，装入每人的纸袋里，问出现以下情况有多少种可能：

(1) 没有任何一个人得到自己的相片；

(2) 至少有一人得到自己的相片；

(3) 至少有两人得到自己的相片.

7. 把 $\{a, a, a, b, b, b, c, c, c\}$ 排成相同字母互不相邻的排列，有多少种排法？

8. 把 1, 2, $\cdots$, n 排成一圈，令 $f(n)$ 表示没有相邻数字恰好是自然顺序的排列数.

(1) 求 $f(n)$;

(2) 证明 $f(n) + f(n+1) = D_n$.

9. n 个单位各派两名代表出席一个会议，$2n$ 位代表围圆桌而坐，试问：

(1) 同一单位的代表相邻而坐的方案数是多少；

(2) 同一单位的代表互不相邻的方案数又是多少.

10. 一书架有 m 层，分别放置 m 类不同种类的书，每层 n 册，现将书架上的图书全部取出整理，整理过程中要求同一类的书仍然放在同一层，但可以打乱顺序，试问：

(1) m 类书全不在各自原来层次上的方案数是多少；

(2) 每层的 n 本书都不在原来位置上的方案数是多少；

(3) m 层书都不在原来层次，每层 n 本书也不在原来位置上的方案数又是多少.

11. n 个人参加一晚会，每人寄存一顶帽子和一把雨伞，会后各人也是任取一顶帽子和一把雨伞，问：

(1) 有多少种可能使得没有人能拿到他原来的任一件物品；

(2) 有多少种可能使得没有人能同时拿到他原来的两件物品.

12. 分别求出满足下列各条件时方程 $x_1 + x_2 + x_3 = 14$ 的整数解的个数：

(1) 每个变元都满足 $0 \leqslant x_i \leqslant 6 (i = 1, 2, 3)$;

(2) $1 \leqslant x_1 \leqslant 8, -6 \leqslant x_2 \leqslant 2, 3 \leqslant x_3 \leqslant 8$.

13. 某班选修数学、英语和语文课程的学生分别为 79、80、81 人，其中兼修数学和英语的 68 人，兼修英语和语文的 69 人，兼修语文和数学的 70 人，三门课都修的有 61 人，一门课也未修的有 6 人. 问该班共有多少名学生.

14. 某班有学生 25 人, 其中有 14 人会西班牙语, 12 人会法语, 6 人会法语和西班牙语, 5 人会德语和西班牙语, 还有 2 人对这三种语言都会说, 而 6 个讲德语的人都至少还会说另一种语言(指这三种语言中的一种). 求该班不会外语的人数.

15. 某班每天放学后都要打扫卫生, 其项目有扫地、整理桌椅、擦窗子和黑板共 4 项工作, 故每天留下 4 名同学打扫卫生, 每人恰好完成其中的一项. 而今天留下的 4 名同学中, 甲喜欢整理桌椅或擦窗子, 乙不喜欢擦窗子, 丙不喜欢整理桌椅, 丁同学对每一项工作都不挑剔. 那么, 能给出多少种安排打扫卫生的方案, 使得每个同学都能干自己喜欢且不用干自己不喜欢的工作?

16. 单位举行晚会, 有 6 个部门各表演一个节目, 上场次序编号为 $1, 2, \cdots, 6$. 现进行抽签, 以决定上场次序. 但其中有一个部门希望自己抽到的编号为偶数, 另一个部门不希望抽到 4 或 6, 还有一个部门不希望自己的编号是 3 的倍数. 那么, 抽签结果使大家都满意的概率是多少?

17. 现有 t 种不同颜色的球, 第一种颜色的球有 λ_1 个, 第二种颜色的球有 λ_2 个, $\cdots$, 第 t 种颜色的球有 λ_t 个, 要把这些球分别装入 k 个不同的盒子中, 且使每盒至少放入一个球, 问共有多少种不同的装法.

18. 某单位欲在开会用的圆桌上摆上若干盆鲜花, 且摆出来的图案为圆形. 现有红、黄、蓝三种颜色的鲜花可供选用, 且每种颜色的鲜花有充分多, 问:

(1) 从中选出 6 盆鲜花, 能摆成多少种不同的图案;

(2) 若选出 9 盆鲜花, 但希望摆出来的圆形图案的重复周期为 3, 又可摆成多少种图案;

(3) 若只选出 3 盆鲜花, 又能摆出多少种图案来, 并请列举出所有摆法.

第五章 抽屉原理和瑞姆赛(Ramsey)理论

抽屉原理又称鸽巢原理或重叠原理,是组合数学中两大基本原理之一,是一个极其初等而又应用较广的数学原理. 其道理并无深奥之处,且正确性也很明显. 但若能灵活运用,便可能得到一些意料不到的结果.

抽屉原理要解决的是存在性问题,即在具体的组合问题中,要计算某些特定问题求解的方案数,其前提就是要知道这些方案的存在性.

1930 年,英国逻辑学家 F. P. Ramsey 将这个简单原理作了深刻推广,从而获得瑞姆赛(Ramsey)定理,该定理也被称为广义抽屉原理. 它是一个重要的组合定理,有许多应用.

5.1 抽 屉 原 理

定理 5.1.1(基本形式) 将 $n+1$ 个物品放入 n 个抽屉,则至少有一个抽屉中的物品数不少于两个.

证 反证之. 将抽屉编号为:$1, 2, \cdots, n$,设第 i 个抽屉放有 q_i 个物品,则

$$q_1 + q_2 + \cdots + q_n = n+1$$

但若定理结论不成立,即 $q_i \leqslant 1$,亦有 $q_1 + q_2 + \cdots + q_n \leqslant n$,从而有

$$n+1 = q_1 + q_2 + \cdots + q_n \leqslant n$$

矛盾.

【例 5.1.1】 一年 365 天,今有 366 人,那么,其中至少有两人在同一天过生日.

【例 5.1.2】 箱子中放有 10 双手套,从中随意取出 11 只,则至少有两只是完整配对的.

定理 5.1.2(推广形式) 将 $q_1 + q_2 + \cdots + q_n - n + 1$ 个物品放入 n 个抽屉,则下列事件至少有一个成立:即第 i 个抽屉的物品数不少于 q_i 个,$i = 1, 2, \cdots, n$.

证 反证. 不然,设第 i 个抽屉的物品数小于 $q_i (i = 1, 2, \cdots, n)$(即该抽屉最多有 $q_i - 1$ 个物品),则有

$$\sum_{i=1}^{n} q_i - n + 1 = 物品总数 \leqslant \sum_{i=1}^{n} (q_i - 1) = \sum_{i=1}^{n} q_i - n$$

与假设矛盾.

根据定理的结果,不难得出下述结论.

推论 5.1.1 将 $n(r-1) + 1$ 个物品放入 n 个抽屉,则至少有一个抽屉中的物品个数不少于 r 个.

推论 5.1.2 将 m 个物品放入 n 个抽屉,则至少有一个抽屉中的物品个数不少于 $\left[\dfrac{m-1}{n}\right] + 1 = \left[\dfrac{m}{n}\right]$ 个. 其中 $[x]$ 表示取正数 x 的整数部分,$[x]$ 表示不小于 x 的最小整数.

推论 5.1.3 若 n 个正整数 $q_i(i=1,2,\cdots,n)$ 满足

$$\frac{q_1+q_2+\cdots+q_n}{n}>r-1$$

则至少存在一个 q_i，满足 $q_i\geqslant r$.

【例 5.1.3】 有 n 位代表参加会议，若每位代表至少认识另外一个代表，则会议上至少有两个人，他们认识的人数相同.

证 设某代表认识的人数为 k 个，则 $k\in\{1,2,\cdots,n-1\}$（视为 $n-1$ 个抽屉）. 而会议上有 n 个代表，故每位代表认识的人数共为 n 个数（视为 n 个物品）. 那么，由基本定理，结论成立.

【例 5.1.4】 任意一群人中，必有两人有相同数目的朋友.

证 设有 n 个人 $(n\geqslant2)$，分三种情形讨论:

(1) 每人都有朋友，由例 5.1.3 即知结论成立;

(2) 只有一人无朋友，余下的 $n-1$ 人都有朋友，由(1)知此 $n-1$ 人中必有两人有相同数目的朋友;

(3) 有两人或两人以上的人无朋友，则朋友数为零的人已经有两个了，同样满足条件.

【例 5.1.5】 边长为 2 的正方形内有 5 个点，其中至少有两点，距离不超过 $\sqrt{2}$.

证 首先制造抽屉. 将原正方形各对边中点相连，构成 4 个边长为 1 的小正方形（见图 5.1.1(a)），视为抽屉. 其次，由基本原理，至少有一个小正方形里点数不少于 2. 最后，从几何角度可以看出，同一小正方形内的两点的距离不超过小正方形的对角线之长度 $\sqrt{2}$. 证毕.

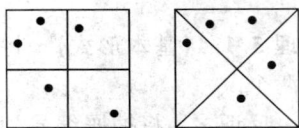

(a)   *(b)*

图 5.1.1 抽屉的选择

注意，如果抽屉选择不当，可能于事无益. 如图 5.1.1(b)，将正方形分为 4 个直角边长为 $\sqrt{2}$ 的等腰直角三角形是达不到目的的.

5.2 应   用

【例 5.2.1】 任意三个整数，必有两个之和为偶数（其差也为偶数）.

证 制造两个抽屉："奇数"和"偶数"，3 个数放入两个抽屉，必有一个抽屉中至少有两个数，由整数求和的奇、偶性质即知此二数之和必为偶数.

同理可知，二者之差也为偶数.

本例是此类问题的最简单情形，关于其一般情况，可以从不同角度认识并加以推广. 下面仅给出四个问题.

问题一 任给 3 个整数，其中必存在两个整数，其和能被 2 整除.

证明 此问题是上例的另一种提法，目的是为了便于问题的推广. 记这 3 个数为 a_1，a_2,a_3，令 $r_i\equiv a_i\bmod2$，则 $r_i=0,1(i=1,2,3)$，其中，符号"$\equiv$"表示模运算.

将可能出现的余数值 0，1 视为两个抽屉，3 个数 a_i 看作物品，以 r_i 的值决定将 a_i 放入哪个抽屉. 那么，由抽屉原理，某个抽屉中至少有两个 a_i，其除以 2 的余数相同，从而此 2 数即满足要求.

问题二 任给 n 个整数,其中必存在 3 个整数,其和能被 3 整除.问 n 最小应为多少.

证明 此问题是问题一的扩展.按照常规思路,当 $n=7$ 时结论成立.即记这 7 个数为 a_1, a_2, $\cdots$, a_7(7 个物品),并令 $r_i=a_i \bmod 3$,则 $r_i=0$, 1, 2(3 个抽屉)($i=1,2,\cdots,7$).同样,由抽屉原理知,至少有 3 个 a_i,其对应的余数 r_i 相同,而这 3 个数 a_i 即满足要求.

但实际上 7 并不是最少数字,而是有 $n=5$ 个整数就够了.

记这 5 个数为 a_1, a_2, $\cdots$, a_5,令 $r_i=a_i \bmod 3$,则 $r_i=0$, 1, 2($i=1,2,\cdots,5$)(构造抽屉和物品的方法同上).那么,可分两种情况讨论问题:

(1) 若有某 3 个 r_i 相同,则对应的 3 个 a_i 满足条件;

(2) 否则,5 个 r_i 中最多有 2 个 r_i 相同(即每个抽屉中最多放 2 个物品),此时,每个抽屉必不空.那么,从每个抽屉中选一个整数,该 3 个数也满足条件.

若 $n=4$,则结论不一定成立.例如,选
$$a_1 = 3,\ a_2 = 6,\ a_3 = 8,\ a_4 = 20$$
就找不到 3 个数满足要求.所以必有 $n=5$.

问题三 任给 n 个整数,其中必存在 k 个整数,其和能被 k 整除.问 n 最小应为多少.

这是问题的一般提法.例如:$k=2$ 时,$n=3$;$k=3$ 时,$n=5$(而非 7);$k=4$ 时,$n=7$(请读者自己证明).

从几何角度,可以将问题一、二重新描述如下:

设一维数轴上有 3 个整点(指坐标为整数的点),则其中必存在两个点 x_i 和 x_j,其几何中心 $(x_i+x_j)/2$ 也是一个整点.当点数增到 5 个时,必存在 3 个点 x_i、x_j 和 x_k,其几何中心 $(x_i+x_j+x_k)/3$ 也是一个整点,而且整点的个数最少为 5.

上述这些例子,都相当于在一维空间上讨论问题.这些例子也可以推广到更一般的情形,即多维空间.

问题四 在 t 维空间上有 n 个整点
$$P_i = (x_i^{(1)},\ x_i^{(2)},\ \cdots,\ x_i^{(t)}),\qquad i=1,2,\cdots,n$$
若希望其中一定存在 k 个整点 P_{i_1}, P_{i_2}, $\cdots$, P_{i_k},其几何中心
$$P = \frac{1}{k}\sum_{j=1}^{k} P_{i_j} = \left(\frac{1}{k}\sum_{j=1}^{k} x_{i_j}^{(1)},\quad \frac{1}{k}\sum_{j=1}^{k} x_{i_j}^{(2)},\quad \cdots,\quad \frac{1}{k}\sum_{j=1}^{k} x_{i_j}^{(t)} \right)$$
也是 t 维空间的一个整点.问 n 最小应为多少.

例如,$t=1$ 就是前述的一维空间问题,且 $k=2$ 时,$n=3$;$k=3$ 时,$n=5$.

那么,当 $t=k=2$ 时,可以证明 $n=5$.证明过程如下.

设 5 个平面点为 $P_i=(x_i,y_i)$($i=1,2,3,4,5$),令
$$(r_i,s_i) = (x_i \bmod 2,\quad y_i \bmod 2),\quad i=1,2,3,4,5$$
则数对 (r_i,s_i) 的不同取值共有 4 种情型:
$$(00),\ (01),\ (10),\ (11)$$

由抽屉原理,至少有两个点,其对应的数对 (r_i,s_i) 和 (r_j,s_j) 相同.那么,2 必同时整除整数 x_i+x_j 和 y_i+y_j,即 P_i 和 P_j 的几何中心
$$P = \frac{1}{2}(P_i+P_j) = \left(\frac{x_i+x_j}{2}, \frac{y_i+y_j}{2} \right)$$
也为整点.

而当 $n=4$ 时，选 4 个平面整点为 $(0,6)$，$(8,9)$，$(1,8)$，$(5,7)$. 那么其中任何两个点都不满足要求.

以此类推，对任意的 t，当 $k=2$ 时，有

$$n = 2^t + 1$$

显见，$k=2$ 只是讨论线段的中点是整点的问题. 那么，对于二维空间 $(t=2)$，当 $k=3$ 时，就是讨论三角形的几何中心是整点的问题. 即平面上有 n 个整点，任何 3 个点都不共线，则当 $n \geqslant 9$ 时，其中必存在 3 个点

$$P_i = (x_i \quad y_i), \quad P_j = (x_j \quad y_j), \quad P_k = (x_k \quad y_k)$$

由此 3 点构成的三角形的几何中心

$$P = \frac{1}{3}(P_i + P_j + P_k) = \left(\frac{x_i + x_j + x_k}{3}, \frac{y_i + y_j + y_k}{3} \right)$$

也是整点. 讨论如下.

记 n 个平面点为 $P_i = (x_i, y_i)$，$i=1, 2, \cdots, n$，令

$$(r_i, s_i) = (x_i \bmod 3, y_i \bmod 3), \quad i = 1, 2, \cdots, n$$

则 (r_i, s_i) 的取值共 9 种情形，即

$$(0, 0) \ (0, 1) \ (0, 2)$$
$$(1, 0) \ (1, 1) \ (1, 2)$$
$$(2, 0) \ (2, 1) \ (2, 2)$$

从而也就构成了问题的 9 个抽屉，每个点（也就是物品）P_i 依据其相应的 (r_i, s_i) 被放入某个抽屉. 那么，可以证明，当同一行或同一列的 3 个抽屉不空时，从每个抽屉中各选一个点，选出来的 3 个点即满足要求. 例如，对某一行抽屉中的 3 个类型的点，每个点的 x 分量除以 3 的余数是一样的，而其 y 分量除以 3 分别各余 0，1，2. 所以不管是 x 分量，还是 y 分量，3 个余数之和都能被 3 整除，从而相应的 3 个坐标值之和能被 3 整除，即此 3 点的几何中心是整点.

进一步，还可证明，当从不同行、不同列的 3 个抽屉中各选一个点时，选出的 3 个点的几何中心也是整点. 因为这时 3 个点的 x 分量除以 3 的余数分别是 0，1，2，且 3 个 y 分量也如此. 那么，由上边的说明，就知此 3 点即为所求.

由上边的分析可以看出，当 $n=8$ 时，结论有可能不一定成立. 例如选平面上的 8 个点为

$$(0, 0), (6, 21), (15, 1), (9, 10), (13, 12), (1, 0), (10, 22), (16, 4)$$

则由于 8 个点恰好两两分属于抽屉 $(0,0)$、$(0,1)$、$(1,0)$、$(1,1)$，故任何 3 个点都不满足要求.

而当 $n=9$ 时，可分为两种情形讨论：

(1) 若某个抽屉中至少含有 3 个点，则选此种类型的 3 个点即可.

(2) 否则，每个抽屉中最多有两个点. 但此时至少存在某一行，或某一列，或不同行不同列的 3 个抽屉，其中不空. 那么，按照前述推理，从此 3 抽屉中各选一点，即达目的.

由本例可以看出，在证明存在性问题的过程中，即使是完全一样的一个问题，只要问题的规模发生变化，哪怕是增加 1，证明问题的思路都可能与前不同. 也就是说，小规模时的方法解决不了问题，还需要人们重新考虑解决问题的新办法. 对这样的一类问题，也只能在规模上做到有限解决. 这也从一个方面反映了本章在学习、理解过程中的难度. 尤其

是下面的两节,问题将暴露得更为突出.

【例 5.2.2】　从 $1,2,\cdots,2n$ 中任取 $n+1$ 个数,其中至少有一对数,一个是另一个的倍数.

证　设所取的 $n+1$ 个数为 $a_1,a_2,\cdots,a_{n+1}$,并记 $a_i=2^{\alpha_i}r_i(\alpha_i\geqslant 0)$,$i=1,2,\cdots,n+1$,且 r_i 为奇数.$1\sim 2n$ 之间只有 n 个奇数(抽屉),故由抽屉原理知此 $n+1$ 个 r_i 中至少有两个是相同的.设 $r_j=r_k=r$,则 $a_j=2^{\alpha_j}r_j=2^{\alpha_j}r$,$a_k=2^{\alpha_k}r_k=2^{\alpha_k}r$,显然有:要么 $a_j|a_k$,要么 $a_k|a_j$.

这里已是最好的"可能结果",即针对各种条件,稍加放松,则结论不一定成立.例如,改为取 n 个数,那么只要取 $n+1,n+2,\cdots,2n$ 这 n 个数,显然不满足结论;另一方面,放松选择范围,在 $1,2,\cdots,2n+1$ 中选择 $n+1$ 个数,则选择 $n+1,n+2,\cdots,2n+1$ 时也不满足结论.当然,对于某种取法,也可能满足,但我们强调的是:抽屉原理指的是在所给条件下,对任何取法,结论都应该成立.

【例 5.2.3】　设 $a_1,a_2,\cdots,a_m$ 为任意 m 个整数,则其中必存在若干个相继的数,其和是 m 的倍数.即至少存在正整数 j 和 $k(1\leqslant j<k\leqslant m)$,使得 m 能整除 $\displaystyle\sum_{i=j}^{k}a_i$.

证　构造数列 $s_i=\displaystyle\sum_{j=1}^{i}a_j$,且令 $r_i=S_i\bmod m$,则 $0\leqslant r_i<m$,$i=1,2,\cdots,m$.

若有某 $r_k=0$,则 $m|s_k$,问题得证.否则,所有 $r_i\neq 0$,由抽屉原理知,至少存在 $j<k$,使 $r_j=r_k$,即 $s_j\equiv s_k\bmod m$,从而有 $m|(s_k-s_j)$,而 $s_k-s_j=\displaystyle\sum_{i=j+1}^{k}a_i$ 即为所求.

本题构造"抽屉"与"物品"的技巧在于并不直接针对正整数 a_i,而是构造出适合利用抽屉原理的 n 个数 r_i.为了构造 r_i,间接利用了 s_i 以达到目的.其中的抽屉是取关于模 m 的剩余类:$0,1,\cdots,m-1$,并且在应用抽屉原理时分为两步走.第一步先将 r_i 分为两大类,即 0 与非 0(或看作两个大抽屉);第二步,针对非 0 情形,分为 $m-1$ 种情况(或看作 $m-1$ 个小抽屉).

【例 5.2.4】　设正整数序列 $a_1,a_2,\cdots,a_{25}$ 满足 $a_{i+1}+a_{i+2}+\cdots+a_{i+5}\leqslant 6$,$i=0,1,\cdots 20$.试证明至少存在正整数 j、$k(1\leqslant j<k\leqslant 25)$,使得 $a_j+a_{j+1}+\cdots+a_k=19$.

证　构造序列 $s_i=\displaystyle\sum_{j=1}^{i}a_j$,则 $1\leqslant s_1<s_2<\cdots<s_{25}\leqslant 30$.

若有某个 $s_k=19$,那么,问题得证($j=1$).

否则,所有 $s_i\neq 19$.令集合 $A=\{s_1,s_2,\cdots,s_{25},s_1+19,s_2+19,\cdots,s_{25}+19\}$,且有 $20\leqslant s_1+19<s_2+19<\cdots<s_{25}+19\leqslant 49$.

集合 A 中共有 50 个数,每个数的取值在 1 到 49 之间,由抽屉原理,其中必有两数相同.又知 $i\neq j$ 时,$s_i\neq s_j$,从而 $s_i+19\neq s_j+19$.所以,相等的两项必为 $s_k=s_j+19$(显然 $k>j$),即 $19=s_k-s_j=\displaystyle\sum_{i=j+1}^{k}a_i$.证毕.

可以把这个问题一般化:设正整数序列 $a_1,a_2,\cdots,a_{mn}$ 满足 $a_{i+1}+a_{i+2}+\cdots+a_{i+n}\leqslant p$,$i=0,1,\cdots,n(m-1)$.若要求存在正整数 $j<k$,使得 $a_j+a_{j+1}+\cdots+a_k=q$,试推出 m、n、p、q 应满足的关系.

分析　令
$$s_i=a_1+a_2+\cdots+a_i,\ i=1,2,\cdots,mn$$

并设

$$A = \{s_1, s_2, \cdots, s_{mn}, s_1 + q, s_2 + q, \cdots, s_{mn} + q\}$$

且有

$$1 \leqslant s_1 < s_2 < \cdots < s_{mn} \leqslant mp$$

$$q < s_1 + q < s_2 + q < \cdots < s_{mn} + q \leqslant mp + q$$

要用抽屉原理，A 中元素个数必须大于 A 中最大数 $s_{mn} + q$，即 $mp + q < 2mn$，或 $mp + q \leqslant 2mn - 1$，由此得结论：$q \leqslant m(2n - p) - 1$.

本例中，$m = n = 5$，$p = 6$，$q = 19$. 若选 $m = n = 10$，$p = 16$，则 $q \leqslant 39$.

问题的变异：一学生用 37 天共 60 小时复习功课，第 i 天复习 a_i 小时（a_i 为正整数），则无论如何安排，总存在相继若干天，这些天的复习时数之和恰为 13.

此问题实际上隐含着 $m = 1$，$n = 37$，$p = 60$，$q = 13$.

这时，问题可以描述为：n 个正整数 $a_1, a_2, \cdots, a_n$ 满足 $a_1 + a_2 + \cdots + a_n = p$，要存在 $1 \leqslant j < k \leqslant n$，使得 $a_j + a_{j+1} + \cdots + a_k = q$，必须有 $q \leqslant 2n - p - 1$.

【例 5.2.5】 将 65 个正整数 1，2，$\cdots$，65 随意分为 4 组，那么，至少有一组，该组中最少存在一个数，是同组中某两数之和或另一数的两倍.

证 用反证法. 设任何一组数中的每一个数，它既不等于同组中另外两数之和，也不等于同组中另一数的两倍. 即任何一组数中任意两个数之差总不在这个组中.

由抽屉原理，四组中至少有一组（称为 A 组），其中至少有 17 个数. 从中取 17 个，记为 $a_1, a_2, \cdots, a_{17}$，不妨设 a_{17} 最大. 令

$$a_i^{(1)} = a_{17} - a_i, \quad i = 1, 2, \cdots, 16$$

显然 $1 \leqslant a_i^{(1)} < 65$. 由假设知 $a_i^{(1)} \notin A$，所以，该 16 个数必在另外三组 B、C、D 中.

再由抽屉原理知，B、C、D 三组中至少有一组（设为 B 组），至少含有 6 个 $a_i^{(1)}$. 只取其中 6 个，记为 $b_1, b_2, \cdots, b_6$；同理，可设 b_6 最大，并令 $b_i^{(1)} = b_6 - b_i (i = 1, 2, \cdots, 5)$. 同样有 $1 \leqslant b_i^{(1)} < 65$ 且 $b_i^{(1)} \notin B$. 而且由假设知

$$b_i^{(1)} = b_6 - b_i = (a_{17} - a_j) - (a_{17} - a_k) = a_k - a_j \notin A, \quad a_j < a_k$$

故该 5 个数一定在 C 或 D 中.

又由抽屉原理，设 C 组中至少有 3 个 $b_i^{(1)}$，取其中 3 个记为 $c_1 < c_2 < c_3$. 同理可证 $d_1 = c_3 - c_2$，$d_2 = c_3 - c_1 (d_1 < d_2, 1 \leqslant d_i < 65)$ 也不在 A、B、C 三组中，故必在 D 组中. 进一步，可证得 $e = d_2 - d_1 = c_2 - c_1$ 不在 A、B、C、D 中，且满足 $1 \leqslant e < 65$. 这说明从 1 到 65 的这 65 个整数中有一个不在 A、B、C、D 这 4 组的任何一组中，与题设矛盾.

【例 5.2.6】 由 $mn + 1$ 个不同实数构成的序列 $\{a_i | i = 1, 2, \cdots, mn + 1\}$ 中必存在一个 $(m + 1)$ 项的递增子序列或 $(n + 1)$ 项的递减子序列.

证 某个序列 $\{b_n | n = 1, 2, \cdots, n\}$ 是递增的，是指该序列满足：$b_1 < b_2 < \cdots < b_n$；反之，若 $b_1 > b_2 > \cdots > b_n$，则称其是递减的.

针对每一个 a_i，以 a_i 为首项，向后寻找递增子序列，最长子序列的项数（即长度）记为 $t_i (i = 1, 2, \cdots, mn + 1)$，则 $1 \leqslant t_i \leqslant mn + 1$（若 a_i 之后每一项都比 a_i 小，则 $t_i = 1$；若 a_i 之后有一项 a_j 比 a_i 大，则 $t_i = 2$；若 a_j 之后还有一项 a_k 比 a_j 大，则 $t_i = 3 \cdots$）.

若有某个 $t_i \geqslant m + 1$，则问题得证.

否则，所有 $1 \leqslant t_i \leqslant m$，由推论 5.1.1，至少有 $n+1$ 个 t_i 相等，设

$$t_{k_1} = t_{k_2} = \cdots = t_{k_{n+1}}, \text{ 且 } 1 \leqslant k_1 < k_2 < \cdots < k_{n+1} \leqslant mn+1$$

那么，必有 $a_{k_1} > a_{k_2} > \cdots > a_{k_{n+1}}$，从而构成 $n+1$ 个实数的递减子序列．事实上，若 $k_i < k_j$ 时，有 $a_{k_i} < a_{k_j}$，则以 a_{k_i} 为首项的最长递增子序列比以 a_{k_j} 为首项的最长递增子序列至少多一项，即 $t_{k_i} < t_{k_j}$，矛盾．

本例已达到最好的可能结果．

特例：$m=n$．实际的问题为：不同高度的 n^2+1 个人随意排成一行，那么总能从中挑出 $n+1$ 个人，让其出列后，他们恰好是由低向高(或由高向低)排列的．

【例 5.2.7】 证明：对任意正整数 n，必存在仅由数字 0、3 和 7 组成的正整数，该正整数能被 n 整除．

证

证法一： 仿照上例，构造 $a_t = 3700\underbrace{\cdots 0}_{2t \text{个} 0}(t=0, 1, 2, \cdots, n(n-1))$，令

$$r_t \equiv a_t \bmod n, \quad t = 0, 1, 2, \cdots, n(n-1)$$

其中 r_t 取最小非负剩余，即 $0 \leqslant r_t < n$．则由抽屉原理，至少有 n 个 r_t 相同．设其为 r_{i_j} $(j=1, 2, \cdots, n)$，那么，由同余运算的性质知，n 能整除 $a = \sum_{j=1}^{n} a_{i_j}$．而 a 恰好仅由 0、3、7 构成．

证法二： 构造 $a_t = \underbrace{3737 \cdots 37}_{t \text{对} "37"}(t=1, 2, \cdots, n)$，令

$$r_t \equiv a_t \bmod n, \quad t = 1, 2, \cdots, n$$

r_t 同样取最小非负剩余．

(1) 若有某个 $r_k = 0$，那么，n 必能整除 a_k，结论成立．

(2) 否则，所有 $r_t \neq 0$，即 $1 \leqslant r_t \leqslant n-1$，$t=1, 2, \cdots, n$．由抽屉原理的简单形式，必有某两个 r_t 相等．不失一般性，可设 $r_j = r_k$ 且 $j < k$，由同余运算的性质知

$$a_j \equiv a_k \bmod n$$

即 n 能整除 $a_k - a_j$，而

$$a_k - a_j = \underbrace{3737 \cdots 37}_{k-j \text{对} "37"} \underbrace{00 \cdots 0}_{j \text{对} 0}$$

仅由 0、3、7 构成．

【例 5.2.8】 已知 402 个集合，每个集合都恰有 20 个元素，其中每两个集合都恰有一个公共元素．求这 402 个集合的并集所含元素的个数．

解 设所给的 402 个集合为 $A_1, A_2, \cdots, A_{401}$ 和 X，又设 $X = \{x_1, x_2, \cdots, x_{20}\}$．由条件知 $|XA_j| = 1(j=1, 2, \cdots, 401)(XA_j$ 是 $X \cap A_j$ 的省写)，即每个 $A_j(j=1, 2, \cdots, 401)$ 中恰好含有 X 中的某一个元素 $x_i(i=1, 2, 3, \cdots, 20)$．记诸 A_j 中包含 $x_i(i=1, 2, \cdots, 20)$ 的个数为 $q_i(i=1, 2, 3, \cdots, 20)$，则

$$q_1 + q_2 + \cdots + q_{20} = \sum_{j=1}^{401} |XA_j| = \sum_{j=1}^{401} 1 = 401 = 20 \times 20 + 1$$

由抽屉原理，必有正整数 $k(1 \leqslant k \leqslant 20)$，使得 $q_k \geqslant 21$．下面证明此 $q_k = 401$ 且其余的诸

$q_i = 0 (i = 1, 2, 3, \cdots, 20; i \neq k)$.

如果 $q_k \neq 401$，即 $q_k < 401$，那么，还应该有某个 $q_i > 0$，设为 $q_r (1 \leqslant r \leqslant 20; r \neq k)$，由题意知必存在某个 $A_t (1 \leqslant t \leqslant 401)$，满足 $XA_t = \{x_r\}$，从而由 $|XA_t| = 1$ 知 $x_k \notin A_t$. 设包含 x_k 的 q_k 个集合是 $B_1, B_2, \cdots, B_{q_k}$，则同样由条件知 $|B_iA_t| = 1 (i = 1, 2, \cdots, q_k)$. 所以可设 $B_iA_t = \{b_i\} (i = 1, 2, \cdots, q_k)$，并知 $b_1, b_2, \cdots, b_{q_k}$ 彼此相异（否则若有某两个 $b_r = b_s (1 \leqslant s < r \leqslant q_k)$，则必有 $|B_rB_s| = |\{x_k, b_r, \cdots\}| \geqslant 2$，矛盾）. 这说明 $A_t = \{b_1, b_2, \cdots, b_{q_k}, \cdots\}$，从而有 $|A_t| \geqslant q_k \geqslant 21 > 20$，这又与题设 $|A_t| = 20$ 矛盾，所以必有 $q_k = 401$. 从而知 $x_k \in A_i$ $(i = 1, 2, \cdots, 401)$.

令 $C_i = A_i - \{x_k\} (i = 1, 2, \cdots, 401)$，$C_{402} = X - \{x_k\}$，则 $|C_i| = 19$，且有 $C_iC_j = \varnothing$ $(1 \leqslant i < j \leqslant 402)$，于是

$$\left| X + \bigcup_{i=1}^{401} A_i \right| = 1 + \left| \bigcup_{i=1}^{402} C_i \right| = 1 + \sum_{i=1}^{402} |C_i| = 1 + 19 \times 402 = 7639$$

【例 5.2.9】 将上下两个同心而且同样大小的圆盘 A、B 各自划分成 200 个全等的扇形，在 A 盘上任取 100 个扇形涂上红色，其余 100 个扇形涂上蓝色，而 B 盘上的 200 个扇形任意地涂上红色或蓝色. 证明，总可适当地转动两圆盘到某个位置，当上下的扇形互相重合时，两圆盘上至少有 100 对具有相同颜色的扇形重叠在一起.

证 定义两圆盘的扇形对齐时为一种重叠格局，由于每个圆盘都分为 200 个扇形，故当其中一个圆盘转动时，可能出现的重叠格局有 200 个. 对这 200 个格局计算同色扇形重叠的对数. 由于 A 盘上红、蓝扇形各 100 个，因此，B 盘上每个扇形（或红色或蓝色）在这 200 个格局里与 A 盘上的同色扇形各重叠 100 次. 对 B 盘的每个扇形统计，在这 200 个格局中 B 盘的 200 个扇形与 A 盘同色扇形重叠在一起共 $100 \times 200 = 20\,000$ 对. 因此可计算出每一格局中同色扇形重叠的平均对数为 $20\,000 \div 200 = 100$. 因此至少有一格局中同色扇形重叠的至少有 100 对.

【例 5.2.10】 某俱乐部有 $3n+1$ 名成员. 对每一个人，其余的人中恰好有 n 个愿与他打网球，n 个愿与他下象棋，n 个愿与他打乒乓球. 证明该俱乐部至少有 3 个人，他们之间玩的游戏三种俱全.

证 将每个人作为平面上的一个点，且任何 3 点不共线. 由每一点引出 n 条红边、n 条蓝边、n 条黑边，分别代表打网球、下象棋及打乒乓球. 问题等价于要证明图中至少有一个三边颜色全不相同的三角形.

考虑由这 $3n+1$ 个点的所有连边构成的异色角（即两条异色的边所构成的角）的总数 L.

每个顶点处有 $3n^2$ 个异色角，所以

$$L = 3n^2(3n+1)$$

平均每个三角形有

$$\frac{3n^2(3n+1)}{C_{3n+1}^3} = \frac{6n}{3n-1} > 2$$

个异色角. 因此，至少有一个三角形有 3 个异色角，那么，这个三角形的三条边当然互不同色.

本题也可以从同色角的总个数入手，但两种解法并无实质上的差别.

　　在证明存在性问题的过程中,除了用到抽屉原理之外,还会用到称为"极端原理"的一些结论. 其内容如下.

　　定理 5.2.1(极端原理):

　　最小数原理 1　在有限个实数组成的集合中,必存在最小的数.

　　最小数原理 2　设 $\mathbf{N}$ 是自然数全体组成的集合,若 M 是 $\mathbf{N}$ 的非空子集,则 M 中必有最小的数.

　　最大数原理 1　在有限个实数组成的集合中,必存在最大的数.

　　最大数原理 2　在由负整数组成的集合(有限或无限)中必存在最大的负整数.

　　最短长度原理 1　任意给定相异两点,所有连接这两点的线中,以直线段的长度为最短.

　　最短长度原理 2　在连接一个已知点与某个已知直线或已知平面上的点的所有线段中,以垂线段的长度为最短.

　　【例 5.2.11】　某次体育比赛,每两名选手赛一场,每场比赛一定决出胜负. 通过比赛确定优秀选手. 选手 A 为优秀选手的条件是:对任何选手 B,或者 A 胜 B,或者 A 间接胜 B. 所谓间接胜 B,是指存在选手 C,使得 A 胜 C 而 C 胜 B. 假定按上述规则确定的优秀选手只有一名,求证这名选手全胜所有其他选手.

　　证　先证优秀选手的存在性. 因参赛选手有限,故由极端原理之最大数原理知,必存在胜场次数最多的选手. 设 A 是胜场次数最多的选手之一. 若 A 胜所有其他选手,当然是优秀选手. 若不然,设 A 胜 B_1,B_2,$\cdots$,B_k,而负于 B_{k+1},$\cdots$,B_n. 任取 $B_j(k+1\leqslant j\leqslant n)$,则他不能全胜 B_1,B_2,$\cdots$,B_k,否则 B_j 会比 A 至少多胜一场,矛盾. 因此必存在 $B_i(1\leqslant i\leqslant k)$,使 A 胜 B_i,B_i 胜 B_j,即 A 间接胜 B_j. 由 B_j 的任意性,即知 A 为优秀选手.

　　再证 A 必全胜. 若优秀选手唯一,则他必全胜所有其他选手. 设 A 是唯一优秀选手. 若 A 不全胜所有其他选手,设 A 胜 B_1,B_2,$\cdots$,B_k 而负于 B_{k+1},$\cdots$,B_n,$k<n$. 由前述证明知 B_{k+1},$\cdots$,B_n 又存在局部优秀选手 B_j. 对任何 $B_i(1\leqslant i\leqslant k)$,都有 B_j 胜 A,A 胜 B_i,即 B_j 间接胜 B_i,从而 B_j 也是优秀选手,矛盾. 所以这样的 B_j 不存在,从而 A 必全胜所有其他选手.

　　【例 5.2.12】　已知 a_1,a_2,$\cdots$,a_n 与 b_1,b_2,$\cdots$,b_n 是 $2n$ 个正数,且 $a_1^2+a_2^2+\cdots+a_n^2=1$,$b_1^2+b_2^2+\cdots+b_n^2=1$. 求证:$\dfrac{a_1}{b_1}$,$\dfrac{a_2}{b_2}$,$\cdots$,$\dfrac{a_n}{b_n}$ 中存在一个值一定不大于 1.

　　证　因为 $\dfrac{a_1}{b_1}$,$\dfrac{a_2}{b_2}$,$\cdots$,$\dfrac{a_n}{b_n}$ 这 n 个数中,必有最小数,不妨设为 $\dfrac{a_r}{b_r}$,即 $\dfrac{a_r}{b_r}\leqslant\dfrac{a_i}{b_i}$, $i=1$,2,$\cdots$,n. 由于 $b_i>0$,于是

$$\frac{a_r}{b_r}b_i\leqslant a_i$$

即

$$\left(\frac{a_r}{b_r}\right)^2 b_i^2\leqslant a_i^2,\ i=1,\ 2,\ \cdots,\ n$$

因此

$$\left(\frac{a_r}{b_r}\right)^2(b_1^2+b_2^2+\cdots+b_n^2)\leqslant a_1^2+a_2^2+\cdots+a_n^2$$

由题设条件即有 $\left(\dfrac{a_r}{b_r}\right)^2 \leqslant 1$，亦即 $\dfrac{a_r}{b_r} \leqslant 1$.

若将条件 a_1，a_2，$\cdots$，a_n 与 b_1，b_2，$\cdots$，b_n 是 $2n$ 个正数改为 $2n$ 个实数，且 $a_1^2+a_2^2+\cdots+a_n^2=1$，$b_1^2+b_2^2+\cdots+b_n^2=1$，则结论变为 $\left|\dfrac{a_1}{b_1}\right|$，$\left|\dfrac{a_2}{b_2}\right|$，$\cdots$，$\left|\dfrac{a_n}{b_n}\right|$ 中存在一个值一定不大于 1.

【例 5.2.13】 求证：在四面体 $ABCD$ 中，必有某个顶点，把从它引出的三条棱当作边，这三条边可以构成一个三角形.

证 首先，已知三条线段能构成一个三角形的充分必要条件是任何两线段长度之和大于第三条边的长度. 其次，由最大数原理 1 知，在四面体 $ABCD$ 的 4 条棱中必存在最长的棱. 设 AB 为最长棱之一，则 A、B 两点中至少有一点，以此点为端点的 3 条棱的长度满足构成三角形的条件. 若不然，由于 AB 是最长棱，故以 A 为端点的 3 条棱 AB、AC、AD 和以 B 为端点的 3 条棱 BA、BC、BD 分别满足

$$AB+AC \leqslant AD，AB+AD \leqslant AC，AB+BC \leqslant BD，AB+BD \leqslant BC$$

是显然的，除非有

$$AC+AD \leqslant AB \quad 且 \quad BC+BD \leqslant AB$$

但上式一旦成立，就必有

$$2AB \geqslant (AC+AD)+(BC+BD)=(AC+BC)+(AD+BD) > 2AB$$

矛盾，故命题得证.

上边用到 $AC+BC>AB$，$AD+BD>AB$，也是显然的，因为 A、B、C 这 3 个点组成四面体的一个侧面，并形成 $\triangle ABC$. 同理，A、B、D 也在一个侧面上形成 $\triangle ABD$（见图 5.2.1）.

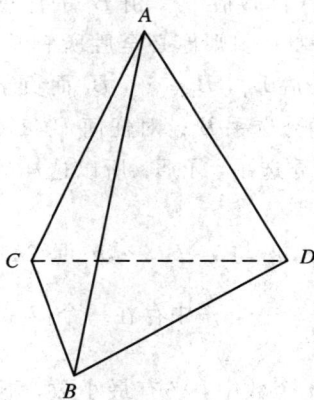

图 5.2.1　四面体

【例 5.2.14】 平面上放了有限多个圆，它们盖住的面积为 1. 试证：一定可以从这组圆中去掉若干个圆，使得余下的圆互不相交，而且它们可盖住的面积不小于 1/9.

证 由于只有有限多个圆，可取其中半径最大者. 令其圆心为 O_1，半径为 r_1，面积为 A_1. 与 $\odot O_1$ 相交的圆必落在以 O_1 为圆心、$3r_1$ 为半径的圆内. 去掉与 $\odot O_1$ 相交的圆，则余下的圆与 $\odot O_1$ 不相交. 设被去掉的圆与 $\odot O_1$ 盖住的总面积为 S_1，则 $S_1 \leqslant 9\pi r_1^2$，即 $A_1 = \pi r_1^2 \geqslant \dfrac{1}{9} S_1$.

在与 $\odot O_1$ 不相交的有限多个圆中再取半径最大者 $\odot O_2$. 依上述有 $A_2 \geqslant \dfrac{1}{9} S_2$，……，如此下去，由于是有限个圆，必能做到使它们不相交为止. 此时，就有

$$A_1 + A_2 + \cdots + A_k \geqslant \frac{1}{9}(S_1 + S_2 + \cdots + S_k) = \frac{1}{9}$$

而 $S_1 + S_2 + \cdots + S_k$ 恰好就是原来所有的圆盖住的面积，故其和为 1.

*5.3　Ramsey 问题

Ramsey 理论起始于 20 世纪 20 年代末 30 年代初，最初由英国数学家 F. P. Ramsey 提出. 其思想已日益被人们理解、接受并得到了一定的发展.

Ramsey 定理是抽屉原理的推广，也叫广义抽屉原理.

5.3.1　完全图的染色问题

设平面上有 n 个点，任何三点都不共线，将这些点两两之间连一线段，构成的图形称为完全图，记为 K_n.

问题一　证明任意 6 个人的集会上，总有 3 人互相认识或互相不认识(1947 年匈牙利数学竞赛试题，后被收入 1958 年的《美国数学月刊》第 5、6 期中).

问题二　1959 年，《美国数学月刊》又进一步提出："任意 18 个人的集会上，一定有 4 人或互相认识，或互不认识".

如果将 6 个人视为平面上的 6 个顶点(无 3 点共线)，过这些顶点作完全图 K_6，其中要求互相认识的二人用红色线段相连，否则连以蓝色线段. 那么，问题一可以描述为：将 K_6 的边涂以红、蓝两色，则一定会出现一个同色的三角形.

5.3.2　Ramsey 问题

提法一　经观察，在 6 个或 6 个以上的人群中，必有 3 人互相认识，或有 3 人，彼此根本不认识. 而将人数降到 5 个或更少时，此有趣现象就可能消失. 于是 6 成为具有这一特性的最少人数.

提法二　当 $n \geqslant 6$ 时，若对 K_n 的每一条边随意涂以红、蓝两色之一，那么，K_n 上至少可以找出一个同色 K_3. 而当 $n \leqslant 5$ 时，至少可以给出一种涂法，使得 K_n 上不存在同色 K_3. 如图 5.3.1 所示，当 $n = 5$ 时，按照图中的涂法，是不存在同色 K_3 的(其中用实线表示红线，虚线表示蓝线，下同).

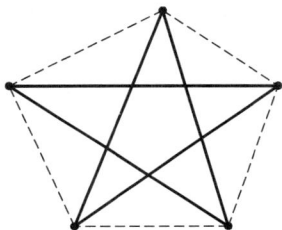

图 5.3.1　无同色 K_3 的五边形染色方案

提法三　设集合 $A=\{e_1,e_2,\cdots,e_n\}$，令 $S=\{X\,|\,X\subset A,\,|X|=2\}$（即 A 上所有二元子集类），再用 $\{S_1,S_2\}$ 表示 S 的一个二分拆（即 $S_1+S_2=S$，$S_1S_2=\varnothing$，S_i 可空）。那么，当 $n\geqslant6$ 时，对集合 A 中的元素，下面结论至少有一个成立：

（1）存在 3 个元素，其全部二元子集都属于 S_1；

（2）存在 3 个元素，其全部二元子集都属于 S_2。

而当 $n\leqslant5$ 时，结论未必成立。

三种提法各有利弊，提法一比较直观，提法二便于分析，提法三有利于理论推广。

证明　在完全图 K_6 中任取一个顶点记为 v_1，由抽屉原理，以 v_1 为端点的 5 条边至少有 3 条是同色的。不妨设边 v_1v_2、v_1v_3、v_1v_4 都为红色，现考察连接 v_2、v_3、v_4 的 3 条边，若这 3 条边全为蓝色，则 $\triangle v_2v_3v_4$ 就是一个蓝色三角形。否则，3 条边中至少有一个为红色（假设为 v_2v_3），则 $\triangle v_1v_2v_3$ 就是一个红色三角形。命题得证。

5.3.3　问题的一般化

将顶点数扩大，例如，用红蓝两色对 K_9 的边着色，则必出现同色的 K_3 或同色 K_4，但对 K_8 着色则不能保证有上述结果；对 K_{14} 而言，存在同色的 K_3 或 K_5；对 K_{18} 的边涂以红蓝两色，则存在同色的 K_4，那么，对 K_{17}，能否存在同色 K_4 呢？

引理 5.3.1　若将 K_9 涂以红蓝两色，则必存在一个顶点，从此点引出的 8 条线段中，同色的线段或多于 3 条，或少于 3 条。

证明　用反证法。假如不存在这样的顶点，即从每一顶点发出的线段中，红色（蓝色）线段都是 3 条，现在对 9 个顶点逐点统计由它们发出的红色（蓝色）线段的条数，应为 27。另一方面，设 K_9 中实有红色（蓝色）线段共 m 条，现在对这 m 条边的每个端点逐点统计由它们发出的红色（蓝色）线段的条数，由于每条线段有两个端点，故应为 $2m$。于是得出 $2m=27$，这是不可能的。引理得证。

定理 5.3.1　对 K_9 涂以红蓝两色，必定会出现一个同色的 K_3 或同色 K_4。

证　设 K_9 的顶点为 v_0，v_1，$\cdots$，v_8，不失一般性，设 v_0 为满足引理 5.3.1 条件的一点。现分两种情况讨论如下：

（1）从 v_0 引出的 8 条线段中，红色线段多于 3 条，即至少有 4 条，不妨设为 v_0v_1、v_0v_2、v_0v_3、v_0v_4；再看由 v_1、v_2、v_3、v_4 这 4 个顶点构成的 K_4，若其中至少有一条红边，则它的两个端点与 v_0 便构成一个红色的 K_3，否则，该 K_4 的所有边全为蓝色，即存在同色 K_4。

（2）若红色线段少于 3 条，那么，从 v_0 引出的蓝色线段至少有 6 条，不妨设为 v_0v_1、v_0v_2、v_0v_3、v_0v_4、v_0v_5、v_0v_6；再看 v_1、v_2、v_3、v_4、v_5、v_6 这 6 个顶点构成的 K_6，由前述结论，K_6 中必有一个同色 K_3，若是红色的，则结论已真；若为蓝色，则该 K_3 的三个顶点与 v_0 一起便构成一个蓝色 K_4，结论亦真。

综合以上两种情况，定理 5.3.1 得证。

当 $n=8$ 时，可以给出一种涂法，使得染色后的 K_8 中既无红色 K_3，又无蓝色 K_4（见图 5.3.2）。

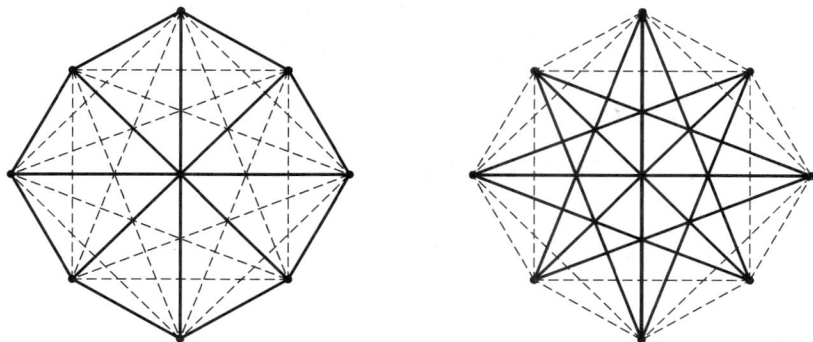

实线—红色；虚线—蓝色

图 5.3.2 既无红色 K_3 又无蓝色 K_4 的八边形染色方案

**5.4 Ramsey 数

由 5.3.3 节受到启发，对于给定的正整数 p，$q\geqslant 2$，是否存在一个最小的正整数 r，具有下述性质：对完全图 K_n 的每条边涂以颜色 c_1 或 c_2，当 $n\geqslant r$ 时，在 K_n 中必含有一个完全子图 K_p，其所有边涂的是颜色 c_1（即同色 K_p），或含有一个完全子图 K_q，其所有边涂的是颜色 c_2（即同色 K_q）. 答案是肯定的.

定义 5.4.1 满足上述条件的数 r 称为 Ramsey 数，记为 $r(p, q; 2)$，简记为 $r(p, q)$. 至此，我们已经知道 $r(3, 3)=6$，$r(3, 4)=9$.

【**例 5.4.1**】 证明 $r(4, 4)=18$.

证 设 v_0，v_1，v_2，$\cdots$，v_{17} 是完全图 K_{18} 的顶点，现考察 K_{18} 中从 v_0 出发的 17 条线段. 它们分成了红、蓝两类，由抽屉原理可知：至少有 9 条是同色的，不妨设它们为红色（蓝色）. 进一步再来考察这 9 条红色（蓝色）线段里，异于 v_0 的 9 个端点所构成的 K_9，其中一定会出现一个红色（蓝色）K_3，或一个蓝色（红色）K_4. 若是前者，则这个红色（蓝色）K_3 的三个顶点和 v_0 一起便构成一个红色（蓝色）K_4，若是后者，则本身已存在蓝色（红色）K_4.

由此可知，$r(4, 4)\leqslant 18$，下面证 $r(4, 4)>17$，从而有 $r(4, 4)=18$.

在一个圆周上画出 17 个等分点，将其依次编号为 v_0，v_1，$\cdots$，v_{16}，把整数 1，2，$\cdots$，16 分成两组：

$$X \text{ 组}：1, 2, 4, 8, 9, 13, 15, 16$$
$$Y \text{ 组}：3, 5, 6, 7, 10, 11, 12, 14$$

选取正整数 a，$b(0\leqslant a, b\leqslant 16)$，按以下规则进行涂色：

当 $|a-b|\in X$ 时，边 $\overline{v_a v_b}$ 涂红色（或蓝色）；

当 $|a-b|\in Y$ 时，边 $\overline{v_a v_b}$ 涂蓝色（或红色）.

这样涂得的 K_{17} 不会出现同色的 K_4.

由上述涂色规则可以看出，两点连线为红色的顶点对有：(v_0, v_1)，(v_0, v_2)，(v_0, v_4)，(v_0, v_8)，(v_0, v_9)，(v_0, v_{13})，(v_0, v_{15})，(v_0, v_{16})，(v_1, v_2)，(v_1, v_3)，(v_1, v_5)，$\cdots$，(v_1, v_{16})，$\cdots$，(v_{15}, v_{16})；连线为蓝色的顶点对有：(v_0, v_3)，(v_0, v_5)，(v_0, v_6)，

(v_0, v_7)，(v_0, v_{10})，(v_0, v_{11})，(v_0, v_{12})，(v_0, v_{14})，(v_1, v_4)，(v_1, v_6)，(v_1, v_7)，…，(v_1, v_{15})，…，(v_{13}, v_{16})．读者可以按此方法画出具有两种颜色的边的 K_{17}，并观察结果．

5.4.1 Ramsey 数的性质

对于任意的正整数 p、q，要求出 $r(p, q)$ 是相当困难的．这里只给出 Ramsey 数的有关性质和上、下界的估计．

定理 5.4.1 Ramsey 数 $r(p, q; 2)$ 具有以下性质：

(1) $r(p, q) = r(q, p)$；

(2) $r(1, q) = r(p, 1) = 1$；

(3) $r(2, q) = q$，$r(p, 2) = p$；

(4) 当 p、$q \geqslant 2$ 时，有 $r(p, q) \leqslant r(p, q-1) + r(p-1, q)$；若 $r(p, q-1)$ 和 $r(p-1, q)$ 都为偶数，不等式严格成立．

证 (1)、(2) 显然成立．

对于 K_q，当所有边都涂的是同一种颜色时，K_q 本身即满足条件．否则，至少有两点的连线涂的是另一色，那么，该两点构成一个同色的 K_2．所以 $r(2, q) = q$ 成立，同理可证 $r(p, 2) = p$ 也成立．即性质(3)成立．

至于性质(4)，令 $n = r(p, q-1) + r(p-1, q)$，可以证明，对 K_n 的边用红、蓝着色后，其中必存在红色的 K_p 或蓝色的 K_q，从而可知 $n \geqslant r(p, q)$．原因如下：

任取 K_n 的一个顶点 v，由抽屉原理，v 与其余 $n-1$ 个顶点的连线中，要么红边不少于 $r(p-1, q)$，要么蓝边不少于 $r(p, q-1)$．若是前者，即由 v 出发与之以红边相连的顶点有 $r(p-1, q)$ 个，按照 $r(p-1, q)$ 的定义，这 $r(p-1, q)$ 个顶点本身所构成的完全图 $K_{r(p-1, q)}$ 即可导出蓝色的 K_q 或红色的 K_{p-1}，而 K_{p-1} 再加上顶点 v 即可构成红色的 K_p．若为后者，同理，由与 v 以蓝边相连的 $r(p, q-1)$ 个点再加上顶点 v 所构成的完全图 $K_{r(p, q-1)+1}$ 中就存在红色 K_p 或蓝色 K_q．

若 $r(p, q-1)$ 和 $r(p-1, q)$ 都为偶数，令 $m = r(p, q-1) + r(p-1, q) - 1$（$m$ 为奇数），可以证明在涂过色的 K_m 上存在红色的 K_p 或蓝色的 K_q，从而可知 $r(p, q) \leqslant m < n$．

首先证明：在 K_m 上存在一点 v_k，以它为端点的红边一定是偶数条．若不然，设 c_j 是以顶点 v_j 为端点的全部红边数（$j = 1, 2, \cdots, m$），所有 c_j 为奇数，从而知 $c = \sum\limits_{j=1}^{m} c_j$ 为奇数，而 K_m 上的全部红边数 $= c/2 \neq$ 整数，矛盾（注意，按顶点统计时，将 K_m 的每条红边都计数两次）．

其次，以前述的 v_k 为端点的 $m-1 = r(p, q-1) + r(p-1, q) - 2$ 条边中，或者至少有 $r(p-1, q)$ 条红边，或者至少有 $r(p, q-1)$ 条蓝边．再仿照前边的证明，即得结论．

例 5.4.2 证明 $r(3, 5) = 14$．

证 由性质(4)知

$$r(3, 5) \leqslant r(2, 5) + r(3, 4) = 5 + 9 = 14$$

对于 K_{13}，可以给出一种边 2 染色方案，其中既无红色边组成的 K_3，又无蓝色边组成的 K_5．方法是将圆周等分为 13 等分，视各等分点为 K_{13} 的顶点，从某点开始对各点依此编号为 $0, 1, \cdots, 12$，当 i 与 k 满足

$$k = i+1, i+5, i+8, i+12 \bmod 13, \quad i = 0, 1, \cdots, 12$$

时，第 i 点与第 k 点之间连红色线，否则连蓝色线.

定理 5.4.2　关于 Ramsey 数的上、下界，有如下结论：

(1) $r(p,q) \leqslant C_{p+q-2}^{p-1}$；

(2) $r(p,p) \geqslant 2^{\frac{p}{2}}, p \geqslant 2$；

(3) $p2^{\frac{p}{2}}\left(\dfrac{\sqrt{2}}{\mathrm{e}}+O(1)\right) \leqslant r(p,q) \leqslant t(C_p^{\left[\frac{p}{2}\right]})^{\ln(\ln p)/\ln p}$，$t$ 为常数；

(4) $r(p,q) > q(C_{p+q-2}^{p-1})^s$，$s$ 为常数；

(5) $\dfrac{c_1 q^2}{(\ln q)^2} < r(3,q) < \dfrac{c_2 q^2}{\ln q}$，$c_1, c_2$ 为常数.

关于 Ramsey 数的部分结果，可见表 5.4.1.

表 5.4.1　p、q 较小时的 $r(p,q)$

$r(p,q)\ \backslash\ q$ p	3	4	5	6	7	8	9	10
3	6	9	14	18	23	28/29	36	39/44
4		18	25	34/36	41/59	? /88	? /124	? /168
5			42/55	57/94				
6				102/169				
7					126/586			
8						282/?		
9							374/?	
10								458/?

注：? 表示目前还无结果。

5.4.2　Ramsey 数的推广

将染色问题可以推广到一般情形.

(1) 增加颜色数：设有 n 个顶点的平面完全图 K_n，用 m 种颜色 $c_1, c_2, \cdots, c_m$ 随意给 K_n 的边着色. 那么，对于给定的正整数 $p_1, p_2, \cdots, p_m(p_i \geqslant 2, i=1, 2, \cdots, m)$，是否存在最小的正整数 $r(p_1, p_2, \cdots, p_m; 2)$，当 $n \geqslant r(p_1, p_2, \cdots, p_m; 2)$时，在 K_n 中一定含有某个 K_{p_i}，它的所有边都为颜色 c_i.

(2) 扩大空间的维数：设 K_n 为 k 维空间上的具有 n 个顶点的完全图，对同样的问题，是否也存在 $r(p_1, p_2, \cdots, p_m; 2)$?

以上两种情况的不同点是 K_n 的顶点所在的空间的维数不同，共同点是颜色增多，且最关键之处是被染色的对象都是 K_n 中任意两点所连接成的边. 若采用 5.3.1 节的第三种描述方法，即"设集合 $A=\{e_1, e_2, \cdots, e_n\}$，令 $S=\{X | X \subset A, |X|=2\}$(以 A 上所有二元子集为元素构成的集合)，再用$\{S_1, S_2, \cdots, S_m\}$ 表示 S 的一个 m 分拆，即 $S_1+S_2+\cdots+S_m=S, S_i S_j=\varnothing, S_i$ 可空$(1 \leqslant i, j \leqslant m, i \neq j)$. 那么，当 $n \geqslant r(p_1, p_2, \cdots, p_m; 2)$时，对集

合 A 中的元素, 下面结论至少有一个成立: 在 A 中存在 p_i 个元素, 其全部二元子集都属于 $S_i(i=1, 2, \cdots, m)$."

相应于(1)、(2)的结论称作"两点结合的 Ramsey 定理", 或称"边的 Ramsey 定理".

(3) 增多子集 X 中元素的个数: 设集合 $A=\{e_1, e_2, \cdots, e_n\}$, 令 $S=\{X \mid X \subset A,$ $|X|=t, t \geqslant 1\}$ (以 A 上所有 t 元子集为元素构成的集合), 再用 $\{S_1, S_2, \cdots, S_m\}$ 表示 S 的一个 m 分拆, 即 $S_1+S_2+\cdots+S_m=S$, $S_i S_j=\varnothing$, S_i 可空 $(1 \leqslant i, j \leqslant m, i \neq j)$. 那么, 总存在一个仅依赖于 $p_1, p_2, \cdots, p_m$ 和 t 的正整数 N, 当 $n \geqslant N$ 时, 对集合 A 中的元素, 下面结论至少有一个成立: 在 A 中存在 p_i 个元素, 其全部 t 元子集都属于 $S_i(i=1,2,\cdots,m)$. 但当 $n < N$ 时, 结论未必能够成立. 称这样的数 N 为广义 Ramsey 数, 记为 $r(p_1, p_2, \cdots, p_m; t)$.

从几何角度看问题, 当 $k=t=3$, $m=2$ 时, 考虑空间中任何四点都不共面的 n 个点组成的集合 A, 将每三个点构成的三角形涂以红色或蓝色, 当任意给定了正整数 p, q $(p, q \geqslant 3)$ 后, 只要点数 n 超过某一个有限数时, 则下列两种情况必有一种成立: 或者存在 p 个点, 其中每三个点构成的三角形均为红色(蓝色); 或者存在 q 个点, 其中每三个点构成的三角形均为蓝色(红色).

这就是"三点结合的 Ramsey 定理", 或者称作"三角形 Ramsey 定理". 相应的染色问题叫做面 2 染色问题.

一般情形, 首先将完全图的概念加以推广. 设 k 维空间有 n 个点, 从中任取 t 个点及其相邻的边结合在一起, 称作 t 级边(当 $t=2$ 时就是普通的边, $t=3$ 时是三角形, $t=4$ 时是四面体). 把这 n 个点与其所有的 t 级边组成的图叫做 t 级完全图, 记做 K_n^t, 又称作超图. 假如用 m 种颜色 $c_1, c_2, \cdots, c_m$ 去涂染这 n 个点中全部的 t 级边, 每个 t 级边任意涂染一色, 从而将这些 t 级边划分成了 m 类, 当任意给定一组正整数 $p_1, p_2, \cdots, p_m$ 后, 则在 n 充分大时, t 级完全图 K_n^t 中一定含有一个 t 级完全子图 $K_{p_i}^t$, 其所有 t 级边的颜色都是同一色 $c_i(1 \leqslant i \leqslant m)$. 满足上述条件的最小正整数 n, 就是广义 Ramsey 数 $r(p_1, p_2, \cdots, p_m; t)$.

特例, 当 $t=1$ 时, 就是 5.1 节所述的抽屉原理, 其中:

(1) $r(p, q; 1)=p+q-1$——两个抽屉时的抽屉原理;

(2) $r(p_1, p_2, \cdots, p_n; 1)=p_1+p_2+\cdots+p_n-n+1$——推广形式的抽屉原理;

(3) $r(\underbrace{2, 2, \cdots, 2}_{n个}; 1)=n+1$——抽屉原理的基本形式.

其次还有, $r(p, t; t)=p(p \geqslant t)$, $r(t, q; t)=q(q \geqslant t)$.

定理 5.4.3 广义 Ramsey 数 $r(p_1, p_2, \cdots, p_m; k)$ 是存在的.

【例 5.4.3】 有 17 位学者, 每人给其他人各写一封信, 讨论三个问题中的某一个问题, 且两人之间互相通信讨论的是同一个问题. 证明至少有三位学者, 他们之间通信讨论的是同一问题(1964 年第六届国际奥林匹克数学比赛题目).

此问题等价于对 K_{17} 的每条边涂以红、蓝、黄三色之一(即边 3 着色), 其中必存在同色 K_3. 由此可知, $r(3, 3, 3; 2) \leqslant 17$.

证 设 $v_0, v_1, \cdots, v_{16}$ 为给定的 17 个点, 任取一点, 不妨设为 v_0, 将 v_0 与其余 16 点连接成 16 条边, 当用三色涂染时, 由抽屉原理知, 至少有 $\left[\dfrac{16}{3}\right]=6$ 条边被涂上同一颜色, 不妨设为 $\overline{v_0 v_i}(i=1, 2, \cdots, 6)$ 且这六条边同为红色. 考虑由 $v_1, v_2, \cdots, v_6$ 组成的完全图

K_6，分两种情况讨论：如果在这个 K_6 中有一条边，比如 $v_1 v_2$ 也是红色，则 $\triangle v_0 v_1 v_2$ 就是一个同色三角形. 否则，在这个 K_6 中没有红色的边，于是只能涂上蓝色或黄色，则归结为 K_6 的边 2 染色问题，已知其必存在同色的三角形.

【例 5.4.4】 证明 $r(3,3,3;2) > 16$，即对于 K_{16}，存在一种边 3 着色方案，使得其中不存在同色 K_3.

证 考虑由二进制码组成的集合 $G = \{0000, 0001, 0010, \cdots, 1111\}$，定义各元素的加法为二进制的逐位异或运算，即 $0+0=0$，$1+0=0+1=1$，$1+1=0$，则集合 G 对于加法构成一个 16 阶交换群(参见 6.1 节)，其中 0000 为单位元. 把 G 中除去单位元的 15 个元素分成三个不封闭的子集 G_1，G_2，G_3，即使得每个子集里的任意两个元素相加所得的元素不在同一子集里：

$$G_1 = \{1100, 0011, 1001, 1110, 1000\}$$
$$G_2 = \{1010, 0101, 0110, 1101, 0100\}$$
$$G_3 = \{0001, 0010, 0111, 1011, 1111\}$$

然后，建立 G 与 K_{16} 的一个映射，使 K_{16} 的顶点和群 G 的元素一一对应起来，并按下面方法用三种颜色对边染色：

取 $x, y \in G$，且 $x \neq y$. 那么，当 $x + y \in G_i$ 时，则用颜色 i 染顶点 x 与 y 的连线；当 $x \in G_i$ 时，亦用颜色 i 把 0000 与 x 用一线段连接(请读者自己完成).

按照上述方法构造的经过边 3 染色的 K_{16} 中不存在同色的 K_3. 由此可知，$r(3,3,3;2) > 16$，从而最后可确定 $r(3,3,3;2) = 17$.

若令 $R(m) = r(\underbrace{3, 3, \cdots, 3}_{m \uparrow 3}; 2)$，即 $R(m)$ 表示用 m 种颜色涂染完全图的边存在同色三角形的最少点数，目前已知 $R(1) = 3$，$R(2) = 6$，$R(3) = 17$. 那么，一般的 $R(m)$ 应该为何？准确地求出 $R(m)$ 是困难的，目前只知道关于它的上界的递归不等式.

定理 5.4.4 下式成立：
$$R(m) \leqslant m[R(m-1) - 1] + 2$$

证 令 $n = m[R(m-1) - 1] + 2$，对完全图 K_n 的边用 m 种颜色染色后，从其顶点 v_1 引出 $m[R(m-1) - 1] + 1$ 条边，由抽屉原理知，至少有 $R(m-1)$ 条边为同一种颜色，不妨设边 $\overline{v_1 v_2}$，$\overline{v_1 v_3}$，$\cdots$，$\overline{v_1 v_{R(m-1)+1}}$ 均为红色，v_2，v_3，$\cdots$，$v_{R(m-1)+1}$ 构成一个完全图 $K_{R(m-1)}$，则有

(1) $K_{R(m-1)}$ 中有一条红色边，比如 $\overline{v_2 v_3}$，则 $\triangle v_1 v_2 v_3$ 就是一个同色三角形；

(2) $K_{R(m-1)}$ 中没有红色的边，则它的边只有 $m-1$ 种不同的颜色，根据 $R(m-1)$ 的定义，这个 $K_{R(m-1)}$ 中有一个同色三角形.

推论 5.4.1 下式成立：

$$R(m) \leqslant m!\left(1 + \frac{1}{1!} + \frac{1}{2!} + \cdots + \frac{1}{m!}\right) + 1$$

证 用数学归纳法证明.

当 $m=1$ 时，$R(1) = 3 \leqslant (1+1) + 1$，不等式成立；

设 $m = k-1$ 时命题成立，即

$$R(k-1) \leqslant (k-1)! \left(1 + \frac{1}{1!} + \frac{1}{2!} + \cdots + \frac{1}{(k-1)!}\right) + 1$$

当 $m=k$ 时，由定理 5.4.4 知

$$R(k) \leqslant k[R(k-1)-1] + 2$$

由归纳假设得

$$R(k) \leqslant k \cdot (k-1)! \left(1 + \frac{1}{1!} + \frac{1}{2!} + \cdots + \frac{1}{(k-1)!}\right) + 2$$

即

$$R(k) \leqslant k! \left(1 + \frac{1}{1!} + \frac{1}{2!} + \cdots + \frac{1}{(k-1)!} + \frac{1}{k!} - \frac{1}{k!}\right) + 2$$

$$= k! \left(1 + \frac{1}{1!} + \frac{1}{2!} + \cdots + \frac{1}{k!}\right) + 1$$

由归纳法原理，命题成立.

推论 5.4.2　$R(m) \leqslant [m!e] + 1$.

证　因为

$$m!e = m! \sum_{k=0}^{\infty} \frac{1}{k!} = m! \sum_{k=0}^{m} \frac{1}{k!} + m! \sum_{k=m+1}^{\infty} \frac{1}{k!} = a_m + b_m$$

而当 $m \geqslant 1$ 时，

$$b_m = m! \sum_{k=m+1}^{\infty} \frac{1}{k!} = \frac{1}{m+1} + \sum_{i=2}^{\infty} \frac{1}{(m+1)(m+2)\cdots(m+i)}$$

$$< \frac{1}{m+1} + \sum_{i=2}^{\infty} \frac{1}{(m+i-1)(m+i)}$$

$$= \frac{1}{m+1} + \sum_{i=2}^{\infty} \left(\frac{1}{m+i-1} - \frac{1}{m+i}\right)$$

$$= \frac{2}{m+1} \leqslant 1$$

由此可见：b_m 只是 $m!e$ 的小数部分，所以

$$[m!e] = m! \left(1 + \frac{1}{1!} + \frac{1}{2!} + \cdots + \frac{1}{m!}\right)$$

再由推论 5.4.1 便可得到推论 5.4.2.

推论 5.4.3　$R(m) \leqslant 3m!$.

证　用归纳法：当 $m=1$ 时，$R(1)=3=3 \cdot 1!$，结论成立；

设 $m=k-1$ 时命题成立，即

$$R(k-1) \leqslant 3(k-1)!$$

当 $m=k \geqslant 2$ 时，由定理 5.4.4 知

$$R(k) \leqslant k[R(k-1)-1] + 2$$

由归纳假设得

$$R(k) \leqslant k[3(k-1)! - 1] + 2 = 3k! - (k-2) \leqslant 3k!$$

由归纳法原理，命题成立.

5.4.3 Ramsey 数的应用

【例 5.4.5】(凸多边形问题) 设 m 是大于或等于 3 的整数,则存在正整数 N,使得当 $n \geqslant N$ 时,在平面上任何 3 点都不共线的 n 个点中,必有 m 个点是凸 m 边形的顶点.

为证明这个命题,需要两条引理.

引理 5.4.1 若平面上有任何 3 点都不共线的 5 个点,则其中必有 4 点是凸四边形的顶点.

证 把这 5 个点之间都连上线可得 10 条直线段,其最外边的周界一定是一个凸多边形.如果是凸五边形或凸四边形,则引理 5.4.1 已经成立.如果是三角形,则 5 点中余下两点必定在这个三角形的内部.用一条直线把这两个点连起来,必有三角形的两个顶点位于此直线的同侧.于是同侧的这两个顶点和两个内点是一个凸四边形的顶点.如图 5.4.1 中的凸四边形 $BCDE$.

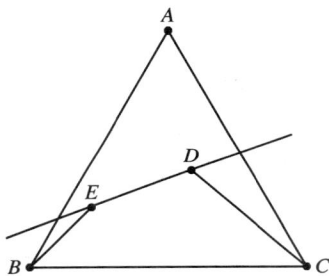

图 5.4.1 凸四边形的存在性

引理 5.4.2 若平面上有任何三个点都不共线的 m 个点,并且这 m 个点中的任意 4 点都是凸四边形的顶点,则此 m 个点是凸 m 边形的顶点.

证 将 m 点两两连线,共得 $\binom{m}{2} = \dfrac{m(m-1)}{2}$ 条边.选取最外围周界组成一个凸 q 边形,其顶点为 $v_1, v_2, \cdots, v_q$.如果原先的 m 个点中,有一个在此凸 q 边形的内部,则它必在 $q-2$ 个三角形:$\triangle v_1 v_2 v_3$,$\triangle v_1 v_3 v_4$,$\cdots$,$\triangle v_1 v_{q-1} v_q$ 的某一个之内.但这样就要出现一个凹四边形,与假设矛盾.故在凸 q 边形之内不可能再有 m 个点中的任何一个点.所以 $q = m$,即这 m 个点是凸 m 边形的顶点.

例题的证明如下:

对于 $m = 3$,命题显然成立.

设 $m \geqslant 4$,并令 $n \geqslant r(5, m; 4)$.再把这 n 个点的所有"4 点子集"形成的四边形按凹和凸分为两类.根据 Ramsey 定理,在这 n 个点中或者至少有 5 个点,其一切"4 点子集"组成的四边形全是凹的.或者至少有 m 个点,其一切"4 点子集"组成的四边形全是凸的.由引理 5.4.1 知前一种情形不可能,因此后一结论成立,再根据引理 5.4.2 知道这 m 点必然组成一个凸 m 边形.

【例 5.4.6】(舒尔定理) 将自然数集 $\{1, 2, \cdots, n\}$ 分为 t 类,则当 n 充分大时,必有一类 S_j,它同时包含两个正整数 x、y 及其和 $x + y$.

证 视 $1, 2, \cdots, n$ 为 n 个点,其中两个点 a、b,若 $|a-b|$ 属于 t 类中的第 i 类,则将

点 a 和 b 之间连一条 c_i 色的边, 这样便可得到一个 t 色完全图 K_n. 由 Ramsey 定理, 当 n 充分大时, K_n 中一定有单色三角形存在, 设它的颜色为 c_j, 而且其三个顶点为 a、b、c. 不妨设 $a > b > c$, 并记 $x = a - b$, $y = b - c$, 则

$$a - c = (a - b) + (b - c) = x + y$$

即 x、y 及 $x + y$ 都属于 S_j.

【例 5.4.7】 证明对任意给定的正整数 m, 只要 n 充分大, 每个 n 阶 $(0, 1)$ 方阵一定含有如下四种 m 阶主子方阵之一:

$$\begin{bmatrix} * & & 0 \\ & \ddots & \\ 0 & & * \end{bmatrix}, \begin{bmatrix} * & & 0 \\ & \ddots & \\ 1 & & * \end{bmatrix}, \begin{bmatrix} * & & 1 \\ & \ddots & \\ 0 & & * \end{bmatrix}, \begin{bmatrix} * & & 1 \\ & \ddots & \\ 1 & & * \end{bmatrix}$$

(它们的对角线的上方或下方要么全为 0, 要么全为 1, 但对角线上可以是 0 也可以是 1.)

证 取 $N = r(m, m, m, m; 2)$. 设 $A_N = (a_{ij})_{N \times N}$ 为 $N \times N$ 的 $(0, 1)$ 方阵 (即 $a_{ij} = 0, 1$; $i, j = 1, 2, \cdots, N$), 用 b_i 表示 A_N 的第 i 行, $S = \{b_1, b_2, \cdots, b_N\}$. 假定 S 的所有 2 元子集 $\{b_i, b_j\}$ 可分为如下四类:

$(0, 0)$ 类: $\{b_i, b_j\} \in (0, 0)$ 类当且仅当 $a_{ij} = a_{ji} = 0$;

$(0, 1)$ 类: $\{b_i, b_j\} \in (0, 1)$ 类当且仅当 $a_{ij} = 0$, $a_{ji} = 1 (i < j)$;

$(1, 0)$ 类: $\{b_i, b_j\} \in (1, 0)$ 类当且仅当 $a_{ij} = 1$, $a_{ji} = 0 (i < j)$;

$(1, 1)$ 类: $\{b_i, b_j\} \in (1, 1)$ 类当且仅当 $a_{ij} = a_{ji} = 1$.

将上述分类视为 S 中元素的一种连接关系, 同类元素用某种颜色的边相连, 共有 4 种颜色. 由 Ramsey 定理, 在 S 中存在由 m 行构成的子集 B, 其所有 2 元子集全部属于该子集 B. 进一步, 由 B 中的这些行组成的 $m \times m$ 阶主子方阵必定是题中所列形式之一.

【例 5.4.8】(在通信中的应用) 在通信过程中, 由于信号通道上的噪声等意外因素的干扰, 某些字母被认为"极易混同". 为了避免这种混同所带来的危害, 人们首先想到, 能否从现有的字母表中挑选出尽可能多的一组字母, 保证在任何通信环境下, 该组中的任意两个字母都不会混同, 或者说, 其可能混同的概率几乎处处为零. 采取的一种方法就是: 设字母集合 $A = \{a, b, c, \cdots, x, y, z\}$, 以 A 为顶点集构造一个完全图 K_{26}. 对 A 中的两个不同顶点 v_i, v_j, 若二者容易混同, 则连一条红线, 否则, 连一条蓝线. 问题就变为在着色的 K_{26} 上寻找最大的蓝色完全子图. 该子图的顶点集就是要找的那些不易混同的字母子集.

实际上, 从 26 个字母中剔除容易混同的字母后, 往往所剩无几. 一个自然的想法就是用字母串来表示一个符号, 然后再从中寻找最大的非混符号集. 例如, 可用长度为 2 的字母串来构造符号集, 那么, 字母串 (x_1, y_1) 与 (x_2, y_2) 可能混同的充分必要条件是下面三个条件中的一个成立:

(1) x_1 可能与 x_2 混同, 且 y_1 与 y_2 也可能混同;

(2) $x_1 = x_2$, 且 y_1 与 y_2 可能混同;

(3) $y_1 = y_2$, 且 x_1 与 x_2 可能混同.

为了借助边 2 着色的完全图来寻找最大非混符号集, 可设符号集

$$A \times A = \{(x, y) \mid x \in A, y \in A\}$$

然后以 $A \times A$ 为顶点集构造一个完全图 $K_{26 \times 26}$ (即图 K_{26} 与 K_{26} 的正规积, 记为 $K_{26} \cdot K_{26}$),

点(x_1,y_1)与(x_2,y_2)之间连一条红边当且仅当下面三个条件中的一个成立：

（1）x_1 和 x_2，y_1 和 y_2 在 K_{26} 中连的都是红边；

（2）$x_1=x_2$，y_1 与 y_2 在 K_{26} 中以红边相连；

（3）$y_1=y_2$，x_1 与 x_2 在 K_{26} 中以红边相连.

除此之外的边都为蓝色边.

关心的是 $K_{26}\cdot K_{26}$ 上最大蓝色完全子图的顶点集 V_w. 对此，有如下的结论.

定理 5.4.5　记 V_w 中顶点个数为 $\alpha(K_{26}\cdot K_{26})$，则

$$\alpha(K_m\cdot K_n)\leqslant r(p,q;2)-1$$

其中，Ramsey 数 $r(p,q;2)$ 中的 p、q 满足

$$p=\alpha(K_m)+1,\ q=\alpha(K_n)+1$$

习　题　五

1. 证明：在一个边长为 2 的等边三角形中任取 5 点，至少有两个点相距不超过 1.

2. 在一个边长为 1 的正方形内任取 9 个点，证明以这些点为顶点的各个三角形中，至少有一个三角形的面积不大于 1/8.

3. 把从 1 到 326 的 326 个正整数任意分为 5 组，试证其中必有一组，该组中至少有一个数是同组中某两个数之和，或是同组中某个数的两倍.

4. 任意一个由数字 1，2，3 组成的 30 位数，从中任意截取相邻的三位，证明在各种不同位置的截取中，至少有两个三位数是相同的. 数的位数 30 还可以再减少吗，为什么？

5. 任取 11 个整数，求证其中至少有两个数的差是 10 的倍数.

6. 一次考试采用百分制，所有考生的总分为 10101，证明如果考生人数不少于 202，则必有三人得分相同.

7. 将 n 个球放入 m 个盒子中，$n<\dfrac{m}{2}(m-1)$，试证其中必有两个盒子有相同的球数.

8. 设有三个 7 位二进制数：$(a_1a_2a_3a_4a_5a_6a_7)$、$(b_1b_2b_3b_4b_5b_6b_7)$ 和 $(c_1c_2c_3c_4c_5c_6c_7)$，试证存在整数 i 和 j，$1\leqslant i<j\leqslant7$，使得下列等式中至少有一个成立：

$$a_i=a_j=b_i=b_j,\ b_i=b_j=c_i=c_j,\ c_i=c_j=a_i=a_j$$

9. 证明：把 1～10 这 10 个数随机地写成一个圆圈，则必有某 3 个相邻数之和大于或等于 17. 若改为 1～26，则相邻数之和应大于或等于 41.

10. 某学生准备恰好用 11 个星期时间做完数学复习题，每天至少做一题，一个星期最多做 12 题，试证必有连续几天内该学生共做了 21 道题.

11. 求证：在任意给出的 11 个整数中一定存在 6 个整数，它们的和是 6 的倍数.

12. 证明任意给定的 52 个整数中，总存在两个数，它们的和或差能被 100 整除.

13. 证明：

（1）每年至少有一个 13 日是星期五.

（2）每年至多有三个 13 日是星期五.

14. 设 a_1，a_2，$\cdots$，a_n 是整数 1，2，$\cdots$，n 的任意一个排列. 证明：当 n 是奇数时，乘积 $(a_1-1)(a_2-2)\cdots(a_n-n)$ 是偶数.

15. 设 n 是大于 1 的奇数，证明在 $2^1-1, 2^2-1, \cdots, 2^{n-1}-1$ 中必有一个数能被 n 整除.

16. 证明在对平面完全图 K_{17} 的边 3 着色中，至少存在两个同色的 K_3.

17. 在平面直角坐标系中任取 5 个整点(两个坐标都是整数的点)，证明其中一定存在 3 个点，由其构成的三角形(包含 3 点在一条直线上)的面积是整数(可以为 0).

18. 用 4 种颜色给平面上的完全图 K_{66} 的边染色，每个边选一种颜色. 证明，染色后的 K_{66} 中一定存在一个同色的 K_3.

第六章　　波利亚(Pólya)定理

6.1　群　论　基　础

普通代数主要涉及的计算对象为数值,运算方式多为加、减、乘、除. 本节将把运算对象扩展到一般的集合元素,运算方式也可以是多种多样,例如矩阵运算,集合的并、交、差运算等. 换言之,我们要将研究对象及其运算和所要讨论的性质延伸到抽象代数的范畴.

6.1.1　群的概念

定义 6.1.1　给定非空集合 G 及定义在 G 上的二元运算"·",若满足以下四个条件,则称集合 G 在运算"·"下构成一个群,简称 G 为一个**群**:

(1) 封闭性:$a, b \in G$,则 $a \cdot b \in G$;

(2) 结合律:$(a \cdot b) \cdot c = a \cdot (b \cdot c)$;

(3) 单位元:存在 $e \in G$,对任意 $a \in G$,有 $a \cdot e = e \cdot a = a$;

(4) 逆元素:对任意 $a \in G$,存在 $b \in G$,使得 $a \cdot b = b \cdot a = e$,称 b 为 a 的逆元素,记为 a^{-1}.

群的运算符"·"可略去,即 $a \cdot b = ab$.

群的运算并不要求满足交换律. 如果某个群 G 中的代数运算满足交换律,则称 G 为**交换群**或 **Abel 群**.

群的元素可以是有限个,叫做**有限群**;也可以是无限个,叫做**无限群**. 以 $|G|$ 表示有限群中元素的个数,称为群的**阶**,那么当 G 为无限群时,可以认为 $|G| = \infty$.

【例 6.1.1】　偶数集,整数集 $\mathbf{Z}$,有理数集 $\mathbf{Q}$,实数集 $\mathbf{R}$,复数集 $\mathbf{C}$ 关于数的加法构成群,称为加法群.

因为数的运算对加法满足定义 6.1.1 的要求(1)和(2). 其中的单位元为 0,每个数 a 关于加法的逆元为:$a^{-1} = -a$.

但是,关于数的乘法,这些集都不构成群. 因为在偶数集中关于普通乘法不存在单位元. 而在 $\mathbf{Z}$、$\mathbf{Q}$、$\mathbf{R}$、$\mathbf{C}$ 中,虽然关于普通乘法有单位元 1,但数 0 没有逆元.

【例 6.1.2】　不含零的有理数集 $\mathbf{Q}_1$、实数集 $\mathbf{R}_1$ 和复数集 $\mathbf{C}_1$ 关于数的乘法构成群. 其中单位元为 $e = 1$,数 a 的逆元为 $a^{-1} = 1/a$.

【例 6.1.3】　$G = \{1, -1\}$ 关于乘法构成群. 单位元为 $e = 1$,由于 $(-1)(-1) = 1$,因此数 $a = -1$ 的逆元为它自身.

【例 6.1.4】　更一般情形,集合 $G_1 = \{e = 1\}$, $G_2 = \{1, -1\}$, $G_3 = \left\{1, \dfrac{-1+\sqrt{3}}{2}, \right.$

$\left.\dfrac{-1-\sqrt{3}}{2}\right\}$(1 的 3 次根)，$\cdots$，$G_n=\{a_k=\mathrm{e}^{\mathrm{i}k2\pi/n}\,|\,k=0,1,\cdots,n-1,\,\mathrm{i}=\sqrt{-1}\}\,(n=1,2,\cdots)$

均关于乘法构成群. 其中单位元为 $e=1$，设 $q=\sqrt[n]{1}=\mathrm{e}^{2\pi\mathrm{i}/n}=\cos\left(\dfrac{2\pi}{n}\right)+\mathrm{i}\sin\left(\dfrac{2\pi}{n}\right)$，则元素
$a_k=q^k$ 的逆元为 $a_k^{-1}=q^{-k}=q^{n-k}$.

【例 6.1.5】 $G=\{0,1,\cdots,n-1\}$ 在模 n(即 mod n)的情况下关于加法运算构成群，当 n 为素数时，$G_1=G-\{0\}=\{1,2,\cdots,n-1\}$ 关于乘法运算也构成群.

在群 G 中，单位元为 0，元素 $a\in G$ 的逆元为 $-a$ 或 $n-a$. 而在 G_1 中，单位元则为 1，a 的逆元为 $a^{-1}\equiv a^{\varphi(a)-1}$ mod n. 但对于某些特殊元素，其逆是显然的，如 $1^{-1}=1$，$(n-1)^{-1}=-1$ 或 $n-1$.

【例 6.1.6】 所有 $m\times n$ 矩阵关于矩阵加法，所有非奇异(即可逆)n 阶矩阵关于矩阵乘法都构成群. 前者是可交换群，后者是不可交换群.

【例 6.1.7】 二维欧几里德空间的刚性旋转变换集合 $T=\{T_\alpha\}$ 构成阿贝尔群. 其中 T_α、T_β 的二元运算 $T_\beta\times T_\alpha$ 定义为：先做 T_α，再对其结果做 T_β.

验证：

$$T_\alpha:\begin{pmatrix}x_1\\y_1\end{pmatrix}=\begin{pmatrix}\cos\alpha & \sin\alpha\\-\sin\alpha & \cos\alpha\end{pmatrix}\begin{pmatrix}x\\y\end{pmatrix}$$

(1) 封闭性：$T_\beta\times T_\alpha=T_{\alpha+\beta}\in T$；

(2) 结合律：显然；

(3) 单位元：$e=T_0$，即单位矩阵 $\boldsymbol{E}=\begin{pmatrix}1 & 0\\0 & 1\end{pmatrix}$；

(4) 逆元素：$(T_\alpha)^{-1}=T_{-\alpha}$.

【例 6.1.8】 设 $G=\{f_1=x,\,f_2=1-x,\,f_3=1/x,\,f_4=1-1/x,\,f_5=1/(1-x),\,f_6=1-1/(1-x)\}$，定义 G 上的二元运算，$f_i*f_j=f_i(f_j(x))$，则 G 构成群.

证 首先 $G\neq\varnothing$，其次：

(1) 可以逐一验证 $f_i*f_j=f_i(f_j(x))\in G$；

(2) 同样可以逐一验证：$f_i*(f_j*f_k)=(f_i*f_j)*f_k$；

(3) 单位元为 $f_1=x$；

(4) f_4，f_5 互为逆元，其它 f_i 的逆元是自身.

6.1.2　群的性质

定理 6.1.1 群具有以下性质：

(1) 单位元 e 唯一；

(2) 逆元唯一；

(3) 满足消去律：即对 a，b，$c\in G$，若 $ab=ac$，则 $b=c$；若 $ba=ca$，则仍有 $b=c$；

(4) a，$b\in G$，则 $(ab)^{-1}=b^{-1}a^{-1}$，更一般有 $(ab\cdots c)^{-1}=c^{-1}\cdots b^{-1}a^{-1}$；

(5) 若 G 是有限群，则对任意 $a\in G$，必存在一个最小常数 r，使 $a^r=e$，从而 $a^{-1}=a^{r-1}$. r 称为元素 a 的阶.

证 性质(1)～(4)显然. 只证明性质(5).

设 $|G|=n$，由 G 的定义知：

$$\underbrace{aa\cdots a}_{i个}=a^i\in G,\ i=1,2,\cdots,n+1$$

由抽屉原理知，必存在整数 m，k，满足 $1\leqslant m<k\leqslant n+1$，使得 $a^m=a^k$，即 $a^{k-m}=e$，令 $r=k-m$，则 $a^r=e$，即 $a\cdot a^{r-1}=e$，所以 $a^{-1}=a^{r-1}$．

6.1.3　子群

定义 6.1.2　设 G 是群，H 是 G 的子集，若 H 在 G 的原有运算下也构成一个群，则称 H 是 G 的子群．

【例 6.1.9】　任何群 G 至少有两个子群：$H_1=G$，$H_2=\{e\mid e\in G$ 为单位元$\}$．

【例 6.1.10】　对于乘法运算，$H=\{1,-1\}$ 是 $G=\{1,-1,i,-i\}$ 的子群．

【例 6.1.11】　偶数加法群是整数 $\mathbf{Z}$ 的子群，$\mathbf{Z}$ 是有理数加法群 $\mathbf{Q}$ 的子群，$\mathbf{Q}$ 又是实数加法群 $\mathbf{R}$ 的子群，$\mathbf{R}$ 是复数加法群 $\mathbf{C}$ 的子群；对乘法群而言，也有 $\mathbf{Q}_1$ 是 $\mathbf{R}_1$ 的子群，$\mathbf{R}_1$ 是 $\mathbf{C}_1$ 的子群．

【例 6.1.12】　任选群 G 的一个元素 a，设 a 的阶为 r，则 $H=\{a,a^2,\cdots,a^{r-1},a^r=e\}$ 是 G 的子群．这样的群 H 是由某个固定元素 a 的乘方组成的，称为**循环群**，或称 H 是由元素 a 生成的群，a 叫做 H 的**生成元**．

定理 6.1.2　有限群的阶数必能被其子群的阶数整除．

6.2　置　换　群

不论在理论研究还是在实际应用中，置换群都是十分重要的一类群．一方面，任何有限群都可以用它表示；另一方面，在解决"代数方程是否能用根号求解"这个问题时，要用到它；它还在本章的伯恩赛德(Burnside)引理及 Pólya 定理中起着基本作用．

定义 6.2.1　有限集合 S 到自身的一个一一映射叫做一个置换．

例如：

$$S=\{a_1,a_2,a_3,a_4\}$$

$$p=\begin{pmatrix}a_1 & a_2 & a_3 & a_4\\ a_2 & a_4 & a_3 & a_1\end{pmatrix}$$

即是一个置换．相应的映射是 f：$a_1=f(a_4)$，$a_2=f(a_1)$，$a_3=f(a_3)$，$a_4=f(a_2)$．

说明

（1）将 S 中的元素 a_i 写在上一行(顺序可任意)，a_i 的象写在 a_i 之下，同一列的两个元素的相对关系只要保持不变，即 $f(a_i)=a_{k_i}$，不同形式的写法都认为是同一个置换．如：

$$\begin{pmatrix}a_1 & a_2 & a_3\\ a_3 & a_1 & a_2\end{pmatrix}=\begin{pmatrix}a_3 & a_1 & a_2\\ a_2 & a_3 & a_1\end{pmatrix}$$

（2）置换就是将 n 个元的一种排列变为另一种排列．

（3）n 元集 S 共有 $n!$ 种不同的置换．

定义 6.2.2　两个置换 p_1、p_2 的乘积 p_1p_2 定义为先做置换 p_1 再做 p_2 的结果．

例如，对于 $S=\{1,2,3,4\}$，

$$p_1 = \begin{pmatrix} 1 & 2 & 3 & 4 \\ 3 & 1 & 2 & 4 \end{pmatrix}, \quad p_2 = \begin{pmatrix} 1 & 2 & 3 & 4 \\ 4 & 3 & 2 & 1 \end{pmatrix}$$

那么

$$p_1 p_2 = \begin{pmatrix} 1 & 2 & 3 & 4 \\ 3 & 1 & 2 & 4 \end{pmatrix} \begin{pmatrix} 1 & 2 & 3 & 4 \\ 4 & 3 & 2 & 1 \end{pmatrix} = \begin{pmatrix} 1 & 2 & 3 & 4 \\ 2 & 4 & 3 & 1 \end{pmatrix}$$

即

$$1 \xrightarrow{p_1} 3 \xrightarrow{p_2} 2, \; 2 \xrightarrow{p_1} 1 \xrightarrow{p_2} 4, \; \cdots$$

一般来说，置换的乘法不满足交换律，即 $p_1 p_2 \neq p_2 p_1$，如上例中

$$p_2 p_1 = \begin{pmatrix} 1 & 2 & 3 & 4 \\ 4 & 3 & 2 & 1 \end{pmatrix} \begin{pmatrix} 1 & 2 & 3 & 4 \\ 3 & 1 & 2 & 4 \end{pmatrix} = \begin{pmatrix} 1 & 2 & 3 & 4 \\ 4 & 2 & 1 & 3 \end{pmatrix} \neq p_1 p_2$$

求复合置换的一种技巧就是更改 p_2 各列的前后次序，使其第一行的排列与前者 p_1 第二行的排列相同，那么复合置换 $p_1 p_2$ 的第一行就是 p_1 的第一行，其第二行是 p_2 的第二行．如上例：

$$p_1 p_2 = \begin{pmatrix} 1 & 2 & 3 & 4 \\ 3 & 1 & 2 & 4 \end{pmatrix} \begin{pmatrix} 1 & 2 & 3 & 4 \\ 4 & 3 & 2 & 1 \end{pmatrix} = \begin{pmatrix} 1 & 2 & 3 & 4 \\ 3 & 1 & 2 & 4 \end{pmatrix} \begin{pmatrix} 3 & 1 & 2 & 4 \\ 2 & 4 & 3 & 1 \end{pmatrix} = \begin{pmatrix} 1 & 2 & 3 & 4 \\ 2 & 4 & 3 & 1 \end{pmatrix}$$

定理 6.2.1　设 S_n 是 n 元集合上的所有置换构成的集合，则 S_n 关于置换的乘法构成群，称为 n 次对称群．

证　不失一般性，设 $S = \{1, 2, \cdots, n\}$．由置换乘法的定义知，封闭性、结合律显然成立．其次，单位元为恒等置换

$$e = \begin{pmatrix} 1 & 2 & \cdots & n \\ 1 & 2 & \cdots & n \end{pmatrix}$$

逆元素

$$\begin{bmatrix} 1 & 2 & \cdots & n \\ a_1 & a_2 & \cdots & a_n \end{bmatrix}^{-1} = \begin{bmatrix} a_1 & a_2 & \cdots & a_n \\ 1 & 2 & \cdots & n \end{bmatrix}$$

从几何变换角度看问题，由于几何图形的对称性与数字序列的置换之间存在着一一对应关系，从而形成一种同构．因此，置换群的运算和理论就成了对称图形运算和计数的基本工具．

【例 6.2.1】　将顶点分别为 $1, 2, 3$ 的正三角形（见图 6.2.1）绕重心 O 沿逆时针方向分别旋转 $0°$、$120°$、$240°$，视其为顶点集 $\{1, 2, 3\}$ 的置换，则有旋转对称映射

$$p_1 = \begin{pmatrix} 1 & 2 & 3 \\ 1 & 2 & 3 \end{pmatrix} = e$$
（转 $0°$）

$$p_2 = \begin{pmatrix} 1 & 2 & 3 \\ 2 & 3 & 1 \end{pmatrix}$$
（转 $120°$）

$$p_3 = \begin{pmatrix} 1 & 2 & 3 \\ 3 & 1 & 2 \end{pmatrix}$$
（转 $240°$）

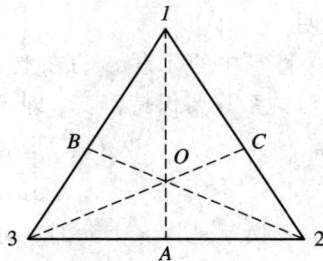

图 6.2.1　S_3 与正三角形的对应示意图

另一类是反射对称映射,即将三角形 123 分别绕对称轴 $1A$、$2B$、$3C$ 翻转 $180°$ 得顶点集的另一类置换:

$$p_4 = \begin{pmatrix} 1 & 2 & 3 \\ 2 & 1 & 3 \end{pmatrix}, \quad p_5 = \begin{pmatrix} 1 & 2 & 3 \\ 3 & 2 & 1 \end{pmatrix}, \quad p_6 = \begin{pmatrix} 1 & 2 & 3 \\ 1 & 3 & 2 \end{pmatrix}$$

$$(\text{绕 } 3C) \qquad\qquad (\text{绕 } 2B) \qquad\qquad (\text{绕 } 1A)$$

因此,描述正三角形的全部对称的映射,对应以上六种置换. 相继两次对称映射对应两个置换的乘积,则置换集 $\{p_1, p_2, p_3, p_4, p_5, p_6\}$ 在置换乘法下构成一个三次对称群 S_3. 而且,$\langle p_1, p_4 \rangle$、$\langle p_1, p_5 \rangle$、$G = \{p_1, p_2, p_3\}$ 等都是 S_3 的子群,G 还是 3 次循环群,它可以由 p_2 或 p_3 生成.

【例 6.2.2】(正方形对称群)　考察使正多边形回到原来位置的所有可能的逆时针旋转和翻转动作,可以得到一个群,称为二面体群(参见图 6.2.2).

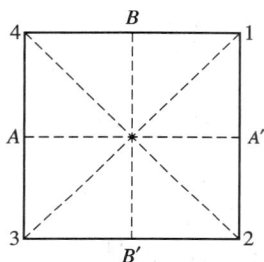

图 6.2.2　正方形的刚体变换与 4 次置换群

第一类:旋转对称关系

$$p_1 = \begin{pmatrix} 1 & 2 & 3 & 4 \\ 1 & 2 & 3 & 4 \end{pmatrix} \cdots\cdots \text{旋转 } 0°$$

$$p_2 = \begin{pmatrix} 1 & 2 & 3 & 4 \\ 2 & 3 & 4 & 1 \end{pmatrix} \cdots\cdots \text{旋转 } 90°$$

$$p_3 = \begin{pmatrix} 1 & 2 & 3 & 4 \\ 3 & 4 & 1 & 2 \end{pmatrix} \cdots\cdots \text{旋转 } 180°$$

$$p_4 = \begin{pmatrix} 1 & 2 & 3 & 4 \\ 4 & 1 & 2 & 3 \end{pmatrix} \cdots\cdots \text{旋转 } 270°$$

第二类:反射对称关系

$$p_5 = \begin{pmatrix} 1 & 2 & 3 & 4 \\ 2 & 1 & 4 & 3 \end{pmatrix} \cdots\cdots \text{以 } A-A' \text{ 为轴翻转 } 180°$$

$$p_6 = \begin{pmatrix} 1 & 2 & 3 & 4 \\ 4 & 3 & 2 & 1 \end{pmatrix} \cdots\cdots \text{以 } B-B' \text{ 为轴翻转 } 180°$$

$$p_7 = \begin{pmatrix} 1 & 2 & 3 & 4 \\ 1 & 4 & 3 & 2 \end{pmatrix} \cdots\cdots \text{以 } 1-3 \text{ 为轴翻转 } 180°$$

$$p_8 = \begin{pmatrix} 1 & 2 & 3 & 4 \\ 3 & 2 & 1 & 4 \end{pmatrix} \cdots\cdots \text{以 } 2-4 \text{ 为轴翻转 } 180°$$

另外,将 1 与 2 扭转(非刚体运动)后,再对其做与 $p_1 \sim p_8$ 相应的变换,又可得 8 种置换. 同理, 还可对 1 与 4 扭转, 再得 8 种置换. 总共 $8 \times 3 = 24$ 种置换, 即构成了 4 次对称群 S_4.

定义 6.2.3　n 次对称群的子群称为(n 次)置换群.

定义 6.2.4　设置换 p 将集合 S 中的 a_1 换为 a_2, a_2 换为 a_3, ……, a_{k-1} 换为 a_k, a_k 换为 a_1, 称 p 为 k 阶循环置换(或轮换), 记为 $(a_1 a_2 \cdots a_k)$ 或 $(a_1, a_2, \cdots, a_k)$.

例如:

$$\begin{pmatrix} 1 & 2 & 3 & 4 & 5 \\ 4 & 3 & 1 & 5 & 2 \end{pmatrix} = (1\ 4\ 5\ 2\ 3), \quad \begin{pmatrix} 1 & 2 & 3 & 4 \\ 2 & 3 & 1 & 4 \end{pmatrix} = (1\ 2\ 3)$$

按照置换的书写规则, 下列写法表示同一个轮换:

$$(a_1, a_2, \cdots, a_k) = (a_2, a_3, \cdots, a_k, a_1) = \cdots = (a_k, a_1, \cdots, a_{k-1})$$

k 阶轮换 p 的一个简单性质就是

$$\underbrace{pp \cdots p}_{k 个} = e = \begin{pmatrix} 1 & 2 & \cdots & n \\ 1 & 2 & \cdots & n \end{pmatrix}$$

一般情况下, 任意一个置换未必是一个轮换, 如 $\begin{pmatrix} 1 & 2 & 3 & 4 \\ 2 & 1 & 4 & 3 \end{pmatrix}$ 就不是一个轮换.

定义 6.2.5　设轮换 $p_1 = (a_1, a_2, \cdots, a_r)$, $p_2 = (b_1, b_2, \cdots, b_s)$, 且 a_i, b_j 互不相同, 称 p_1 与 p_2 不相交.

定理 6.2.2　不相交的两个轮换 p_1、p_2 满足交换律, 即 $p_1 p_2 = p_2 p_1$.

例如:

$$p_1 = (1\ 2) = \begin{pmatrix} 1 & 2 & 3 & 4 \\ 2 & 1 & 3 & 4 \end{pmatrix}$$

$$p_2 = (3\ 4) = \begin{pmatrix} 1 & 2 & 3 & 4 \\ 1 & 2 & 4 & 3 \end{pmatrix}$$

$$p_1 p_2 = (1\ 2)(3\ 4) = \begin{pmatrix} 1 & 2 & 3 & 4 \\ 2 & 1 & 3 & 4 \end{pmatrix} \begin{pmatrix} 1 & 2 & 3 & 4 \\ 1 & 2 & 4 & 3 \end{pmatrix} = \begin{pmatrix} 1 & 2 & 3 & 4 \\ 2 & 1 & 4 & 3 \end{pmatrix}$$

$$= \begin{pmatrix} 1 & 2 & 3 & 4 \\ 1 & 2 & 4 & 3 \end{pmatrix} \begin{pmatrix} 1 & 2 & 3 & 4 \\ 2 & 1 & 3 & 4 \end{pmatrix}$$

$$= (3\ 4)(1\ 2) = p_2 p_1$$

定理 6.2.3　任一置换都可以唯一分解为若干个互不相交的轮换之积.

证　对已知置换

$$p = \begin{pmatrix} 1 & 2 & \cdots & n \\ a_1 & a_2 & \cdots & a_n \end{pmatrix}$$

任取 $a_1 \in S$, 从 a_1 开始搜索: 若 $a_1 \to a_1$, 则 a_1 本身构成一个一阶轮换 (a_1).

设 $a_1 \to a_2 \to \cdots \to a_k \to a_1$, 则 $(a_1, a_2, \cdots, a_k)$ 为一个 k 阶轮换.

若 $k = n$, 则搜索停止. 否则, 从 S 的其它元素中取出一个, 如法炮制, 又可以得另一个轮换. 如此继续, 直到 S 中的所有元素被取完为止. 这样便得到若干个不相交的轮换, p 就是这些不相交轮换的乘积. 例如:

$$p = \begin{pmatrix} 1 & 2 & 3 & 4 & 5 & 6 \\ 6 & 5 & 1 & 4 & 2 & 3 \end{pmatrix} = (1\ 6\ 3)(2\ 5)(4)$$

【例 6.2.3】　将编号为 1~52 的卡片分为 1~26、27~52 两组，交错互相插入，则这样的交错插入重复 8 次后就会恢复到原来的卡片顺序.

证　第一次插入相当对 1~52 作一次置换 $p=(1)(2, 27, 14, 33, 17, 9, 5, 3)(4, 28, 40, 46, 49, 25, 13, 7)(6, 29, 15, 8, 30, 41, 21, 11)(10, 31, 16, 34, 43, 22, 37, 19)(12, 32, 42, 47, 24, 38, 45, 23)(18, 35)(20, 36, 44, 48, 50, 51, 26, 39)(52)$. 其中最长的轮换为 8 阶，而 k 阶轮换重复 k 次后恢复原状，故结论成立.

所以，美国的研究人员认为，扑克牌洗 7 次最合适.

定义 6.2.6　称 2 阶轮换为**对换**(或换位).

定理 6.2.4　任何轮换都可以表示为若干个对换之积，但表示方式不唯一.

定理的结论显然成立. 设 $p=(a_1, a_2, \cdots, a_k)$，不难看出
$$p = (a_1, a_2)(a_1, a_3)\cdots(a_1, a_{k-1})(a_1, a_k)$$
至于不唯一性，只要举出一个反例即可. 例如：
$$p = (1\ 2\ 3) = (1\ 2)(1\ 3) = (1\ 2)(1\ 3)(3\ 1)(1\ 3)$$
$$= (2\ 3\ 1) = (2\ 3)(2\ 1) = \cdots$$

推论 6.2.1　一个置换总可以表为若干个对换的乘积.

定理 6.2.5　每个轮换的对换表示中，对换个数的奇偶性是唯一确定的. 从而一个置换在它的不同的对换分解表示式中所含的对换个数的奇偶性是不变的.

定义 6.2.7　可以分解为奇数个对换之积的置换称为**奇置换**，可以分解为偶数个对换之积的置换称为**偶置换**.

【例 6.2.4】(十五子智力玩具)　在一个 4×4 有方格的正方形盒子中放入 15 个可以滑动的小方格，而正方形盒子右下角为一空格. 规定方格的移动规则是只准与空格相邻的方格移入空格，那么，无论怎么变动，不可能由状态(a)中的初始"布局"变换为状态(b)中的布局(见图 6.2.3).

1	2	3	4
5	6	7	8
9	10	11	12
13	14	15	

15	14	13	12
11	10	9	8
7	6	5	4
3	2	1	

1	2	3	4
5	6	7	8
9	10	11	12
13	15	14	

(a)　　　　　　　(b)　　　　　　　(c)

图 6.2.3　十五子智力游戏

解　如图 6.2.3 所示，由状态(a)变到状态(b)对应置换
$$p = \begin{pmatrix} 1 & 2 & 3 & 4 & 5 & 6 & 7 & 8 & 9 & 10 & 11 & 12 & 13 & 14 & 15 \\ 15 & 14 & 13 & 12 & 11 & 10 & 9 & 8 & 7 & 6 & 5 & 4 & 3 & 2 & 1 \end{pmatrix}$$
将右下角空格编号为 0，则相应的置换是
$$p = \begin{pmatrix} 0 & 1 & 2 & 3 & 4 & 5 & 6 & 7 & 8 & 9 & 10 & 11 & 12 & 13 & 14 & 15 \\ 0 & 15 & 14 & 13 & 12 & 11 & 10 & 9 & 8 & 7 & 6 & 5 & 4 & 3 & 2 & 1 \end{pmatrix}$$
$$= (0)(1, 15)(2, 14)(3, 13)(4, 12)(5, 11)(6, 10)(7, 9)(8) = 奇置换$$

但是格子"0"从 0 位置出发又要回到 0 位置，必须经过偶数次对换方能做到(即前进多少步，就必须后退多少步)，故矛盾.

同理，由状态(a)变到状态(c)，相当于作置换

$$p_1 = (0)(1)(2)\cdots(13)(14,15) = 奇置换$$

也是不可能的.

定理 6.2.6　当$n \geqslant 2$时，S_n中偶置换的全体构成一个$n!/2$阶的子群，称为交代群，记为A_n.

证　先证A_n为群.

(1) 封闭性：设p_1，$p_2 \in A_n$，显然$p_1 p_2 \in A_n$，因为将二者分解的结果相乘，仍得偶数个对换的乘积.

(2) 结合律：$A_n \subset S_n$，故A_n中元素自然满足结合律；

(3) 单位元：因S_n中单位元e本身就是偶置换，故$e \in A_n$；

(4) 逆元素：因对换(i,j)的逆元素仍为(i,j)自身，故$p = (i_1,j_1)(i_2,j_2)\cdots(i_k,j_k)$的逆元素为

$$p^{-1} = (i_k,j_k)^{-1}\cdots(i_2,j_2)^{-1}(i_1,j_1)^{-1} = (i_k,j_k)\cdots(i_2,j_2)(i_1,j_1)$$

可以验证

$$\begin{aligned}
p^{-1}p &= (i_k,j_k)\cdots(i_2,j_2)(i_1,j_1)(i_1,j_1)(i_2,j_2)\cdots(i_k,j_k)\\
&= (i_k,j_k)\cdots(i_2,j_2)(i_2,j_2)\cdots(i_k,j_k)\\
&\quad\vdots\\
&= (i_k,j_k)(i_k,j_k)\\
&= (i_k)(j_k)\\
&= (1)(2)\cdots(n)\\
&= e
\end{aligned}$$

同理可证：$pp^{-1} = e$.

其次，证$|A_n| = n!/2 (n \geqslant 2)$. 为此，设$B_n = S_n - A_n = \{全体奇置换\}$，任选一对换$p_0 = (i,j)$，$p_0$为奇置换，那么，对于任意$p \in A_n$，有$p_0 p \in B_n$，而且若$p_1$，$p_2 \in A_n$且$p_1 \neq p_2$，则必有$p_0 p_1 \neq p_0 p_2$（若不然，两边左乘$p_0^{-1}$，即由（左）消去律可得$p_1 = p_2$，矛盾）. 这就是说，将$A_n$中的每一个元素$p$映射为$B_n$中的元素$p_0 p$的映射是单射. 反之，也可以建立$B_n$到$A_n$的单射映射. 所以，$A_n$与$B_n$的元素间可建立一一对应关系，从而有

$$|A_n| = |B_n|$$

已知$S_n = A_n + B_n$，$A_n B_n = \varnothing$，$|S_n| = n!$，因此

$$|A_n| = \frac{n!}{2}$$

6.3　伯恩赛德(Burnside)引理

Burnside 引理是证明 Pólya 定理的关键，它本身也能解决不太复杂的计数问题.

6.3.1　共轭类

定义 6.3.1　若n次置换p可分解为互不相交的λ_1个 1 轮换，λ_2个 2 轮换，……，λ_n个n轮换，则称p属于$(\lambda_1, \lambda_2, \cdots, \lambda_n)$类型，或$1^{\lambda_1} 2^{\lambda_2} \cdots n^{\lambda_n}$型.

类型$1^{\lambda_1} 2^{\lambda_2} \cdots n^{\lambda_n}$也称为格式.

显然
$$\sum_{i=1}^{n} i\lambda_i = n$$

【例 6.3.1】 $p_1 = (1)(2\ 3)(4\ 5\ 6\ 7)$ 属于 $1^1 2^1 3^0 4^1 5^0 6^0 7^0$ 类型，简写为 $(1^1\ 2^1\ 4^1)$.

$p_2 = (1\ 2\ 3)(4\ 5)(6\ 7)$ 属于 $1^0 2^2 3^1 4^0 5^0 6^0 7^0$，即 $(2^2\ 3^1)$ 类型.

【例 6.3.2】 3 次对称群 S_3 的置换类型是满足方程 $1\cdot\lambda_1 + 2\cdot\lambda_2 + 3\cdot\lambda_3 = 3$ 的全部非负整数解组(见表 6.3.1)：
$$(\lambda_1, \lambda_2, \lambda_3) = (3, 0, 0), (1, 1, 0), (0, 0, 1)$$

定义 6.3.2　置换群 G 中属于同一类型 $(\lambda_1, \lambda_2, \cdots, \lambda_n)$ 的全体置换，叫做与该类型相应的**共轭类**，记为 $D(\lambda_1, \lambda_2, \cdots, \lambda_n)$.

【例 6.3.3】 将 S_3 按共轭情况分类的结果见表 6.3.1.

表 6.3.1　S_3 的共轭类

类$(\lambda_1, \lambda_2, \lambda_3)$	类 中 置 换	类中元素个数
$(3, 0, 0)$	$(1)(2)(3) = e$	1
$(1, 1, 0)$	$(1\ 2)(3), (1\ 3)(2), (1)(2\ 3)$	3
$(0, 0, 1)$	$(1\ 2\ 3), (1\ 3\ 2)$	2

【例 6.3.4】 4 次置换群 $G = \{(1)(2)(3)(4), (1\ 2), (3\ 4), (1\ 2)(3\ 4)\}$，共有 3 个共轭类：
$$(4, 0, 0, 0), (2, 1, 0, 0), (0, 2, 0, 0)$$
其中第 2 类含 2 个置换.

定理 6.3.1　在 n 元对称群 S_n 中，
$$|D(\lambda_1, \lambda_2, \cdots, \lambda_n)| = \frac{n!}{\lambda_1!\lambda_2!\cdots\lambda_n!\cdot 1^{\lambda_1} 2^{\lambda_2}\cdots n^{\lambda_n}}$$

证　设置换 p 为 $(\lambda_1, \lambda_2, \cdots, \lambda_n)$ 型，将 p 用轮换表示为
$$\underbrace{(a_1)(a_2)\cdots(a_{\lambda_1})}_{\substack{\lambda_1\text{个1阶轮换}\\\text{共}\lambda_1\text{个元素}}}\ \underbrace{(b_1, c_1)(b_2, c_2)\cdots(b_{\lambda_2}, c_{\lambda_2})}_{\substack{\lambda_2\text{个2阶轮换}\\\text{共}2\lambda_2\text{个元素}}}\ \cdots\ \underbrace{(d_1, d_2, \cdots, d_n)}_{\substack{\lambda_n\text{个}n\text{阶轮换}\\ n\lambda_n\text{个元素}}}$$

$(\lambda_n \leqslant 1)$ 将 n 个元素 $1, 2, \cdots, n$ 按上格式填入 $\lambda_i \neq 0$ 的轮换中，应有 $n!$ 种填法. 但对同一置换 p，在计数时被重新统计. 其原因有二：

(1) 一个 k 轮换有 k 种不同表示形式；

(2) λ_k 个 k 轮换间互换位置，有 $\lambda_k!$ 种情形.

故 p 被重复统计 $\lambda_1!\lambda_2!\cdots\lambda_k!\ 1^{\lambda_1}2^{\lambda_2}\cdots n^{\lambda_n}$ 次，定理得证.

【例 6.3.5】 对称群 S_3 共有 3 个共轭类，即
$$|D(3, 0, 0)| = \frac{3!}{3!0!0!\cdot 1^3 2^0 3^0} = 1$$
$$|D(1, 2, 0)| = \frac{3!}{1!1!0!\cdot 1^1 2^1 3^0} = 3$$

$$| D(0, 0, 1) | = \frac{3!}{0!0!1! \cdot 1^0 2^0 3^1} = 2$$

实际结果见例 6.3.3.

6.3.2 不动置换类

定义 6.3.3 设 G 是集合 $S=\{1, 2, \cdots, n\}$ 上的一个置换群，$k \in S$，$p \in G$，若 $p(k)=k$，即置换 p 将 k 变为 k，则称 k 为 p 的**不动点**. G 中所有以 k 为不动点的全体置换，构成 G 的一个子集，称为 k 的**不动置换类**($k=1, 2, \cdots, n$)，记为 Z_k.

【例 6.3.6】 在 S_3 中，$Z_1=\{e, (2\ 3)\}$，$Z_2=\{e, (1\ 3)\}$，$Z_3=\{e, (1\ 2)\}$.

【例 6.3.7】 在例 6.3.4 中，$Z_1=Z_2=\{e, (3\ 4)\}$，$Z_3=Z_4=\{e, (1\ 2)\}$.

定理 6.3.2 群 G 中关于 k 的不动置换类 Z_k 构成一个子群.

证

(1) 封闭性：若 P_1，$P_2 \in Z_k$，则 $p_i(k)=k$，$i=1, 2$，从而 $p_1 p_2(k)=p_2(p_1(k))=p_2(k)=k$，即 $p_1 p_2 \in Z_k$. 同理可证 $p_2 p_1 \in Z_k$；

(2) 结合律：由于 $Z_k \subset G$，故结合律显然成立；

(3) 单位元：显然 $e(k)=k$，故 e 既是 G 的单位元，也是 Z_k 的单位元；

(4) 逆元素：若 $p \in Z_k$ 且 $p(k)=k$，那么 p 的逆元一定存在，即 $p^{-1} \in G$ 而且必有 $p^{-1}(k)=k$，即 $p^{-1} \in Z_k$.

由定义知，Z_k 是一个群.

另外，还知道 $|Z_k|$ 必整除 $|G|$.

6.3.3 等价类

定义 6.3.4 设 G 是集 $S=\{1,2,\cdots,n\}$ 上的置换群，若存在 i，$j \in S$，满足 $p(i)=j$，则称 i 与 j 等价，记为 $i \sim j$，S 中与 i 等价的元素的全体记为 E_i，称为元素 i 的"轨迹"或"踪迹". E_i 中元素的个数称为轨迹的长度.

不难看出，元素 i 与 j 的这种等价关系满足如下三条性质：

(1) 反身性：即 $i \sim i$；

(2) 对称性：若 $i \sim j$，则 $j \sim i$；

(3) 传递性：若 $i \sim j$，$j \sim k$，则 $i \sim k$.

【例 6.3.8】 在置换群 $G=\{(1)(2)(3)(4), (1\ 2), (3\ 4), (1\ 2)(3\ 4)\}$ 中，
$$E_1 = \{1,2\} = E_2, \quad E_3 = E_4 = \{3,4\}$$
只有两个不同的等价类.

【例 6.3.9】 在例 6.3.3 中，$E_1=E_2=E_3=\{1, 2, 3\}$，只有一个等价类.

但是，对 $S=\{1, 2, 3\}$，若取 $G=\{e\}$，则有 3 个等价类：$E_1=\{1\}$，$E_2=\{2\}$，$E_3=\{3\}$.

由此还能看出一个简单的事实：对于集 S 的两个等价类 E_i 与 $E_j (i \neq j)$，要么 $E_i=E_j$，要么 $E_i E_j=\varnothing$. 从而说明不同的等价类 E_{i_1}，E_{i_2}，$\cdots$，E_{i_k} 可以给出 S 的一个划分.

进一步还知道，若 $i \sim j$，则 $E_i=E_j$；若 i，j 不等价，则 $E_i E_j=\varnothing$.

定理 6.3.3 $|E_k||Z_k|=|G|$，$k=1, 2, \cdots, n$.

证 设 $|E_k|=r$，$E_k=\{a_1, a_2, \cdots, a_r\}(1\leqslant a_i\leqslant n$，且互不相等，$i=1, 2, \cdots, r)$.

由定义知 E_k 为与 k 等价的元素集，而由等价的反身性知 $k\sim k$，故 $k\in E_k$，因此知 $a_1\sim a_r$ 中肯定有一个且只有一个 a_i 就是 k. 不失一般性，设 $a_1=k$.

由 E_k 的定义知，存在某个 p_i，使 $k\xrightarrow{\ p_i\ }a_i$，$i=1, 2, \cdots, r$，且当 $i\neq j$ 时，有 $p_i\neq p_j$. 若不然，由于 $i\neq j$ 时，$a_i\neq a_j$，如果 $p_i=p_j$，那么必有 $a_i=p_i(k)=p_j(k)=a_j$，矛盾. 当然，将 k 变为 a_i 的置换 p_i 可能不止一个.

令 $P=\{p_1, p_2, \cdots, p_r\}\subset G$，作 $G_j=Z_k\cdot p_j=\{q|q=p_t p_j, p_t\in Z_k\}$，$G_j$ 中的所有 q 都将 k 映射为 a_j，而且当 $i\neq j$ 时，$G_iG_j=\varnothing$. 这是因为对任何 $q\in G_j$，总有 $q(k)=a_j$，即 $q(k)=(p_t p_j)(k)=p_j(p_t(k))=a_j$. 如果 $i\neq j$ 时，有 $G_iG_j\neq\varnothing$，取 $q\in G_iG_j$，则 $q(k)=a_i$，且 $q(k)=a_j$，从而 $a_i=a_j$，与前面假设矛盾.

下面证明：$G=\sum\limits_{j=1}^{r}G_j$，从而 $|G|=\sum\limits_{j=1}^{r}|G_j|=r|G_j|=|E_k||Z_k|$.

首先由 G_j 定义知 $G_j\subset G$，从而 $\sum\limits_{j=1}^{r}G_j\subset G$.

其次，任意取 $p\in G$，且 $p(k)=a_j\in E_k$，由 E_k 定义知，存在 $p_j\in P$，也使 $p_j(k)=a_j$，从而必存在 $p_j^{-1}\in G$，使

$$p_j^{-1}(a_j)=k$$

即 $pp_j^{-1}(k)=k$，所以 $pp_j^{-1}\in Z_k$，说明 $p\in Z_k\cdot p_j=G_j$. 因此

$$G\subset\sum_{j=1}^{r}G_j$$

从而

$$G=\sum_{j=1}^{r}G_j$$

所以

$$|G|=\sum_{j=1}^{r}|G_j|=\sum_{j=1}^{r}|Z_k p_j|=\sum_{j=1}^{r}|Z_k|$$
$$=r|Z_k|=|E_k||Z_k|$$

6.3.4　Burnside 引理

定理 6.3.4 设 G 是 n 元集 $S=\{1, 2, \cdots, n\}$ 上的置换群 $G=\{p_1, p_2, \cdots, p_r\}$，令 $\lambda_k(p)$ 表示置换 p 的 k 阶(不相交)轮换的个数，则 G 在 S 上诱导出的等价关系将 S 分为不同等价类的个数为

$$L=\frac{1}{|G|}\sum_{p\in G}\lambda_1(p)\quad\text{或}\quad L=\frac{1}{|G|}\sum_{j=1}^{r}\lambda_1(p_j)\qquad(6.3.1)$$

其中 $\lambda_1(p)$ 为置换 p 中不动点(即 1 阶轮换)的个数.

证 首先，可按两种方法计算 S 在 G 中的所有置换作用下不动点的总个数 N.

(1) 按置换逐个计算：

$$N=\sum_{p\in G}\lambda_1(p)=\sum_{j=1}^{r}\lambda_1(p_j)$$

（2）按 S 中的每一个元素计算：

$$N = \sum_{k=1}^{n} |Z_k|$$

两种方法所求结果应该一致，即

$$\sum_{j=1}^{r} \lambda_1(p_j) = \sum_{k=1}^{n} |Z_k| \qquad (6.3.2)$$

设 S 的不同等价类有 L 个，即 $S = \sum_{i=1}^{L} E_i$（其中 $E_i E_j = \varnothing$，$i \neq j$），那么，由定理 6.3.3，有

$$\sum_{k=1}^{n} |Z_k| = \sum_{k=1}^{n} \frac{|G|}{|E_k|} = |G| \sum_{k=1}^{n} \frac{1}{|E_k|}$$

再将相同的 E_k 归为一类，有

$$\sum_{k=1}^{n} |Z_k| = |G| \sum_{i=1}^{L} \sum_{k \in E_i} \frac{1}{|E_k|} = |G| \sum_{k=1}^{L} 1 = L|G|$$

带入式（6.3.2）并整理就得式（6.3.1），证毕.

【例 6.3.10】　对正方形的 4 个小格用两种颜色着色，可得多少种不同的图像？其中经过旋转后能吻合的两种方案只能算一种.

解　所有可能的染法如图 6.3.1 所示，共有 $2^4 = 16$ 种方案，即 $S = \{f_1, f_2, \cdots, f_{16}\}$. 显见，染法 f_4 逆时针旋转 $90°$，就是方案 f_3. 那么，依题意，旋转置换共有 4 个，即 $G = \{p_1, p_2, p_3, p_4\}$. 其中：

$p_1 = e = (f_1)(f_2)(f_3)(f_4) \cdots (f_{16})$，　旋转 $0°$

$p_2 = (f_1)(f_2)(f_3 f_4 f_5 f_6)(f_7 f_8 f_9 f_{10})(f_{11} f_{12})(f_{13} f_{14} f_{15} f_{16})$，逆时针旋转 $90°$

$p_3 = (f_1)(f_2)(f_3 f_5)(f_4 f_6)(f_7 f_9)(f_8 f_{10})(f_{11})(f_{12})(f_{13} f_{15})(f_{14} f_{16})$，逆时针旋转 $180°$

$p_4 = (f_1)(f_2)(f_6 f_5 f_4 f_3)(f_{10} f_9 f_8 f_7)(f_{11} f_{12})(f_{16} f_{15} f_{14} f_{13})$，逆时针旋转 $270°$

由于

$$\lambda_1(p_1) = 16, \quad \lambda_1(p_2) = 2 = \lambda_1(p_4), \quad \lambda_1(p_3) = 4$$

因此

$$L = \frac{1}{4}(16 + 4 + 2 \times 2) = 6$$

由图 6.3.1 可以看出，染色方案 f_1，f_2，f_3，f_7，f_{11}，f_{13} 互相之间是不等价的. 因此，若选取这 6 个方案作为代表，将其做各种旋转变换，就可得到上述 16 个方案.

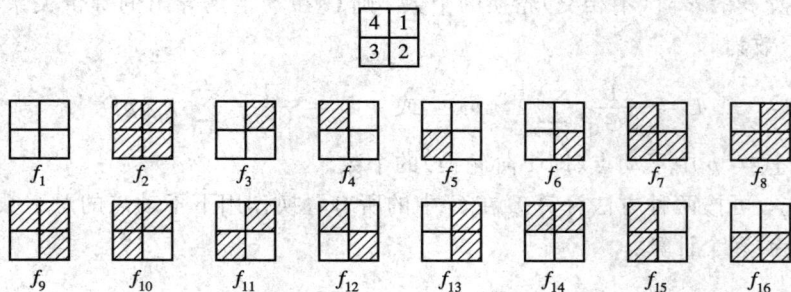

图 6.3.1　正方形的 2 染色

若其中的置换仅为不动置换(即旋转 $0°$)和上下翻转两个置换,即

$$p_5 = (f_1)(f_2)(f_3 f_6)(f_4 f_5)(f_7 f_{10})(f_8 f_9)(f_{11} f_{12})(f_{13})(f_{14} f_{16})(f_{15})$$

此时 $G=\{e=p_1, p_5\}$ 构成一个群,$\lambda_1(p_5)=4$,故

$$L = \frac{1}{2}(16 + 4) = 10$$

如 f_1, f_2, f_3, f_4, f_7, f_8, f_{11}, f_{13}, f_{14}, f_{15} 之间是不等价的. 其实,读者从 p_5 的轮换表示式中就容易看出,例如同一轮换中的 f_3 与 f_6、f_4 与 f_5 都是等价的,而不同轮换之间由于互不相交,显然各轮换间的方案是不等价的.

但是,若令 $G=\{e=p_1, p_2, p_3, p_4, p_5\}$,按照定理结论,就会得出

$$L = \frac{1}{5}(16 + 4 + 2 \times 2 + 4) = 5.6$$

种不等价的染色方案. 这显然是错误的,错在 G 不是一个群. 请读者自己验证.

【例 6.3.11】　制作 5 位数的十进制卡片(小于 10000 的数前面补 0). 其中某些不同的数可以合用一张卡片,例如数字 0,1,6,8,9 倒转 $180°$ 后认为还是可读的,像 18609 倒转后读做 60981. 这样,共需多少张卡片即可表示所有的 5 位数?

解　设 $S=\{$所有十进制 5 位数$\}$,显然 $|S|=10^5$.

依题意,设置换群 $G=\{p_1=e, p_2=$倒转置换$\}$,其中 p_2 规定为:将倒转后的不可读卡片映射为自身(如 15437→15437),将可读卡片映射为新的(五位数)卡片(如 19898→86861,99999→66666). 当然,有的数倒转后虽然可读,但其数值和倒转前一样,这样的数也映射为自身(如 19861→19861 以及 96096,00000,88888 等),对应的卡片一个不能作为两个用.

显然 $\lambda_1(p_1)=10^5$.

关于 $\lambda_1(p_2)$ 的计算:首先,倒转后可读的数共有 5^5 个(0,1,6,8,9 的所有取 5 个的可重排列),其中可读且映射为自身的有 3×5^2 个,这样的数的结构必是从 0,1,8 中取一个位于五位数的中间,第一位与第五位,第二位与第四位互为倒转的数字,故 1,2,4,5 位实际上只有 5^2 种选择,从而倒转后可读且不映射为自己的数有 $5^5 - 3 \times 5^2$ 个,那么 $\lambda_1(p_2)=10^5-(5^5-3\times 5^2)$,这就是在 p_2 作用下映射为自身的数. 所以

$$L = \frac{1}{2}\left[10^5 + (10^5 - 5^5 + 3 \times 5^2)\right]$$

$$= 10^5 - \frac{1}{2} \times 5^5 + \frac{3}{2} \times 5^2$$

例如,$n=1$,即制作 1 位数的卡片,

$$p_2 = (0)(1)(2)(3)(4)(5)(6\ 9)(7)(8)$$
$$\lambda_1(p_1) = 10$$
$$\lambda_1(p_2) = 8$$

所以

$$L = \frac{1}{2}(10 + 8) = 9$$

即只需要数字 0~8 做成的卡片即可以表示 0~9,由 p_2 也可以看出,6 和 9 能够共用一张卡片.

当 $n=2$ 时，

$$\lambda_1(p_1) = 10^2 = 100$$

$$\lambda_1(p_2) = 10^2 - (5^2 - 3 \times 1 - 2 \times 1) = 80$$

此时所需的卡片数为

$$L = \frac{1}{2}(100 + 80) = 90$$

直观地看，倒转后可读的数是

$$00 \to 00 \quad 01 \to 10 \quad 06 \to 90 \quad 08 \to 80 \quad 09 \to 60$$
$$10 \to 01 \quad 11 \to 11 \quad 16 \to 91 \quad 18 \to 81 \quad 19 \to 61$$
$$60 \to 09 \quad 61 \to 19 \quad 66 \to 99 \quad 68 \to 89 \quad 69 \to 69$$
$$80 \to 08 \quad 81 \to 18 \quad 86 \to 98 \quad 88 \to 88 \quad 89 \to 68$$
$$90 \to 06 \quad 91 \to 16 \quad 96 \to 96 \quad 98 \to 86 \quad 99 \to 66$$

共 25 个，倒转后可读且为自身的数是

$$00, 11, 88, 69, 96$$

所以，其余 $25-5=20$ 个倒转后可读的数只需制作 $20/2=10$ 张卡片就够了，也就是说，总共需要制作

$$100 - \frac{25-5}{2} = 90$$

张卡片就可表示所有两位数.

【例 6.3.12】 用黄珠和蓝珠穿成长度为 2 的直线形珠串，如果颠倒一个珠串的两端而得到另一个珠串，则认为二者相同，求不同的珠串数.

解 不考虑等价时，所有可能的珠串有 $\{bb, by, yb, yy\}=S$，置换群 $G=\{p_1=e,$ $p_2=$ 颠倒置换$\}$. 即

$$p_2 = (bb)(by, yb)(yy)$$

$$\lambda_1(p_1) = 4, \lambda_1(p_2) = 2$$

所以，不同珠串数为

$$L = \frac{1}{2}(4 + 2) = 3$$

即 bb, by, yy.

进一步，设长度为 $n=3$，则

$$S = \{bbb, bby, byb, ybb, byy, yby, yyb, yyy\}, |S| = 8$$
$$p_2 = (bbb)(bby, ybb)(byb)(byy, yyb)(yby)(yyy)$$

所以

$$\lambda_1(p_1) = 2^3 = 8, \lambda_1(p_2) = 4$$

故

$$L = \frac{1}{2}(8 + 4) = 6$$

若将颜色数改为 3 色(如蓝色 b，黄色 y，红色 r)，串的长度仍为 $n=2$，那么

$$S = \{bb, by, br, yy, yb, yr, rb, ry, rr\}$$
$$|S| = 3^2 = 9$$

$$p_2 = (bb)(by, yb)(br, rb)(yy)(yr, ry)(rr)$$

所以

$$\lambda_1(p_1) = 9, \lambda_1(p_2) = 3$$

故

$$L = \frac{1}{2}(9 + 3) = 6$$

6.4　Pólya 定理

Burnside 引理的前提是要列出各种涂色方案，方可利用置换的性质将方案分为不同的等价类进行计数. 当被染色的对象的个数 n 或颜色数 m 较大时，问题就变得非常复杂，且工作量很大，因为首先各种染色方案共有 m^n 个，一个个枚举出来是比较困难的；其次还要找出在各种置换下互相等价的方案可能更加困难，故 W. Burnside 自 1911 年提出 Burnside 引理以来，该引理在计数问题中未得到广泛应用. 1937 年，Pólya 为了解决同分异构体的计数问题，对引理作了重大改进，得到了著名的 Pólya 定理. 它是引理的深刻发展. 它不但在计算方法上改进了引理，更重要的是极大地提高了这类计数方法的可行性. 该定理在化学和遗传学等涉及分子结构的学科以及图论、编码理论和计算机科学中都有广泛的应用.

问题　设有 n 个对象，今用 m 种颜色对其染色，其中每个对象任涂一种颜色，问有多少种不同的染色方案. 其中，对 n 个对象作某一置换，若其中一种染色方案变为另一种方案，则认为该两个方案是相同的，或者说是等价的.

从集合与置换的角度来描述这个问题则是：S 是有 n 个元素的集合，Q 是 S 上的置换群，C 是 m 种颜色的集合，用 C 中的颜色对 S 中的元素染色，对每个元素任选一色染之，共有多少种不等价的方案？

两种方案称为等价：指存在 $q \in Q$，将 S 中元素的一种染色方案变为另一种方案.

如果用 Burnside 引理解决问题，首先要考虑所有的染色方案构成一集合 $C^S = \{f \mid f: S \xrightarrow{\text{映射}} C\}(|C^S| = m^n)$，再按照 C^S 上的置换 $p \in G$，将各种方案分为不同等价类. 这样做是很困难的，尤其是 m^n 种染色方案不易描绘出来. 所以必须另辟蹊径.

首先，映射 $f: S \to C$，规定了 S 中诸元素的一种染色方案，它将 $a \in S$ 染上颜色 $f(a) \in C$. 所有 f 构成集合 C^S，$|C^S| = |C|^{|S|} = m^n$.

实际上有两种置换群：G 与 Q，Q 作用在集合 S 上，G 作用在方案集 C^S 上. 两个群之间有内在联系：对应于 $q \in Q$，相应地在 C^S 上诱导出一个置换 $p \in G$，且有 $\lambda_1(p) = m^{\lambda(q)}$（$\lambda(q)$ 为置换 q 中不相交轮换的个数）.

首先请看一个特例，$n = 4$，$m = 2$，仍用黑白两色染四个小正方形（见图 6.3.1，阴影部分表示被染成黑色），被染色的对象集 $S = \{1, 2, 3, 4\}$，颜色集 $C = \{黑, 白\}$，方案集 $C^S = \{f_1, f_2, \cdots, f_{16}\}$.

例如映射

$$f_1: f(1) = 白, f(2) = 白, f(3) = 白, f(4) = 白$$
$$f_7: f(1) = 白, f(2) = 黑, f(3) = 黑, f(4) = 黑$$

这里，$Q=\{q_1, q_2, q_3, q_4\}$，是针对 S 的置换集（绕大的正方形中心逆时针旋转）：

$$Q: \begin{cases} q_1 = (1)(2)(3)(4), & \text{旋转 } 0° \\ q_2 = (1\ 2\ 3\ 4), & \text{旋转 } 90° \\ q_3 = (1\ 3)(2\ 4), & \text{旋转 } 180° \\ q_4 = (4\ 3\ 2\ 1), & \text{旋转 } 270° \end{cases}$$

而对应于 C^S 上的置换集为

$$G = \{p_1, p_2, p_3, p_4\}$$

其中

$$p_1 = (f_1)(f_2)\cdots(f_{16})$$
$$p_2 = (f_1)(f_2)(f_3 f_4 f_5 f_6)(f_7 f_8 f_9 f_{10})(f_{11} f_{12})(f_{13} f_{14} f_{15} f_{16})$$
$$p_3 = (f_1)(f_2)(f_3 f_5)(f_4 f_6)(f_7 f_9)(f_8 f_{10})(f_{11})(f_{12})(f_{13} f_{15})(f_{14} f_{16})$$
$$p_2 = (f_1)(f_2)(f_6 f_5 f_4 f_3)(f_{10} f_9 f_8 f_7)(f_{11} f_{12})(f_{16} f_{15} f_{14} f_{13})$$

而且 $\lambda(q_i)$ 与 $\lambda_1(p_i)$ 的对应关系如下：

$$\lambda(q_1) = 4 \quad \longleftrightarrow \quad \lambda_1(p_1) = 16 = 2^4 = 2^{\lambda(q_1)}$$
$$\lambda(q_2) = 1 \quad \longleftrightarrow \quad \lambda_1(p_2) = 2 = 2^1 = 2^{\lambda(q_2)}$$
$$\lambda(q_3) = 2 \quad \longleftrightarrow \quad \lambda_1(p_3) = 4 = 2^2 = 2^{\lambda(q_3)}$$
$$\lambda(q_4) = 1 \quad \longleftrightarrow \quad \lambda_1(p_4) = 2 = 2^1 = 2^{\lambda(q_4)}$$

$\lambda(q_i)$ 与 $\lambda_1(p_i)$ 的这种关系有内在原因，若将置换 q_i 的每一个轮换因子中的点染以同一种颜色，所得各种染法正是图案集 C^S 中那些在 p_i 作用下不变的方案.

例如：q_1 有 4 个轮换因子，将每个轮换因子中的顶点染以某种颜色，由于每个轮换因子可选两色之一，故共得 $2^4 = 16$ 种方案，它恰好对应 C^S 中在不动置换 p_1 作用下的 $\lambda_1(p_1) = 16$ 种方案，而且可以看出在恒等置换 p_1 作用下，16 种染色方案确实不等价.

同理，q_2 只有一个轮换因子，即 4 个元素涂同一种颜色，共有 $2^1 = 2$ 种涂法（一般情况下，使用 m 种颜色，应为 m 种涂法），对应 C^S 中在 p_2 作用下不变的方案 f_1、f_2. 其它情形依此类推.

总之，由上面的讨论，可以得到以下结论：

(1) $\lambda_1(p_i) = 2^{\lambda(q_i)}$，$i = 1, 2, 3, 4$.

(2) $|G| = |Q|$.

定理 6.4.1(Pólya 定理)　设 Q 是 n 个对象的一个置换群，用 m 种颜色涂染这 n 个对象，一个对象涂任意一种颜色，则在 Q 作用下不等价的方案数为

$$L = \frac{1}{|Q|} \sum_{q \in Q} m^{\lambda(q)} \tag{6.4.1}$$

【例 6.4.1】　用红、黄、蓝三色对等边三角形的顶点着色，共有多少种不同方案？

解　设针对 $S = \{1, 2, 3\}$ 的置换群为

$$Q_1 = \{(1)(2)(3), (1\ 2\ 3), (1\ 3\ 2), (1)(2\ 3), (1\ 3)(2), (1\ 2)(3)\}$$

所求不等价的方案数为

$$L_1 = \frac{1}{6}[3^3 + 2 \times 3^1 + 3 \times 3^2] = 10$$

所有着色方案见图 6.4.1.

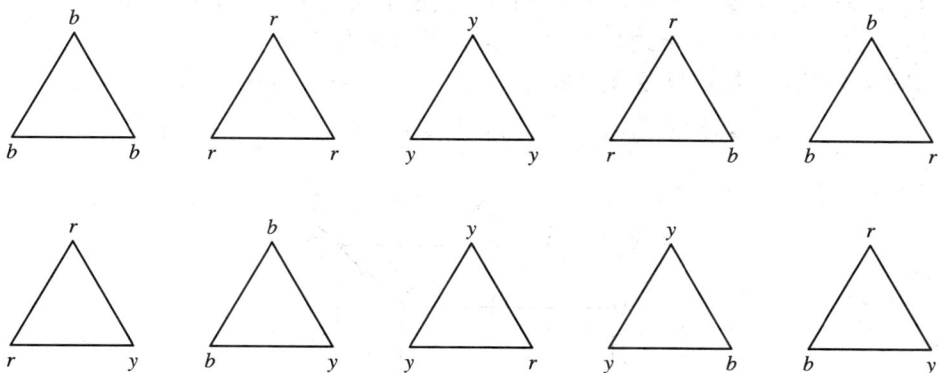

图 6.4.1　三角形顶点的 3 染色方案(互不等价)

若置换群为 $Q_2 = \{(1)(2)(3)，(1\ 2\ 3)，(1\ 3\ 2)\}$，即只有旋转，没有翻转，则不等价的方案数

$$L_2 = \frac{1}{3}[3^3 + 2 \times 3^1] = 11$$

比在 Q_1 作用下的着色方案多了一个，即此时除了图 6.4.2 的 10 种涂法外，还有一种如图 6.4.3 所示的涂法，它是图 6.4.2 中最后一种涂法翻转过来的情形. 由于 Q_2 不含相应于翻转的置换，故在 Q_2 作用下，二者不等价.

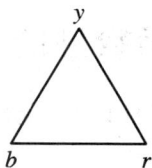

图 6.4.2　仅有旋转置换时增加的不等价方案

若改为用 4 种颜色染色，则

$$L_1 = \frac{1}{6}[4^3 + 2 \times 4^1 + 3 \times 4^2] = 20$$

$$L_2 = \frac{1}{3}[4^3 + 2 \times 4^1] = 24$$

【例 6.4.2】　用两种颜色给正立方体的 8 个顶点着色，试问有多少种不同的方案.

解　使正立方体重合的关于顶点的运动群是(参见图 6.4.3)：

(1) 单位元 $(1)(2)(3)(4)(5)(6)(7)(8)$，格式为 $(1)^8$；

(2) 绕 xx' 轴旋转 $\pm 90°$，可得两个置换分别为 $(1\ 2\ 3\ 4)(5\ 6\ 7\ 8)$ 和 $(4\ 3\ 2\ 1)(8\ 7\ 6\ 5)$，格式为 $(4)^2$，同类的置换共有 6 个；

(3) 绕 xx' 轴旋转 $180°$，可得置换为 $(1\ 3)(2\ 4)(5\ 7)(6\ 8)$，格式为 $(2)^4$，同类的置换有 3 个；

(4) 绕 yy' 轴旋转 $180°$，可得置换为 $(1\ 7)(2\ 6)(3\ 5)(4\ 8)$，格式为 $(2)^4$，同类的置换有 6 个；

（5）绕 zz' 轴旋转 $\pm 120°$，可得两个置换分别为（1 3 6）（4 7 5）（8）（2）和（6 3 1）（5 7 4）（2）（8），格式为 $(1)^2(3)^2$，同类置换有 8 个.

由 Pólya 定理，不同的染色方案数为

$$L = \frac{1}{24}[2^8 + 6 \cdot 2^2 + 3 \cdot 2^4 + 6 \cdot 2^4 + 8 \cdot 2^4] = 23$$

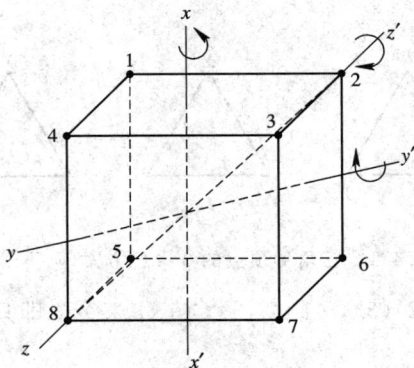

图 6.4.3   正方体 8 个顶点的置换示意

当颜色数为 m 时，不同的染色方案数为 $L = \frac{1}{24}[m^8 + 17 \cdot m^4 + 6 \cdot m^2]$. 而本题还从另一种角度证明了数论中常见的问题之一，即当 m 为正整数时，多项式 $m^8 + 17 \cdot m^4 + 6 \cdot m^2$ 的值总能被 24 整除.

*6.5   母函数型的 Pólya 定理

母函数型的 Pólya 定理也称为带权的 Pólya 定理，它主要用于带有限制条件的染色方案问题或对具体的方案进行枚举.

首先，考虑用 4 种颜色涂 3 个编号分别为 1、2、3 的球，设颜色为 b（蓝）、g（绿）、r（红）、y（黄）. 为了"详细枚举"各种涂色方案，用 b_i 表示第 i 号球涂蓝色，g_i 表示第 i 号球涂绿色，……，那么，用 4 种颜色染 3 个球的各种方案可表示如下：

$$P(b_1, b_2, b_3, g_1, g_2, g_3, r_1, r_2, r_3, y_1, y_2, y_3)$$
$$= (b_1 + g_1 + r_1 + y_1)(b_2 + g_2 + r_2 + y_2)(b_3 + g_3 + r_3 + y_3)$$
$$= (b_1 b_2 b_3 + g_1 g_2 g_3 + r_1 r_2 r_3 + y_1 y_2 y_3) + [(b_1 b_2 g_3 + b_1 g_2 b_3 + g_1 b_2 b_3)$$
$$+ (b_1 b_2 r_3 + b_1 r_2 b_3 + r_1 b_2 b_3) + (b_1 b_2 y_3 + b_1 y_2 b_3 + y_1 b_2 b_3)] + \cdots$$
$$+ [(b_1 g_2 r_3 + r_1 b_2 g_3 + g_1 r_2 b_3 + b_1 r_2 g_3 + g_1 b_2 r_3 + r_1 g_2 b_3) + \cdots]$$

右边的每一项都代表一种染色方案，且各种方案互不相同，即互不等价. 例如 $b_1 r_2 g_3$ 表示 1 号球涂蓝色，2 号球涂红色，3 号球涂绿色；而 $b_1 r_2 b_3$ 则表示 1、3 号球涂蓝色，2 号球涂红色. 欲知总共有多少种不等价的方案，也就是统计上式右边有多少项. 只要在等式右端令 $b_i = g_i = r_i = y_i = 1(i = 1, 2, 3)$ 就可得染色方案总数 L. 为方便计算，从左端看，有

$$L = P(\underbrace{1, 1, 1, 1, \cdots, 1}_{12\,个}) = 4^3 = 64$$

若只关心某方案用了哪些颜色，不关心具体对象染了什么颜色，即将各种方案按使用颜色情况"分类枚举"，或称"分类统计". 例如欲知道 2 个球染蓝色、1 个球染绿色的方案

有多少个,那么,展开多项式

$$P(b, g, r, y) = (b + g + r + y)^3$$
$$= (b^3 + g^3 + r^3 + y^3) + [(3b^2 g + 3b^2 r + 3b^2 y)$$
$$+ (3g^2 b + 3g^2 r + 3g^2 y) + (3r^2 b + 3r^2 g + 3r^2 y)$$
$$+ (3y^2 b + 3y^2 g + 3y^2 r)] + (6bgr + 6bgy + 6bry + 6gry)$$

其中,文字项表示染色方案,其系数为该类方案的数目. 如表示 2 个球染蓝色,1 个球染绿色的方案有 3 种,它就是项 $b^2 g$ 的系数,对应详细枚举式中的 3 个项 $b_1 b_2 g_3 + g_1 b_2 b_3 + b_1 g_2 b_3$. 同样,令 $b = g = r = y = 1$,可得方案总数为 $L = P(1, 1, 1, 1) = 64$,即右端各项系数之和.

进一步,若球不区别,则 2 蓝 1 绿的方案只有一种,即不管是详细枚举式中的 $b_1 b_2 g_3 + g_1 b_2 b_3 + b_1 g_2 b_3$,还是分类统计式中的 $3b^2 g$,实质上此时都只对应一种方案,也就是说,此时这 3 个方案是等价的. 故不等价的方案共有 20 种,即分类统计式右端的项数. 但本节主要讨论球不同时染色方案的分类统计问题,不考虑球相同时的情形.

下面考虑分组染色的方案数. 问题来源于 Pólya 定理的推导过程. 如上一节中用 m 种颜色对构成大正方形的 4 个相同的小正方形进行染色,大正方形的空间变换为置换 $q_2 = \{\text{旋转 } 180°\}$,那么,只有当小正方形 1 和 3 同色,2 和 4 同色时,才能保证在 q_2 作用下,所染的方案保持不变. 这实质上就是将不同的球先分组,同一组的球颜色相同,求不等价的染色方案数.

用 3 种颜色 b(蓝色)、r(红色)、y(黄色)染 4 个不同的球,将 4 个球分为 2 组,每组 2 个,要求同组的球同色(如 1、3 号球为第一组,2、4 号球为第二组),各种方案的详细枚举情况如下:

$$P(b_1, b_2, r_1, r_2, y_1, y_2)$$
$$= (b_1^2 + r_1^2 + y_1^2)(b_2^2 + r_2^2 + y_2^2)$$
$$= (b_1^2 b_2^2 + r_1^2 r_2^2 + y_1^2 y_2^2) + (b_1^2 r_2^2 + b_1^2 y_2^2 + r_1^2 b_2^2 + r_1^2 y_2^2 + y_1^2 b_2^2 + y_1^2 r_2^2)$$

而不等价方案共有 $L = P(1, 1, 1, 1, 1, 1) = 3^2 = 9$ 种. 如 $r_1^2 b_2^2$ 表示第一组染红色,第二组染蓝色;$b_1^2 r_2^2$ 表示第一组染蓝色,第二组染红色. 此时 b_i^2 的下标 i 表示第 i 组球染蓝色($i = 1, 2$),指数 2 表示该组有 2 个球,其余类推. 因此,表达式 $(b_1^2 + r_1^2 + y_1^2)(b_2^2 + r_2^2 + y_2^2)$ 中两乘式中的各项的指数之所以为 2,就是为了反映组中球的个数. 若改为 5 个球,第一组 3 个,第二组 2 个,则应为 $(b_1^3 + r_1^3 + y_1^3)(b_2^2 + r_2^2 + y_2^2)$.

同样,将方案按所用颜色情况进行分类统计,即只关心某方案用了哪些颜色,不关心具体对象(即哪一组)染了什么颜色,可展开如下形式的多项式:

$$P(b, r, y) = (b^2 + r^2 + y^2)^2 = b^4 + r^4 + y^4 + 2b^2 r^2 + 2b^2 y^2 + 2r^2 y^2$$

右端各项系数之和为 $P(1, 1, 1) = 1 + 1 + 1 + 2 + 2 + 2 = 9$,即 9 种不等价方案. 如 b^4 表示两组共 4 个球都染蓝色,$2b^2 r^2$ 表示 1、3 号球染蓝色,2、4 号球染红色,或反之. 但要注意的是,1 与 2 号、3 与 4 号球分别同组时,其所有染色方案的多项式虽然与上式一样,但各自中的混合项代表的方案是不一样的. 如在后一种情形的多项式中,$2b^2 r^2$ 是表示 1、2 号球染蓝色,3、4 号球染红色,或反之. 与前面所讲的 1、3 号球染蓝色,2、4 号球染红色是两码事. 故当球不相同时,上式只给出了某一种分组情况下的所有不等价的方案,它与其它分组条件下的染色方案无关. 这也恰是下边内容所需要的.

至于球相同时，由上式可以看出，不等价的方案只有 6 种．即 4 蓝、4 红、4 黄、2 蓝 2 红、2 蓝 2 黄、2 红 2 黄．不等价方案数也是分类统计式中右端之项数．

一般情形：设用 m 种颜色 $\{c_1, c_2, \cdots, c_m\} = C$ 对 $r \cdot \lambda$ 个相异的球进行染色，将球分为 λ 组，每组 r 个，同组球涂同一种颜色，不同的方案可用多项式

$$(c_{11}^r + c_{12}^r + \cdots + c_{1m}^r)(c_{21}^r + c_{22}^r + \cdots + c_{2m}^r)\cdots(c_{\lambda 1}^r + c_{\lambda 2}^r + \cdots + c_{\lambda m}^r) = \prod_{k=1}^{\lambda}\left(\sum_{j=1}^{m} c_{kj}^r\right)$$

详细枚举出来．其中 c_{kj} 表示第 k 组球涂以第 j 种颜色，c_{kj}^r 的指数 r 反映了同组球的个数．

对于某两组球的个数不同的情形，可设想将球分为两类，然后再分组，每一类中每组球的个数相同．如假设有 $n = r_1 \cdot \lambda_1 + r_2 \cdot \lambda_2$ 个相异的球，分为两类，第一类共 $r_1 \cdot \lambda_1$ 个，并将其分为 λ_1 组，每组 r_1 个；第二类共 $r_2 \cdot \lambda_2$ 个球，分为 λ_2 组，每组 r_2 个球．同样使用 m 种颜色 $\{c_1, c_2, \cdots, c_m\} = C$ 进行涂色，要求每组同色，所有不同的方案可用下式详细枚举：

$$\left[\prod_{k=1}^{\lambda_1}\left(\sum_{j=1}^{m} c_{kj}^{r_1}\right)\right]\left[\prod_{k=1}^{\lambda_2}\left(\sum_{j=1}^{m} c_{kj}^{r_2}\right)\right] = \prod_{i=1}^{2}\prod_{k=1}^{\lambda_i}\left(\sum_{j=1}^{m} c_{kj}^{r_i}\right)$$

更一般情形：设有 $n = \sum_{i=1}^{t} r_i \lambda_i$ 个相异的球，分为 t 类，第 i 类共 $r_i \cdot \lambda_i$ 个，并将其分为 λ_i 个组，每组 r_i 个球$(i=1, 2, \cdots, t)$．用 m 种颜色 $\{c_1, c_2, \cdots, c_m\} = C$ 进行涂色，要求每组同色，不等价的染色方案可详细枚举如下：

$$\left[\prod_{k=1}^{\lambda_1}\left(\sum_{j=1}^{m} c_{kj}^{r_1}\right)\right]\left[\prod_{k=1}^{\lambda_2}\left(\sum_{j=1}^{m} c_{kj}^{r_2}\right)\right]\cdots\left[\prod_{k=1}^{\lambda_t}\left(\sum_{j=1}^{m} c_{kj}^{r_t}\right)\right] = \prod_{i=1}^{t}\prod_{k=1}^{\lambda_i}\left(\sum_{j=1}^{m} c_{kj}^{r_i}\right) \quad (6.5.1)$$

若要分类枚举染色方案，可在上式中令 $c_{1j} = c_{2j} = \cdots = c_{mj} = c_j$，得到关于 $c_j(j=1, 2, \cdots, m)$ 的多项式

$$P(c_1, c_2, \cdots, c_m) = \prod_{i=1}^{t}\prod_{k=1}^{\lambda_i}\left(\sum_{j=1}^{m} c_j^{r_i}\right) = \prod_{i=1}^{t}\left(\sum_{j=1}^{m} c_j^{r_i}\right)^{\lambda_i}$$

$$= (c_1^{r_1} + c_2^{r_1} + \cdots + c_m^{r_1})^{\lambda_1}(c_1^{r_2} + c_2^{r_2} + \cdots + c_m^{r_2})^{\lambda_2}$$

$$\cdots(c_1^{r_t} + c_2^{r_t} + \cdots + c_m^{r_t})^{\lambda_t} \quad (6.5.2)$$

不等价方案的总数为

$$P(\underbrace{1, 1, \cdots, 1}_{m个1}) = \prod_{i=1}^{t}\left(\sum_{j=1}^{m} 1\right)^{\lambda_i} = m^{\sum_{i=1}^{t}\lambda_i}$$

根据 Pólya 定理的基本形式：用 m 种颜色 $\{c_1, c_2, \cdots, c_m\} = C$ 涂染 n 个对象 $\{1, 2, \cdots, n\} = S$，在 S 的置换群 Q 作用下，不等价方案数为

$$L = \frac{1}{|Q|}\sum_{q \in Q} m^{\lambda(q)} \quad (6.5.3)$$

设 S 的置换 q 属于格式：$1^{\lambda_1} 2^{\lambda_2} \cdots n^{\lambda_n}$，则 $\lambda(q) = \sum_{i=1}^{n}\lambda_i(q)$．如前所述，$\lambda_k(q)$ 为 q 中 k 阶轮换的个数．根据 Pólya 定理的讨论，q 中的一个 k 阶轮换因子中的 k 个对象只有涂上同一种颜色，才可能使本涂染方案在 q 作用下保持不变，所以相对于某个具体的 q 而言，经置换 q 而不变的方案可分类枚举如下（在式(6.5.2)中令 $t=n$，$r_i=i$，$i=1, 2, \cdots, n$)：

$$(c_1 + c_2 + \cdots + c_m)^{\lambda_1(q)}(c_1^2 + c_2^2 + \cdots + c_m^2)^{\lambda_2(q)} \cdots (c_1^n + c_2^n + \cdots + c_m^n)^{\lambda_n(q)} = \prod_{i=1}^{n}\Big(\sum_{j=1}^{m} c_j^i\Big)^{\lambda_i}$$

$$(6.5.4)$$

所以,由 Pólya 定理,在群 Q 作用下,所有不等价的染色方案可分类枚举如下:

$$\frac{1}{|Q|}\sum_{q\in Q}\Big[\prod_{i=1}^{n}\Big(\sum_{j=1}^{m} c_j^i\Big)^{\lambda_i(q)}\Big] = P_Q\Big(\sum_{j=1}^{m} c_j,\ \sum_{j=1}^{m} c_j^2,\ \cdots,\ \sum_{j=1}^{m} c_j^n\Big) \qquad (6.5.5)$$

其中 $P_Q(x_1, x_2, \cdots, x_n) = \dfrac{1}{|Q|}\sum_{q\in Q} x_1^{\lambda_1(q)} x_2^{\lambda_2(q)} \cdots x_n^{\lambda_n(q)}$,称为群 Q 的**轮换指标**,$x_k = \sum_{j=1}^{m} c_j^k$.

若只计算不等价的方案总数,不关心任何方案的具体情形,则只需在式(6.5.5)中令 $c_1 = c_2 = \cdots = c_m = 1$,即得

$$L = \frac{1}{|Q|}\sum_{q\in Q} m^{\lambda_1(q)+\lambda_2(q)+\cdots+\lambda_n(q)} = P_Q(m, m, \cdots, m) \qquad (6.5.6)$$

【**例 6.5.1**】 用三种不同颜色的珠子穿成 4 个珠子的项链,共有多少不同的方案?

解 如图 6.5.1 所示,使之重合的运动有关于圆环中心旋转 $\pm 90°$ 和 $\pm 180°$,以及关于 xx' 和 yy' 轴翻转 $180°$. 故有置换群 $G = \{p_1, p_2, \cdots, p_8\}$,其中

$$p_1 = (v_1)(v_2)(v_3)(v_4), \qquad p_2 = (v_2)(v_4)(v_1, v_3)$$
$$p_3 = (v_1, v_2, v_3, v_4), \qquad p_4 = (v_1)(v_3)(v_2, v_4)$$
$$p_5 = (v_1, v_3)(v_2, v_4), \qquad p_6 = (v_1, v_4)(v_2, v_3)$$
$$p_7 = (v_4, v_3, v_2, v_1), \qquad p_8 = (v_1, v_2)(v_3, v_4)$$

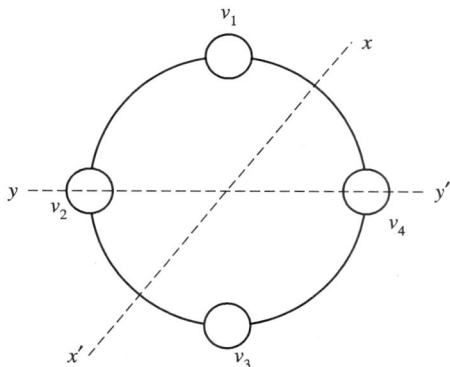

图 6.5.1 四珠项链的几何变换

格式为 $(1)^4$、$(4)^1$、$(2)^2$、$(1)^2(2)^1$ 的置换分别为 1、2、3、2 个,由 Pólya 定理知方案数为

$$L = \frac{1}{8}(3^4 + 2 \cdot 3 + 3 \cdot 3^2 + 2 \cdot 3^3) = 21$$

群 Q 的轮换指标为

$$P_Q(x_1, x_2, x_3, x_4) = \frac{1}{8}(x_1^4 + 2x_1^2 x_2 + 3x_2^2 + 2x_4)$$

为了给出具体方案,以 $x_k = b^k + g^k + r^k$ 代入 $P_Q(x_1, x_2, x_3, x_4)$ 中,可得

$$\frac{1}{8}\Big[(b+g+r)^4 + 2(b^4+g^4+r^4) + 3(b^2+g^2+r^2)^2 + 2(b^2+g^2+r^2)(b+g+r)^2\Big]$$

$$= b^4 + r^4 + g^4 + b^3 r + b^3 g + br^3 + r^3 g + bg^3 + rg^3 + 2b^2 r^2$$
$$+ 2b^2 g^2 + 2r^2 g^2 + 2b^2 rg + 2br^2 g + 2brg^2$$

其中，$b^2 rg$ 的系数为 2，即由两颗蓝色，红色和绿色各一的珠子组成的方案有 2 种（见图 6.5.2）.

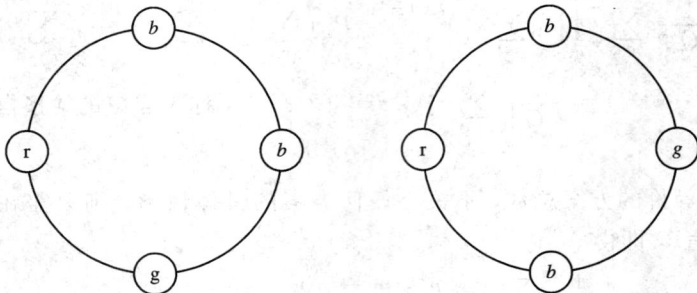

图 6.5.2 两蓝、一红一绿珠子组成的不等价的项链

【例 6.5.2】 由 4 颗红色的珠子嵌在正六面体的 4 个角，试问有多少种方案.

解 问题相当于用两种颜色对正六面体的 8 个顶点着色，求两种颜色数相等的方案数. 可知正六面体做刚体运动时，其顶点的置换群 Q 的阶数为 24，其中格式为 $(1)^8$、$(4)^2$、$(2)^4$、$(1)^2(3)^2$ 的置换分别为 1、6、9、8 个（见例 6.4.2），故 Q 的轮换指标为

$$P_Q(x_1, x_2, \cdots, x_8) = \frac{1}{24}(x_1^8 + 6x_4^2 + 9x_2^4 + 8x_1^2 x_3^2)$$

令 $x_k = b^k + r^k$，代入上式得

$$P_Q = \frac{1}{24}\left[(b+r)^8 + 6(b^4 + r^4)^2 + 9(b^2 + r^2)^4 + 8(b+r)^2(b^3 + r^3)^2\right]$$

其中 $b^4 r^4$ 的系数为

$$\frac{1}{24}\left[\binom{8}{4} + 6\binom{2}{1} + 9\binom{4}{2} + 8\binom{2}{1}\binom{2}{1}\right] = 7$$

具体方案见图 6.5.3.

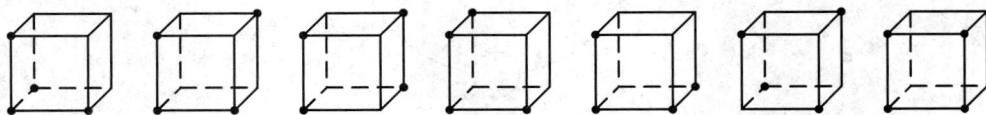

图 6.5.3 正方体顶点两种颜色数相等的 2 染色

6.6 应 用

【例 6.6.1】 将两个相同的白球和两个相同的黑球放入两个不同的盒子里，问有多少种不同的放法. 列出全部方案. 又问每盒中有两个球的放法有多少种.

解 这是一个典型的球分类相同的分配问题. 即将 4 个球放入两个不同的盒子，但 4 个球既不是全相同，也不是全不同，而是分类相同.

令 $S=\{w_1,\ w_2,\ b_1,\ b_2\}$，$C=\{$盒 1，盒 2$\}$，4 个球放入 2 个盒子的放法是映射 $f:S\rightarrow C$，由于 w_1、w_2 相同，b_1、b_2 相同，因此可得 S 上的置换群为

$$Q=\{e,\ (w_1,\ w_2),\ (b_1,\ b_2),\ (w_1,\ w_2)(b_1,\ b_2)\}$$

其轮换指标为

$$P_Q(x_1,\ x_2,\ x_3,\ x_4)=\frac{1}{4}(x_1^4+2x_1^2x_2+x_2^2)$$

于是映射集合 F 上的等价类个数为

$$L=P_Q(2,2,2,2)=\frac{1}{4}(2^4+2\cdot2^2\cdot2+2^2)=9$$

这 9 个不同的方案分别为

$$(\varnothing,\ wwbb),\ (w,\ wbb),\ (b,\ wwb),\ (ww,\ bb),\ (wb,\ wb),$$
$$(bb,\ ww),\ (wbb,\ w),\ (wwb,\ b),\ (wwbb,\ \varnothing)$$

为了列出所有方案，则以 $x_i=x^i+y^i$ 代入 $P_Q(x_1,\ x_2,\ x_3,\ x_4)$，可得

$$P_Q(x+y,\ x^2+y^2,\ x^3+y^3,\ x^4+y^4)$$
$$=\frac{1}{4}\big[(x+y)^4+2(x+y)^2(x^2+y^2)+(x^2+y^2)^2\big]$$
$$=x^4+2x^3y+3x^2y^2+2xy^3+y^4$$

所以两个盒子中各放两个球的方案数是 3，即项 $3x^2y^2$ 的系数. 具体情形如下：

$$(ww,bb),\ (wb,wb),\ (bb,ww)$$

本例中，构造集合 S 中元素的置换群 Q 时，实际上是先构造每一类球（即同类元素）的置换群 Q_1 和 Q_2，然后求两者的笛卡尔乘积，就可得到 Q，即

$$Q=Q_1\times Q_2$$

由于放入两个盒子中的同一类球可以任意互换且互换后分配方案不变，因此，有

$$Q_1=\{e_1=(w_1)(w_2),\ (w_1,\ w_2)\},\ Q_2=\{e_2=(b_1)(b_2),\ (b_1,\ b_2)\}$$

又如将题目改为白球两个、黑球 3 个，则相应的置换群为

$$Q_2=\{e_2=(b_1)(b_2)(b_3),\ (b_1)(b_2,\ b_3),\ (b_1,\ b_3)(b_2),\ (b_1,\ b_2)(b_3),\ (b_1,\ b_2,\ b_3),$$
$$(b_3,\ b_2,\ b_1)\}$$
$$=\{e_2,\ (b_1,\ b_2),\ (b_1,\ b_3),\ (b_2,\ b_3),\ (b_1,\ b_2,\ b_3),\ (b_3,\ b_2,\ b_1)\}$$
$$Q=\{e=(w_1)(w_2)(b_1)(b_2)(b_3),\ (w_1,\ w_2),\ (b_1,\ b_2),\ (w_1,\ w_2)(b_1,\ b_2),\ (b_1,\ b_3),$$
$$(w_1,\ w_2)(b_1,\ b_3),\ (b_2,\ b_3),\ (w_1,\ w_2)(b_2,\ b_3),\ (b_1,\ b_2,\ b_3),\ (w_1,\ w_2)(b_1,\ b_2,$$
$$b_3),\ (b_3,\ b_2,\ b_1),\ (w_1,\ w_2)(b_3,\ b_2,\ b_1)\}$$

从而得分配的方案数为

$$L=\frac{1}{12}(2^5+4\times2^4+5\times2^3+2\times2^2)=12$$

若球有 3 类，则

$$Q=Q_1\times Q_2\times Q_3$$

依次类推，就可得一般情形的球分类相同的分配方案的个数.

【例 6.6.2】　用红、黄、蓝三种颜色对正六边形的顶点进行着色，共有多少种不同的方案？其中正六边形可以绕几何中心旋转或沿其对称轴翻转.

解　图 6.6.1 的正六边形可以分别绕其中心 O 逆时针旋转 $0°$、$60°$、$120°$、$180°$、$240°$、

300°以及过 3 对顶点、3 个对称边的中点连线翻转,从而得置换群 Q 所含的置换如下:

$$q_1 = (1)(2)\cdots(6)$$
$$q_2 = (1\ 2\ 3\ 4\ 5\ 6)$$
$$q_3 = (1\ 3\ 5)(2\ 4\ 6)$$
$$q_4 = (1\ 4)(2\ 5)(3\ 6)$$
$$q_5 = (5\ 3\ 1)(6\ 4\ 2)$$
$$q_6 = (6\ 5\ 4\ 3\ 2\ 1)$$
$$q_7 = (1)(2\ 6)(4)(3\ 5)$$
$$q_8 = (1\ 3)(2)(4\ 6)(5)$$
$$q_9 = (1\ 5)(2\ 4)(3)(6)$$
$$q_{10} = (1\ 2)(3\ 6)(4\ 5)$$
$$q_{11} = (1\ 4)(2\ 3)(5\ 6)$$
$$q_{12} = (1\ 6)(2\ 5)(3\ 4)$$

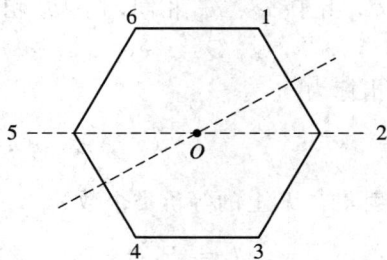

图 6.6.1　正六边形顶点的置换示意

故由 Pólya 定理知不同的方案数为

$$L = \frac{1}{12}[3^6 + 3\cdot 3^4 + 4\cdot 3^3 + 2\cdot 3^2 + 2\cdot 3^1] = 92$$

【例 6.6.3】 3 个布尔变量 x_1,x_2,x_3 的布尔函数装置(见图 6.6.2)有多少种不同的结构?

解　图中三个输入端的变换群为 $H = \{h_1,$
$h_2,\cdots,h_6\}$,其中

$$h_1 = (x_1)(x_2)(x_3)$$
$$h_2 = (x_1,\ x_2,\ x_3)$$
$$h_3 = (x_3,\ x_2,\ x_1)$$
$$h_4 = (x_1)(x_2,\ x_3)$$
$$h_5 = (x_1,\ x_3)(x_2)$$
$$h_6 = (x_1,\ x_2)(x_3)$$

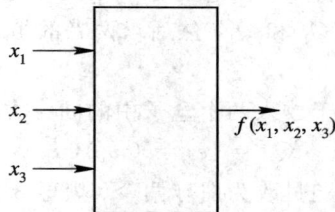

图 6.6.2　3 个输入端的布尔装置

设 $x_1 x_2 x_3$ 的状态集合为 $S = \{a_0 = 000,\ a_1 = 001,\ a_2 = 010,\ a_3 = 011,\ a_4 = 100,\ a_5 = 101,\ a_6 = 110,\ a_7 = 111\}$,那么对应于集合 $X = \{x_1,\ x_2,\ x_3\}$ 的置换 h_i 必得 S 的某个置换 q_i,例如在 h_2 作用下,各种状态发生变化如下:

$$\begin{pmatrix} 000 & 001 & 010 & 011 & 100 & 101 & 110 & 111 \\ 000 & 010 & 100 & 110 & 001 & 011 & 101 & 111 \end{pmatrix}$$

即

$$q_2 = \begin{pmatrix} a_0 & a_1 & a_2 & a_3 & a_4 & a_5 & a_6 & a_7 \\ a_0 & a_2 & a_4 & a_6 & a_1 & a_3 & a_5 & a_7 \end{pmatrix}$$
$$= (a_0)(a_1,\ a_2,\ a_4)(a_3,\ a_6,\ a_5)(a_7)$$

由此可得各种状态,即集合 S 的置换群 Q 为

$$q_1 = (a_0)(a_1)(a_2)(a_3)(a_4)(a_5)(a_6)(a_7)$$
$$q_2 = (a_0)(a_1,\ a_2,\ a_4)(a_3,\ a_6,\ a_5)(a_7)$$

$$q_3 = (a_0)(a_1, a_4, a_2)(a_3, a_5, a_6)(a_7)$$

$$q_4 = (a_0)(a_1, a_2)(a_3)(a_4)(a_5, a_6)(a_7)$$

$$q_5 = (a_0)(a_1, a_4)(a_2)(a_3, a_6)(a_5)(a_7)$$

$$q_6 = (a_0)(a_1)(a_2, a_4)(a_3, a_5)(a_6)(a_7)$$

求不同布尔函数装置的问题，相当于求服从群 Q 的变换的 8 个顶点 a_0，a_1，a_2，a_3，a_4，a_5，a_6，a_7 用两种颜色(相当于布尔函数的 0、1 状态)对之着色的方案数. 故由 Pólya 定理，有

$$L = \frac{1}{6}\left[2^8 + 3 \cdot 2^6 + 2 \cdot 2^4\right] = 80$$

种方案. 也就是说，三个变量的 256 个布尔函数中，只有 80 个是不等价的，其余的函数可通过改变输入端的顺序而得到.

【例 6.6.4】 用红、蓝两色给正立方体的六个面着色，可得多少种不同方案？

解 将正方体的上、下、左、右、前、后 6 个面分别编号为 1、6、4、2、3、5，使正立方体的面重合的刚体运动群有以下几种情况(参见图 6.6.3)：

(1) 不动置换：即单位元素 (1)(2)(3)(4)(5)(6)，格式为 $(1)^6$；

(2) 绕过 (1) 和 (6) 面中心的 AB 轴旋转 $\pm 90°$（图 6.6.3(a)），对应置换为 (1)(2 3 4 5)(6)，(1)(5 4 3 2)(6)，格式为 $(1)^2(4)^1$. 类似的面共有 3 对，故这种格式的置换共有 6 个；

(3) 绕 AB 轴旋转 $180°$ 的置换为 (1)(2 4)(3 5)(6)，格式为 $(1)^2(2)^2$，同类的置换有 3 个；

(4) 绕 CD 轴旋转 $180°$（图 6.6.3(b)）的置换为 (1 6)(2 5)(3 4)，格式为 $(2)^3$，而正立方体对角线位置的平行的棱有 6 对，故同类置换有 6 个；

(5) 绕对角线 EF 旋转 $\pm 120°$（图 6.6.3(c)）的置换分别为 (3 4 6)(1 5 2) 和 (6 4 3)(2 5 1)，格式都是 $(3)^2$. 这样的对角线有 4 个，即同类置换有 8 个.

所以，不同的染色方案为

$$L = \frac{1}{24}\left[2^6 + 6 \cdot 2^3 + 3 \cdot 2^4 + 6 \cdot 2^3 + 8 \cdot 2^2\right] = 10$$

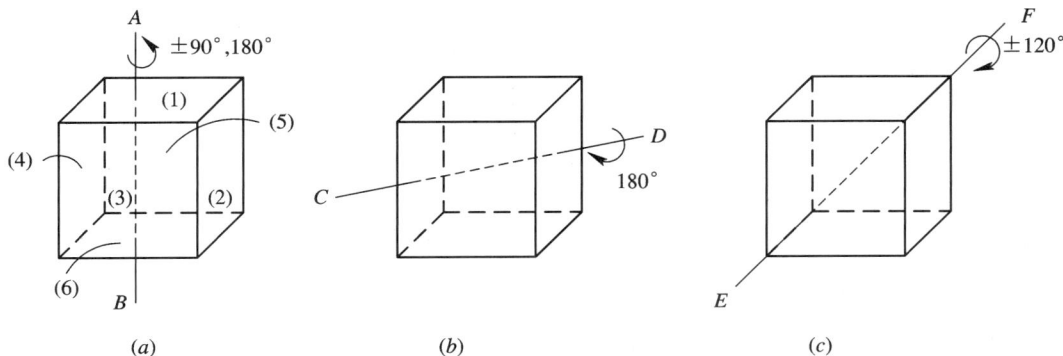

图 6.6.3　正方体 6 个面的置换示意

【例 6.6.5】 骰子的六个面分别为 1 点，2 点，……，6 点，问有多少种不同的方案.

解

解法一 用 Burnside 引理求解:问题相当于对正六面体的 6 个面,用 6 种颜色对其染色,要求各面的颜色都不一样,求不同的方案数.

6 个面用 6 种颜色涂染,各面颜色不同,应有 6! 种方案. 但其中经旋转变换而重合的两个方案只能算 1 种. 由前面的例子已知关于正立方体的 6 个面的旋转运动群 Q 共有 24 个置换 q,从而相应于所有方案集合 C^S 的置换群 G 也有 24 个置换 p,观察这 6! 种方案在 G 的作用下的置换关系:设 6! 种方案为 $f_1, f_2, \cdots, f_{6!}$,则

(1) 恒等置换:$p_1 = (f_1)(f_2)\cdots(f_{6!})$,故 $\lambda_1(p_1) = 6!$;

(2) 由于 6 个面的颜色均不相同,故在其它 23 个置换 $p_2 \sim p_{24}$ 的作用下,没有一种方案 f_i 能保持不变,即

$$\lambda_1(p_2) = \lambda_1(p_3) = \cdots = \lambda_1(p_{24}) = 0$$

由 Burnside 引理知,不同的方案数为

$$L = \frac{1}{24}[6! + 0 + 0 + \cdots + 0] = 30$$

解法二 用 Pólya 定理和容斥原理求解:由例 6.6.4 知用 m 种颜色对正六面体的 6 个面染色,可得不同的方案数,设为 n_m,则有

$$n_m = \frac{1}{24}[m^6 + 3m^4 + 12m^3 + 8m^2]$$

所以 $n_1 = 1$,$n_2 = 10$,$n_3 = 57$,$n_4 = 240$,$n_5 = 800$,$n_6 = 2226$.

再考虑用 $i(1 \leqslant i \leqslant m)$ 种颜色对正六面体的 6 个面进行染色所得到的所有不同的方案中,去掉所用颜色少于 i 的方案,剩下的就是恰好使用 i 种颜色的不同方案. 设其有 l_i 个,那么有

$$l_1 = n_1 = 1$$

$$l_2 = n_2 - \binom{2}{1}l_1 = 10 - 2 \times 1 = 8$$

$$l_3 = n_3 - \binom{3}{2}l_2 - \binom{3}{1}l_1 = 57 - 3 \times 8 - 3 \times 1 = 30$$

$$l_4 = n_4 - \binom{4}{3}l_3 - \binom{4}{2}l_2 - \binom{4}{1}l_1 = 240 - 4 \times 30 - 6 \times 8 - 4 \times 1 = 68$$

$$l_5 = n_5 - \binom{5}{4}l_4 - \binom{5}{3}l_3 - \binom{5}{2}l_2 - \binom{5}{1}l_1$$
$$= 800 - 5 \times 68 - 10 \times 30 - 10 \times 8 - 5 \times 1 = 75$$

$$l_6 = n_6 - \binom{6}{5}l_5 - \binom{6}{4}l_4 - \binom{6}{3}l_3 - \binom{6}{2}l_2 - \binom{6}{1}l_1$$
$$= 2226 - 6 \times 75 - 15 \times 68 - 20 \times 30 - 15 \times 8 - 6 \times 1 = 30$$

Pólya 计数定理还可以用来对图进行计数.

同形的两个图形算是一个图形,问 n 个顶点的简单图有多少个不同形的图形.

简单图指的是过两个顶点没有多于一条的边,而且不存在圈的图形. 两个图同形是指其中一个图的顶点变动后所得的图形与另一个图形完全重合. 问题相当于对 n 个无标志顶

点的完全图的 $\frac{n}{2}(n-1)$ 条边，用两种颜色进行着色，求不同方案数的问题. 比如两种颜色 x,y，令着 y 颜色的边从图中消去，就得一个具有 n 个顶点的简单图，从母函数形式的 Pólya 定理可以得知不同形的简单图的数目.

【例 6.6.6】　三个顶点的不同形的简单图共有多少种？

　　解　对于三个顶点的简单图，设其顶点集为 $V=\{v_1,v_2,v_3\}$，相应的置换群及其轮换指标分别为

$$G=\{(v_1)(v_2)(v_3),\ (v_1,v_2,v_3),\ (v_3,v_2,v_1),\ (v_1)(v_2,v_3),\ (v_1,v_3)(v_2),\ (v_1,v_2)(v_3)\}$$

$$P(x_1,x_2,x_3)=\frac{1}{6}(x_1^3+3x_1x_2+2x_3)$$

以 $x_i=x^i+y^i(i=1,2,3)$ 代入，得多项式

$$P(x,y)=\frac{1}{6}\big[(x+y)^3+3(x+y)(x^2+y^2)+2(x^3+y^3)\big]$$
$$=x^3+x^2y+xy^2+y^3$$

从 $P(x,y)$ 可知，对三角形的边着色，其中三条边都着以颜色 x 的方案有 1 个；同理，两条边，或一条边，或无一边着 x 色的方案各为 1 个. 把着以颜色 y 的边消除即得 4 个具有三个顶点的简单图(见图 6.6.4).

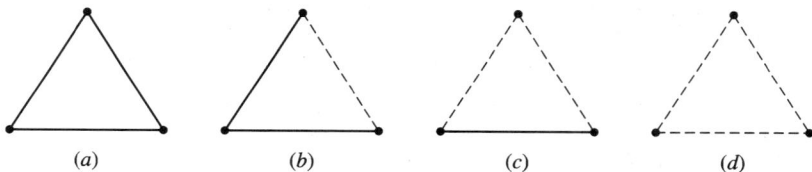

图 6.6.4　具有三个顶点的不同形的简单图

【例 6.6.7】　求四个顶点的不同形的简单图的个数.

　　图 6.6.5 的关于四个顶点的顶点集为 $V=\{v_1,v_2,v_3,v_4\}$，针对 V 的置换群为 4 次对称群 $S_4=\{h_1,h_2,\cdots,e_{24}\}$，边集为 $E=\{e_1,e_2,e_3,e_4,e_5,e_6\}$，其中，$e_1=(v_1,v_2)$，$e_2=(v_3,v_4)$，$e_3=(v_2,v_3)$，$e_4(v_1,v_4)$，$e_5=(v_1,v_3)$，$e_6=(v_2,v_4)$. ($E$ 的)与 S_4 中置换对应的置换群为 $Q_6=\{q_1,q_2,\cdots,q_{24}\}$.

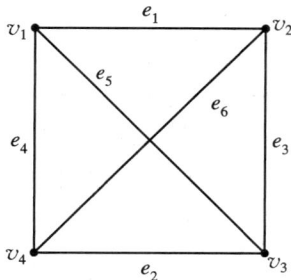

图 6.6.5　具有四个顶点 6 条边的简单图

　　观察在 S_4 作用下，e_1,e_2,e_3,e_4,e_5,e_6 的变换. 例如对应于 V 的置换 $(v_1,v_2)(v_3)(v_4)$（S_4 中的元素），E 的边 $e_1=(v_1,v_2)$、$e_2=(v_3,v_4)$ 不变，但 $e_3=(v_2,v_3)$ 变为 $e_5=(v_1,v_3)$；$e_4=(v_1,v_4)$ 被 $e_6=(v_2,v_4)$ 所取代. 故可得 S_4 中置换 $(v_1v_2)(v_3)(v_4)$ 对应于边的置

换(Q_6 中的元素)(参见图 6.6.6).

$$\begin{pmatrix} e_1 & e_2 & e_3 & e_4 & e_5 & e_6 \\ e_1 & e_2 & e_5 & e_6 & e_3 & e_4 \end{pmatrix} = (e_1)(e_2)(e_3,e_5)(e_4,e_6)$$

群 S_4 与 Q 的对应关系可参见表 6.6.1.

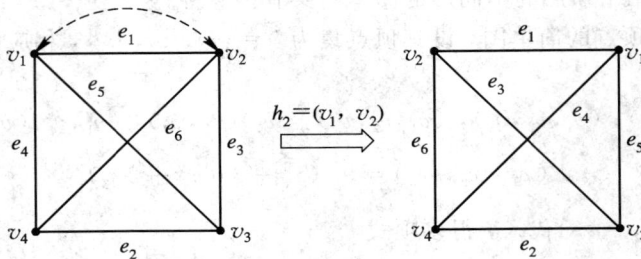

图 6.6.6 由顶点置换 $(v_1,v_2)(v_3)(v_4)$ 导致的边的置换

表 6.6.1 置换群 S_4 与置换群 Q_6 的元素的对应关系

	S_4	Q_6		S_4	Q_6
1	$(v_1)(v_2)(v_3)(v_4)$	$(e_1)(e_2)(e_3)(e_4)(e_5)(e_6)$	13	(v_1,v_4,v_3)	$(e_1,e_6,e_3)(e_2,e_5,e_4)$
2	(v_1,v_2)	$(e_1)(e_2)(e_3,e_5)(e_4,e_6)$	14	(v_2,v_3,v_4)	$(e_1,e_5,e_4)(e_2,e_6,e_3)$
3	(v_1,v_3)	$(e_1,e_3)(e_2,e_4)(e_5)(e_6)$	15	(v_2,v_4,v_3)	$(e_1,e_4,e_5)(e_2,e_3,e_6)$
4	(v_1,v_4)	$(e_1,e_6)(e_2,e_5)(e_3)(e_4)$	16	(v_1,v_2,v_3,v_4)	$(e_1,e_3,e_2,e_4)(e_5,e_6)$
5	(v_2,v_3)	$(e_1,e_5)(e_2,e_6)(e_3)(e_4)$	17	(v_1,v_2,v_4,v_3)	$(e_1,e_6,e_2,e_5)(e_3,e_4)$
6	(v_2,v_4)	$(e_1,e_4)(e_2,e_3)(e_5)(e_6)$	18	(v_1,v_3,v_2,v_4)	$(e_1,e_3,e_2,e_4)(e_5,e_6)$
7	(v_3,v_4)	$(e_1)(e_2)(e_3,e_6)(e_4,e_5)$	19	(v_1,v_3,v_4,v_2)	$(e_1)(e_2)(e_3,e_6,e_4,e_5)$
8	(v_1,v_2,v_3)	$(e_1,e_3,e_5)(e_2,e_4,e_6)$	20	(v_1,v_4,v_2,v_3)	$(e_1,e_2)(e_3,e_5,e_4,e_6)$
9	(v_1,v_2,v_4)	$(e_1,e_6,e_4)(e_2,e_5,e_3)$	21	(v_1,v_4,v_3,v_2)	$(e_1,e_4,e_2,e_3)(e_5,e_6)$
10	(v_1,v_3,v_2)	$(e_1,e_5,e_3)(e_2,e_6,e_4)$	22	$(v_1,v_2)(v_3,v_4)$	$(e_1)(e_2)(e_3,e_4)(e_5,e_6)$
11	(v_1,v_3,v_4)	$(e_1,e_3,e_6)(e_2,e_4,e_5)$	23	$(v_1,v_3)(v_2,v_4)$	$(e_1,e_2)(e_3,e_4)(e_5)(e_6)$
12	(v_1,v_4,v_2)	$(e_1,e_4,e_6)(e_2,e_3,e_5)$	24	$(v_1,v_4)(v_2,v_3)$	$(e_1,e_2)(e_3)(e_4)(e_5,e_6)$

从表 6.6.1 可知群 Q_6 中格式为 $(1)^6$ 的置换有一个,$(1)^2(2)^2$ 的置换有 9 个,$(2)^1(4)^1$ 的置换有 6 个,$(3)^2$ 的置换有 8 个. 故由母函数形式的 Pólya 定理得 Q_6 的轮换指标为

$$P(x_1,x_2,\cdots,x_6) = \frac{1}{24}(x_1^6 + 9x_1^2x_2^2 + 6x_2x_4 + 8x_3^2)$$

同样以 $x_i = x^i + y^i (i=1,2,\cdots,6)$ 代入,得多项式

$$P(x,y) = \frac{1}{24}\left[(x+y)^6 + 9(x+y)^2(x^2+y^2)^2 + 6(x^2+y^2)(x^4+y^4) + 8(x^3+y^3)^2\right]$$

$$= x^6 + x^5y + 2x^4y^2 + 3x^3y^3 + 2x^2y^4 + xy^5 + y^6$$

对应的不等价的图像如图 6.6.7 所示. 与图 6.6.7(b)等价的简单图共有 6 个,见图 6.6.8.

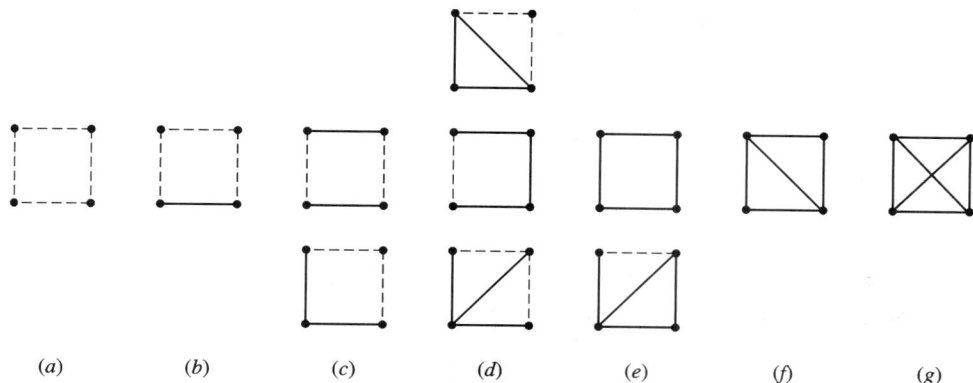

图 6.6.7 四个顶点的所有简单图

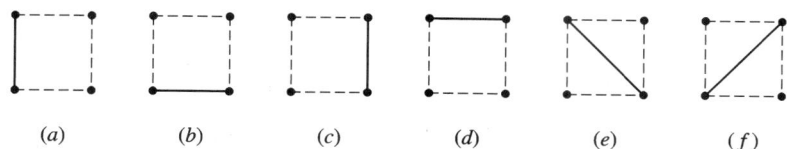

图 6.6.8 仅有一条边的四顶点简单图

【例 6.6.8】 四个顶点的(不含圈的)有向图的不同图像有多少种?

解 和上例不同的是四个顶点的有向图的边不是 6 条,而是 12 条(见图 6.6.9). 其顶点集仍为 $V=\{v_1, v_2, v_3, v_4\}$,V 上的置换群也仍为 $S_4=\{h_1, h_2, \cdots, e_{24}\}$,但边集则变为 12 个元素,$E=\{e_1, e_2, \cdots, e_{12}\}$,如 $e_1=\overline{v_1 v_2}$,$e_2=\overline{v_2 v_3}$,$\cdots$,$e_{12}=\overline{v_3 v_1}$,等等. E 上的对应于 S_4 的置换群设为 $Q_{12}=\{q_1, q_2, \cdots, q_{24}\}$.

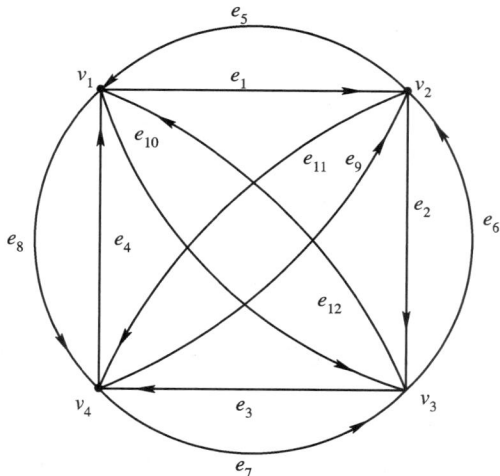

图 6.6.9 具有 4 个顶点 12 条边的有向图

同法,可以用 S_4 导出关于 $e_1, e_2, \cdots, e_{12}$ 的 24 阶置换群,其格式为 $(1)^{12}$ 的一个,$(1)^2 (2)^5$ 的 6 个,$(3)^4$ 的 8 个,$(2)^6$ 的 3 个,$(4)^3$ 的 6 个. 根据 Pólya 定理可得 Q_{12} 的轮换指标

$$P(x_1, x_2, \cdots, x_{12}) = \frac{1}{24}(x_1^{12} + 6x_1^2 x_2^5 + 3x_2^6 + 8x_3^4 + 6x_4^3)$$

令 $x_i = x^i + y^i (i = 1, 2, \cdots, 12)$，得

$$P(x, y) = \frac{1}{24}\left[(x+y)^{12} + 6(x+y)^2(x^2+y^2)^5 + 8(x^3+y^3)^4 + 3(x^2+y^2)^6 + 6(x^4+y^4)^3\right]$$

$$= x^{12} + x^{11}y + 5x^{10}y^2 + 13x^9y^3 + 27x^8y^4 + 38x^7y^5 + 48x^6y^6 + 38x^5y^7$$

$$+ 27x^4y^8 + 13x^3y^9 + 5x^2y^{10} + xy^{11} + y^{12}$$

其中 x^2y^{10} 的系数为 5，即有两条边的四个顶点的有向图共有 5 种（见图 6.6.10）. 而与图 6.6.10(c) 等价的有两条边的有向图共有 12 个，见图 6.6.11.

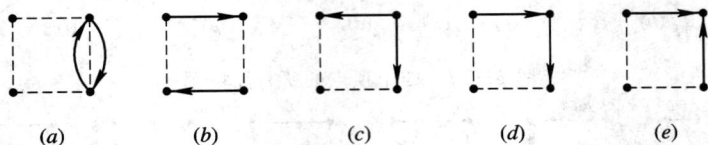

图 6.6.10   四个顶点两条边的不等价的有向图

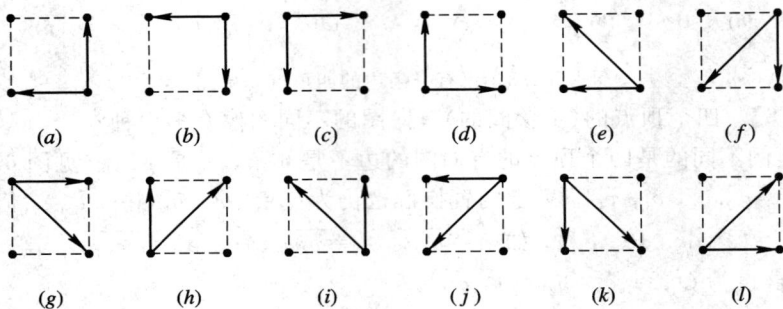

图 6.6.11   与图 6.6.10(c) 等价的四个顶点两条边的有向图

习 题 六

1. 证明下列集合关于所给的运算构成一个群：

(1) $G_1 = \{x \mid x = 3k, k = 0, \pm1, \pm2, \cdots\}$，定义 G_1 上的运算为整数的加法运算；

(2) $G_2 = \{1, 2, 4, 7, 8, 11, 13, 14\}$，其运算为模 15 的乘法运算. 即设 $a, b \in G_2$，定义 a 与 b 的积为 $ab \bmod 15$.

(3) $G_3 = \{1, 2, 4, 8, 16, 32\}$，其运算为模 63 的乘法运算. 并证明 G_3 是一个循环群，同时给出它的生成元.

2. 求题 1 中群 G_2 和 G_3 的所有子群.

3. 证明置换的乘法满足结合律.

4. $2n$ 个人在玩一种队列变换游戏，其规则是大家先排成一列纵队，并从第一个人开始向后编号为 $1, 2, \cdots, 2n$. 然后让偶数号的人出列，并按照原来的相对顺序重新排到队列的末尾，就认为是完成了一轮队列变换. 即经过第一轮队列变换后，这 $2n$ 个人新的排列方式是

$$1, 3, 5, \cdots, (2n-1), 2, 4, 6, \cdots, 2n$$

问：当 n 分别为 5, 6, 7, 8 时，经过多少轮变换，队伍就能恢复到变换之前的排列状态.

5. 在题 4 所规定的队列变换中，将第一轮变换视为一个置换 p，那么，p 将数 k 变为了哪个数 $(1 \leqslant k \leqslant 2n)$？请给出计算公式．

6. 验证下列函数对于运算 $f \cdot g = f(g(x))$ 是一个群：

$$f_1(x) = x, \quad f_2(x) = \frac{1}{x}, \quad f_3(x) = 1 - x$$

$$f_4(x) = \frac{1}{1-x}, \quad f_5(x) = \frac{x-1}{x}, \quad f_6(x) = \frac{x}{x-1}$$

7. 一张卡片分成 4×2 个方格，每格用红、蓝两色涂染，那么可得多少种本质上不同的涂染结果？其中卡片可以旋转，但不能翻转．

8. 一根木棍等分成 n 段，用 m 种颜色涂染，问有多少种染法．当 $n = m = 2$ 和 $n = m = 3$ 时，各有多少种染法？

9. 正五角星的五个顶点各镶嵌一个宝石，若有 m 种颜色的宝石可供选择，问可以有多少种方案．

10. 现有大小一样的正方形木框若干个，每个木框的每一条边都被染成了红、黄、蓝三色之一．现将这些木框按边的颜色的异同进行分类，问最多可将其分为多少类？

11. 一个圆分成 6 个相同的扇形，分别涂以三色之一，可有多少种涂法？

12. 两个变量的布尔函数 $f(x, y)$ 的全体关于变量下标可以进行置换时，其等价类的个数为多少？写出其布尔表达式．

13. 红、蓝、绿三种颜色的珠子，每种充分多，取出 4 颗摆成一个圆环，可有多少种不同的摆法？

14. 某物质分子由 5 个 A 原子和 3 个 B 原子组成，8 个原子构成一个正立方体，问最多可能有几类分子．

15. 用 g, r, b, y 四种颜色涂染正方体的六个面，求其中两个面用色 g，两个面用色 y，其余一面用 b，一面用 r 的方案数．

16. 对一正六面体的八个顶点，用 y 和 r 两种颜色染色，使其中有 6 个顶点用色 y，其余 2 个顶点用色 r，求其方案数．

17. 由 b、r、g 三种颜色的 5 颗珠子镶成圆环，共有几种不同的方案？

18. 一个圆圈上有 n 个珠子，用 n 种颜色对这 n 个珠子着色，问所用颜色数目不少于 n 的着色方案数是多少．

19. 若已给两个 r 色的球，两个 b 色的球，用它装在正六面体的顶点，试问有多少种不同的方案．

20. 试说明群 S_5 的不同格式及其个数．

21. 将一正方形均分为 4 个格子，用两种颜色对 4 个格子着色，问能得到多少种不同的图像．其中认为两种颜色互换后使之一致的方案属同一类．

22. (a) 本质上有多少种确实是 2 个输入端的布尔电路？写出其布尔表达式；

(b) 本质上有多少种确实是 3 个输入端的布尔电路？

23. 用 8 个相同的骰子垛成一个正六面体，有多少种方案？

24. 正六面体的 6 个面和 8 个顶点分别用红、蓝两种颜色的珠子嵌入．试问有多少种不同的方案？其中，旋转使之一致的方案看作是相同的．

主要参考文献

[1] 刘炯朗. 组合数学导论. 魏万迪, 译. 成都: 四川大学出版社, 1987.

[2] 李宇寰. 组合数学. 北京: 北京师范学院出版社, 1988.

[3] 王天民. 组合数学教程. 北京: 机械工业出版社, 1993.

[4] 郁松年, 邱伟德. 组合数学. 北京: 国防工业出版社, 1995.

[5] 王元元, 王庆瑞, 黄纪麟, 等. 组合数学——理论与题解. 上海: 上海科学技术文献出版社, 1989.

[6] 吴世煦. 数学基础知识丛书: 排列与组合. 南京: 江苏人民出版社, 1979.

[7] 邵嘉裕. 组合数学. 上海: 同济大学出版社, 1991.

[8] 杨骅飞, 王朝瑞. 组合数学及其应用. 北京: 北京理工大学出版社, 1992.

[9] 李乔. 组合数学基础. 北京: 高等教育出版社, 1993.

[10] 卢开澄. 组合数学. 3 版. 北京: 清华大学出版社, 2002.

[11] 庄心谷. 组合数学及其在计算机科学中的应用. 西安: 西安电子科技大学出版社, 1989.

[12] 屈婉玲. 组合数学. 北京: 北京大学出版社, 1989.

[13] 胡久稔. 关于 Fibonacci 数的两个表达式. 数学研究与评论. 1998, 5, 18(2): 228.

[14] 徐利治. Stirling 渐进公式的一个新的构造证明 (英). 数学研究与评论. 1997, 2, 17(1): 5 - 7.

[15] 孙淑玲, 许胤龙. 组合数学引论. 合肥: 中国科学技术大学出版社, 1999.

[16] Cohen D I A. Combinotorial Theory. John Wiley. Inc. , 1978.

[17] Reingold E M, J Nievergelt and N Deo. Combinatorial Algorithms: Theory and Practice. Englewood, Ctiffs. New Jersey: Prentice-Hall, 1977.

[18] Page. E S and Wilson, L B. An Introduction to Computational Combinatorics. Cambridge University Press, 1979.

[19] Tucker A. Aplied Combinatorics. Second edition. John Wiley and Sons, 1984.

[20] Krishnamurthy, V. Combinatorics: Theory and Applications. Ellis Horwood Limited, 1986.

[21] D A Cohen, Basic Techniques of Combinatorial Theory. John Wiley & Sons, 1978.

[22] L Lovász. Combinatorial Problems and Exercises, Nosth-Holland Publishing Company, 1979.

[23] 徐利治. 计算组合数学. 上海: 上海科学技术出版社, 1983.

[24] Brualdi R A. 组合数学导论. 李盘林, 王天明, 译. 武汉: 华中工学院出版社, 1987.

[25] Ryse H J. 组合数学. 李乔, 译. 北京: 科学出版社, 1983.

[26] 徐利治, 蒋茂森, 朱自强. 计算组合数学. 上海: 上海科学技术出版社, 1987.

[27] 屠规彰. 组合计数方法及其应用. 北京：科学出版社，1981.

[28] ［罗］Tomescu I. 组合数学引论. 栾汝书，等译. 北京：高等教育出版社，1985.

[29] 柯召，魏万迪. 组合论（上、下册）. 北京：科学出版社，1981.

[30] L. Comtet. 高等组合论. 谭明术，等译. 大连：大连理工大学出版社，1991.

[31] J Riordan, An introduction to combinatorial analysis. New York：Wiley，1958.

[32] M Hall. Combinatorial Theory. John Wiley & Sons. 1986.

[33] 周振黎，康泰. 组合数学. 重庆：重庆大学出版社，1986.

[34] 柯召，孙琦. 数论讲义. 北京：高等教育出版社，1986.

[35] ［法］C. 贝尔热. 组合学原理. 陶懋欣，等译. 上海：上海科技出版社，1986.

[36] 曹汝成. 组合数学. 广州：华南理工大学出版社，2001.

[37] Richard. Brualdi. 组合数学. 冯舜玺，罗平，裴伟东，译. 北京：机械工业出版社，2001.

[38] 史济怀. 组合恒等式. 2 版. 合肥：中国科学技术大学出版社，2001.

[39] 李振亚，汪尊国. 排列、组合和概率. 北京：中国青年出版社，2001.

[40] 康庆德. 组合数学趣话. 石家庄：河北科学技术出版社，1999.

[41] 傅荣强. 排列　组合　二项式定理. 北京：龙门书局，2001.

[42] 单墫. 算两次. 合肥：中国科学技术大学出版社，2001.